教育部高等学校计算机类专业教学指导委员会
教育部高等学校软件工程专业教学指导委员会
教育部高等学校大学计算机课程教学指导委员会　联合组成
教育部高等学校文科计算机基础教学指导分委员会
中　国　教　育　电　视　台

中国大学生计算机设计大赛组织委员会　主办

中国大学生计算机设计大赛2016年参赛指南

中国大学生计算机设计大赛组织委员会 编

光盘内附
获奖作品

图书在版编目（CIP）数据

中国大学生计算机设计大赛2016年参赛指南 / 中国大学生计算机设计大赛组织委员会编. —杭州：浙江大学出版社，2016.2
ISBN 978-7-308-15478-9

Ⅰ. ①中… Ⅱ. ①中… Ⅲ. 大学生－电子计算机－设计－竞赛－中国－2016－指南 Ⅳ. ①TP302-62

中国版本图书馆CIP数据核字(2015)第317136号

内容提要

2016年（第9届）中国大学生计算机设计大赛（以下简称大赛）是由教育部高等学校计算机类专业教学指导委员会、软件工程专业教学指导委员会、大学计算机课程教学指导委员会、文科计算机基础教学指导分委员会和中国教育电视台联合主办的面向全国高校在校本科学生的群众性、非盈利性、公益性的科技活动。

大赛的目的在于落实高等学校创新能力提升计划，根据《高等学校大学计算机课程教学基本要求》与《高等学校文科类专业大学计算机教学要求》，进一步推动高校本科计算机教学改革，激发学生学习计算机知识和技能的兴趣和潜能，提高其运用信息技术解决实际问题的综合能力，以培养德智体美全面发展、具有团队合作意识、创新创业能力的综合型与应用型的人才。大赛将本着公开、公平、公正的原则对待每一件作品。

全书共分8章：第1章大赛通知，第2章大赛章程，第3章大赛组委会，第4章大赛内容及分类，第5章校级初赛、省级复赛与国家级决赛，第6章参赛事项，第7章奖项设置与作品评比，第8章获奖概况（2015年获奖名单与2015年获奖作品选登）。

本书有助于规范参赛作品和提高大赛作品质量，是参赛院校，特别是参赛队指导教师的必备用书，也是参赛学生的重要参考资料。此外，本书也可以作为从事多媒体教学很好的参考用书。而对于2015年已参赛获奖的师生，本书则具有一定的收藏价值。

中国大学生计算机设计大赛2016年参赛指南

中国大学生计算机设计大赛组织委员会　编

责任编辑　吴昌雷
责任校对　王元新
封面设计　刘依群
出版发行　浙江大学出版社
（杭州市天目山路148号　邮政编码　310007）
（网址：http://www.zjupress.com）
排　　版　杭州林智广告有限公司
印　　刷　浙江印刷集团有限公司
开　　本　787mm×1092mm　1/16
印　　张　14.75
字　　数　348千
版 印 次　2016年2月第1版　2016年2月第1次印刷
书　　号　ISBN 978-7-308-15478-9
定　　价　79.00元（含光盘）

前　言

2016年（第9届）中国大学生计算机设计大赛（以下简称“大赛”）是由教育部高等学校计算机类专业教学指导委员会、软件工程专业教学指导委员会、大学计算机课程教学指导委员会、文科计算机基础教学指导分委员会和中国教育电视台联合主办的面向全国高校在校本科学生的群众性、非盈利性、公益性的科技活动。

大赛的目的在于落实高等学校创新能力提升计划，根据《高等学校大学计算机课程教学基本要求》与《高等学校文科类专业大学计算机教学要求》，进一步推动高校本科各专业面向21世纪的计算机教学的知识体系、课程体系、教学内容和教学方法的改革，引导学生踊跃参加课外科技活动，激发其学习计算机应用技术的兴趣和潜能，提高其运用信息技术解决实际问题的综合能力，以培养德智体美全面发展、具有团队合作意识、创新创业能力的复合型与应用型的人才。

大赛作品创作主题与学生就业需要贴近，为在校学生提供了实践能力、创新创业的训练机会，为优秀人才脱颖而出创造条件，适应高校大学计算机课程教学改革实践与人才培养模式探索的需求，提高了学生智力与非智力素质。同时，“大赛”将本着公开、公平、公正的原则对待每一件作品。因此，大赛受到高校的普遍重视与广大师生的热烈欢迎。2015年，全国已有半数以上的本科院校、半数以上的“211”大学，以及半数以上的“985”大学参加了这一赛事。

大赛赛事开始于2008年，至今已成功举办了8届。在大赛组织过程中，以中国人民大学、北京大学、北京语言大学、华中师范大学为代表的广大教师作出了重要贡献。上海大学、云南民族大学、北京语言大学、东北师范大学人文学院、西北大学、西南石油大学、武汉音乐学院、浙江传媒学院、福州大学为承办2015年的决赛付出了辛勤的劳动，百度公司在竞赛平台开发、存储及网络等方面提供了有效的支持。除了赛事的组织，他们还提供了有价值的建设性意见，各参赛学校在赛前培训辅导工作中均付出了艰辛的创造性劳动。

2016年，大赛分设软件应用与开发类、微课类、数字媒体设计类、数字媒体设计类微电影组、数字媒体设计类中华文化元素组、动漫组、服务外包类与计算机音乐创作类组等，面向国内外本科在校学生。决赛现场定于2016年7月23日至8月26日，将先后在安徽、北京、厦门、南京、杭州、上海等地举办。

为了更好地指导2016年的大赛，在浙江大学出版社的积极支持下，中国大学生计算机设计大赛组织委员会组织编写了《中国大学生计算机设计大赛2016年参赛指南》（简称《指南》），同时把2015年获奖作品按竞赛题目分类，将有代表性、有特色的作品选编到本书一并出版，以作为创作2016年参赛作品时的参考。

《指南》由卢湘鸿任主编，尤晓东、杨小平任副主编。《指南》共分8章：第1章大赛通知，第2章大赛章程，第3章大赛组委会，第4章大赛内容及分类，第5章校级初赛、省级复赛与国家级决赛，第6章参赛事项，第7章奖项设置与作品评比以及第8章获奖概况（2015年获奖名单与2015年获奖作品选登）。杜小勇对《指南》的编写提供了指导性的重要建议。为《指南》作出贡献的还有郑世珏、高绪勇、鲍永芳、杨勇等。

相信《指南》的出版，对于参赛作品的规范和整个大赛作品质量的提高，以及院校多媒体设计教学都会起到积极的作用。

中国大学生计算机设计大赛组织委员会

2015年10月25日于北京

目 录

第6章 参赛事项

第7章 奖项设置、评比与专家规范

第8章 2015年获奖作品名单与获奖作品选登

第1章　大赛通知

中国大学生计算机设计大赛组织委员会函件

关于举办“2016年（第9届）中国大学生计算机设计大赛”的通知

中大计赛函〔2015〕013号

各高等院校：

根据国家有关高等学校创新能力提升计划、进一步深化高校教学改革、全面提高教学质量的精神，切实提高计算机教学质量，激励大学生学习计算机知识、技术、技能的兴趣和潜能，培养其创新创业能力及团队合作意识，运用信息技术解决实际问题的综合实践能力，以提高其综合素质，造就更多的德智体美全面发展、社会就业需要、创新创业型、实用型、复合型人才，教育部高等学校计算机类专业教学指导委员会、软件工程专业教学指导委员会、大学计算机课程教学指导委员会、文科计算机基础教学指导分委员会,中国教育电视台联合主办“2015年（第8届）中国大学生计算机设计大赛”，全国已有半数以上的本科大学、半数以上的“211”大学、半数以上的“985”大学参加了这一赛事。

我委继续主办2016年（第9届）中国大学生计算机设计大赛。参赛对象是2016年在校的所有本科生。

2016年大赛分设:（1）软件应用与开发类;（2）微课（课件）类;（3）数字媒体设计类普通组;（4）数字媒体设计类专业组;（5）（数字媒体设计类）微电影组;（6）（数字媒体设计类）动漫游戏组;（7）（数字媒体设计类）中华民族文化元素组;（8）软件服务外包类;（9）计算机音乐创作类普通组;（10）计算机音乐创作类专业组等。

数字媒体设计类普通组与专业组的参赛作品主题为：绿色世界。

数字媒体设计类微电影中华优秀传统文化元素作品主题为：自然遗产与文化遗产；歌颂大好河山的诗词散文；优秀传统道德风尚；先秦主要哲学流派（道/儒/墨/法）与汉语言文学；国画、汉字书法、年画、剪纸、音乐、戏曲、曲艺（取题均在1911年前）。

数字媒体设计类中华民族文化元素作品主题为：民族服饰；民族手工艺品；民族建筑。

软件服务外包类作品为：自主命题。

数字媒体设计类动漫游戏组为：企业命题（详见大赛官网信息）或自主选择“绿色世界”。

决赛城市、学校、内容、时间分别是：合肥，安徽大学，数字媒体普通组（7.23−7.27）/数字媒体专业组（7.27−7.31）；北京，北京语言大学，微电影（8.3−8.7）；厦门，厦门理工学院，动漫游戏/微课（8.10−8.14）；南京，东南大学，软件服务外包/中华民族文化元素（8.14−8.18）；杭州，浙江音乐学院（筹），计算机音乐创作（8.18−22）；上海，华东师范大学，软件应用与开发（8.22−8.26）。

请根据《中国大学生计算机设计大赛章程》、《高等学校大学计算机课程教学基本要求》、《高等学校文科类专业大学计算机教学要求》等相关要求以及本校具体情况积极组织学生参赛，对指导教师的工作量及组队参赛的经费等方面给予大力的支持。

中国大学生计算机设计大赛组织委员会

2015年10月25日

大赛信息发布网站：http://www.jsjds.org　　咨询信箱：baoming@jsjds.org
电话：010-82500686　　010-82303133　　010-82303436

邮箱：北京市海淀区学院路15号综合楼183信箱　　电话：010-82303436　　邮　　编：100083

第2章　大赛章程

2.1　总则

第1条　“中国大学生计算机设计大赛”（以下简称大赛）是由教育部高等学校计算机类专业教学指导委员会、软件工程专业教学指导委员会、大学计算机课程教学指导委员会、文科计算机基础教学指导分委员会和中国教育电视台联合主办的面向全国高校在校本科生的非盈利性、公益性的群众性科技活动。

第2条　大赛目的：

1. 激发学生学习计算机知识和技能的兴趣和潜能，提高其运用信息技术解决实际问题的综合能力，为社会就业服务，为专业服务，为培养德智体美全面发展、具有团队合作意识、创新创业的复合型、应用型人才服务。

2. 进一步推动高校大学计算机课程有关计算机技术基本应用教学的知识体系、课程体系、教学内容和教学方法的改革，培养科学思维意识，切实提高计算机技术基本应用教学质量，展示其教学成果。

2.2　组织形式

第3条　大赛由中国大学生计算机设计大赛组织委员会（以下简称“大赛组委会”）主办、大学（或与所在地方政府，或与省级高校计算机教指委，或与省级高校计算机学会，或与省级高校计算机教育研究会，或与企业，或与行业等共同）承办、专家指导、学生参与、相关部门支持。

第4条　大赛组委会是大赛的最高权力形式。大赛组委会由高校相关人员、教育行政相关部门、承办单位等负责人组成。大赛组委会下设赛务委员会、评比委员会、宣传委员会、决赛承办院校委员会，以及秘书处。

1. 大赛组委会及其下属的委员会的组成由教育部相关的计算机教指委负责协商确定。

2. 大赛组委会下属机构的挂靠高校有责任在经费等方面对相应机构给予必要的支持。

3. 大赛组委会秘书长具体负责大赛组委会日常工作，主管大赛组委会秘书处，。

第5条　参加大赛各项工作的专家由相应委员会推荐，由大赛组委会聘任。

各工作委员会分别负责大赛对象确定、决赛现场承办点落实、赛题拟定、报名发动、专家聘请、作品评比、证书印制、颁奖仪式举办、参赛人员食宿服务及其他与赛务相关的所有工作。

2.3　大赛形式与规则

第6条　大赛全国统一命题。每年举办一次。决赛现场一般在暑假期间举行。赛事活动在当年结束。

第7条 大赛赛事采用三级赛制：

1. 基层动员（校级初赛）。

2. 省级推荐（省级，或国赛委托跨省的“国赛直报预赛平台”复赛，推荐国赛）。

3. 全国现场决赛。

全国现场决赛可在承办单位所在地或其他合适的地点进行。

学校初赛、省级或地区（大区跨省）复赛可自行、独立组织。

校级初赛、省级复赛作品所录名次与作品在全国决赛中参赛报名、评比、获奖等级无必然联系，不影响国家级决赛现场独立评比和确定作品获奖等级。

第8条 参赛作品要求。

1. 符合国家宪法和相关法律、法规；符合中华民族优秀文化传统、优良公共道德价值、行业规范等要求。

2. 必须为当年完成的原创作品，并体现一定的创新性或实用价值。往年完成的作品不得参加当年竞赛。提交作品时，需同时提交该作品的源代码及素材文件。不得抄袭或由他人代做。

3. 除非是为本大赛所做的校级、校际、省级或地区（跨省级）选拔赛所设计的作品，凡参加过校外其他比赛并已获奖的作品，或者不具独立版权的作品，或者已经转让知识产权的作品，均不得报名参加本赛事。

4. 大赛设定了主题的竞赛类组，包括数字媒体设计创作类作品，无论是专业组或普通组，均应选择当年大赛组委会设定的主题进行设计，否则被视为无效。

第9条 大赛参赛对象：决赛当年在校的本科学生。毕业班学生可以参赛，但一旦入围全国决赛，则必须亲临决赛现场，否则可能影响作品成绩，并将扣减该校下一年度的参赛名额。

第10条 大赛只接受以学校为单位组队参赛。每校参赛作品，每个小类限为2个。

第11条 参赛院校应安排有关职能部门负责参赛作品的组织、纪律监督以及内容审核等工作，保证本校竞赛的规范性和公正性，并由该学校相关部门签发组队参加大赛报名的文件。

第12条 作品参赛费用。

1. 学生参赛费用可以由学校与学生共同承担，也可由学生自己承担，原则上应由参赛学生所在学校承担。

2. 学校有关部门要在多方面积极支持大赛工作，对指导教师要在工作量、活动经费等方面给予必要的支持。

第13条 参加决赛作品的版权由作者和大赛组委会共同所有。作者对作品拥有自主使用权或转让权，大赛组委会对作品也拥有以非盈利为目的的自主使用权或转让权。

2.4 评奖办法

第14条 大赛评比委员会本着公开、公平、公正的原则评审参赛作品。

第15条 全国高校按院校所在地分为一、二两类。除蒙、桂、琼、贵、云、藏、甘、青、宁、新等10个省（自治区）属二类区外，其他（含海峡两岸）院校均属一类区。一类区赛后（含跨省区赛及直报国赛平台）上推45%到国赛，二类区赛后按40%上推到国赛。

第16条 初步入围国赛决赛的作品经公示、异议复审后确定最终入围国赛决赛的作品，名单将在大赛网站公示，同时书面通知各参赛院校。

第17条 入围决赛作品将集中进行现场决赛。现场决赛包括作品展示与说明、作品答辩、部分作品的大范围展示与点评等环节。

若国赛决赛现场设施不能满足所有入围决赛作品数参赛的需要，大赛组委会可根据省级复赛推荐排序截流大部分参赛作品到决赛现场参加各级奖项的评比。未能到决赛现场的入围决赛的作品只发给三等奖。

第18条 入围国赛决赛作品评奖比例，按实际到现场的参赛作品数进行评比，一等奖占实际参赛数的7%~10%，二等奖不小于实际参赛数的30%，三等奖不大于实际参赛数的60%，优胜奖不大于实际参赛数的3%~5%。

2.5 公示与异议

第19条 为使大赛评比公开、公平、公正，大赛实行公示与异议制度。

第20条 对参赛作品，大赛组委会将分阶段（报名、省级赛推荐入围国赛决赛、获奖）在大赛网站上公示，以供监督、评议。任何个人和单位均可提出异议，由大赛组委会赛务委员会受理处置。

第21条 受理异议的重点是违反竞赛章程的行为，包括作品抄袭、他人代做、不公正的评比等。

第22条 异议形式：

1. 个人提出的异议，须写明本人的真实姓名、所在单位、通信地址（包括联系电话或电子邮件地址等），并有本人的亲笔签名或身份证复印件。

2. 单位提出的异议，须写明联系人的姓名、通讯地址（包括联系电话或电子邮件地址等），并加盖公章。

3. 仅受理实名提出的异议。大赛组委会对提出异议的个人或单位的信息有保密的职责。

第23条 与异议有关的学校的相关部门，要协助大赛组委会对异议进行调查，并提出处理意见。大赛组委会在异议期结束后一个月内向申诉人答复处理结果。

异议原则上限于异议期。若在异议期限之外提出异议，只要具有真凭实据，赛务委员会均应受理。对有问题的作品，何时发现，何时处理，决不姑息。

2.6 经费

第24条 大赛经费由主办、承办、协办和参赛单位共同筹集。大赛统一安排住宿，费用自理。

每个参赛作品均需缴纳报名费。

每个参加现场决赛作品均需交评审费。评审费主要用于评审专家交通与餐费等补贴。

每位参加决赛成员（包括队员、指导教师和领队）均需交纳赛务费。赛务费主要用于参赛人员餐费、保险以及其他诸如奖牌、证书等开支。

第25条 在不违反大赛评比公开、公平、公正原则及不损害大赛及相关各方声誉的前提下，大赛接受各企业、事业单位或个人向大赛提供经费或其他形式的捐赠资助。

第26条 大赛属非赢利性的、公益性的群众性科技活动，所筹经费仅以满足大赛赛事本身的各项基本需要为原则。

第27条 国赛决赛现场承办点，在竞赛活动结束后应在规定时间内按照指定格式上报财务决算报告。若有经费上的赢余，不得私自截流。由组委会研究决定节余经费的用途。

2.7 国赛决赛现场承办单位的职责

第28条 国赛决赛现场承办单位要与组委会签订承办合同，具体规定承办单位的职责和权利。

第29条 国赛决赛现场承办单位有责任在必要时通过其法律顾问为大赛提供法律支援。

2.8 附则

第30条 大赛赛事的未尽事宜将另行制定补充章程或《参赛指南》中的相应规定，与本章程具有同等效力。

第31条 本章程的解释权属大赛组委会。

第3章　大赛组委会

3.1　大赛组委会主要成员

大赛设组委会、赛务委员会、评比委员会、宣传委员会、决赛承院校委员会，以及秘书处。组委会为大赛的领导机构，为本赛事的最高组织形式。由中央及地方主管教育行政部门、有关计算机教学指导委员会、某些本科高校，以及承办单位的负责人及专家组成。

组委会负责大赛的组织和决策，赛务委员会、评比委员会、宣传委员会、决赛承院校委员会，以及秘书处在组委会领导下工作。

组委会主要成员

1. 组委会顾问：

孙家广（清华大学）　　陈国良（中国科技大学）

怀进鹏（原北京航空航天大学）　　李　未（北京航空航天大学）

2. 组委会名誉主任：

周远清（教育部）

3. 组委会主任：

靳　诺（中国人民大学）

4. 组委会执行主任：

李　廉（合肥工业大学）

5. 组委会副主任（部分）：

韦　穗（安徽大学）　　吕英华（东北师范大学）　　杜小勇（中国人民大学）

李向农（华中师范大学）　　李宇明（北京语言大学）　　李晓明（北京大学）

康　宁（中国教育电视台）

6. 组委会秘书长：

卢湘鸿（北京语言大学）

7. 组委会（部分）常务委员（未计主任、副主任、秘书长）：

马殿富（北京航空航天大学）　　王　浩（合肥工业大学）　　王移芝（北京交通大学）

尤晓东（中国人民大学）　　冯博琴（西安交通大学）　　刘　强（清华大学）

何　洁（清华大学）　　何钦铭（浙江大学）　　李凤霞（北京理工大学）

李文新（北京大学）　　杨小平（中国人民大学）　　顾春华（上海电力大学）

龚沛曾（同济大学）　　蒋宗礼（北京工业大学）　　管会生（兰州大学）

8. 组委会委员（未计上述已有的主任副主任及常务委员）：

刘志敏（北京大学）　郑　莉（清华大学）　黄心渊（中国传媒大学）
曹淑艳（对外经济贸易大学）　张小夫（中央音乐学院）　王　铉（中国传媒大学）
赵　宏（南开大学）　罗朝晖（河北大学）　滕桂法（河北农业大学）
刘东升（内蒙古师范大学）　高光来（内蒙古大学）　黄卫祖（东北大学）
张　欣（吉林大学）　张洪瀚（哈尔滨商业大学）　杨志强（同济大学）
郑　骏（华东师范大学）　金　莹（南京大学）　陈汉武（东南大学）
吉根林（南京师范大学）　韩忠愿（南京财经大学）　王晓东（宁波大学）
耿卫东（浙江大学）　潘瑞芳（浙江传媒学院）　黄晓东（浙江音乐学院（筹））
钦明皖（安徽大学）　孙中胜（黄山学院）　杨　勇（安徽大学）
杨印根（江西师范大学）　朱顺痣（厦门理工学院）
高绪勇（福建省经济和信息化委员会）　郝兴伟（山东大学）
顾群业（山东工艺美术学院）　甘　勇（郑州轻工业学院）　郭清溥（河南财经政法大学）
徐东平（武汉理工大学）　郑世珏（华中师范大学）　赵　欢（湖南大学）
彭小宁（怀化学院）　杜炫杰（华南师范大学）　王志强（深圳大学）
陈尹立（广东金融学院）　陈明锐（海南大学）　吴丽华（海南师范大学）
曾　一（重庆大学）　唐　雁（西南大学）　匡　松（西南财经大学）
王　杨（西南石油大学）　杨　毅（云南农业大学）　张洪民（昆明理工大学）
刘敏昆（云南师范大学）　耿国华（西北大学）　许录平（西安电子科技大学）
管会生（兰州大学）　王崇国（新疆大学）
吐尔根·依布拉音（新疆大学）

3.2　大赛组委会主要下属机构负责人

1. 赛务委员会

（1）赛务委员会挂靠中国人民大学。

（2）主要负责人

主　　任：杜小勇（中国人民大学）
副 主 任：杨小平（中国人民大学）
秘 书 长：尤晓东（中国人民大学）
副秘书长：周小明（中国人民大学）

2. 评比委员会

（1）评比委员会挂靠北京大学。

（2）主要负责人

主　　任：李晓明（北京大学）

副 主 任：李文新（北京大学）

秘 书 长：刘志敏（北京大学）

副秘书长：邓习峰（北京大学）

3. 宣传委员会

（1）宣传委员会挂靠东北师范大学人文学院。

（2）主要负责人

主　任：吕英华（东北师范大学人文学院）

副主任：郑　莉（清华大学）

第4章　大赛作品内容分类

4.1 大赛内容主要依据

第1条　大赛内容主要依据

1. 教育部高等学校大学计算机课程教学指导委员会编写的《大学计算机课程教学基本要求》与教育部高等学校文科计算机基础教学指导委员会编写的《高等学校文科类专业大学计算机教学要求》。

2. 学生就业需要。

3. 学生专业需要。

4. 学生创新意识、创新创业能力以及国家紧缺人才培养需要。

5. 国际现有具有重大影响或意义的大赛接轨的需要。

4.2 大赛作品内容分类

第2条　计算机大赛作品内容共分10类

1. 软件应用与开发类。

包括以下小类：

（1）网站设计。

（2）数据库应用。

（3）虚拟实验平台。

说明：每校参加省级复赛作品每小类不多于2个，每校最终入围决赛作品总数不多于6个。

2. 微课（课件制作）类。

包括以下小类：

（1）“计算机应用基础”课程片段。

（2）“多媒体技术与应用”课程片段。

（3）“Internet应用”课程片段。

（4）“数据库技术与应用”课程片段。

（5）中、小学数学及其它自然科学课程片段。

（6）汉语言文学（古汉语、唐诗宋词、散文等，1911年前）课程片段。

（7）中华优秀传统文化元素（自然遗产与文化遗产、优秀道德风尚等，1911年前）课程片段。

说明：每校参加省级复赛作品每小类不多于2个，每校最终入围决赛作品总数不多于6个。

3. 数字媒体设计类普通组（参赛主题：绿色世界）。

包括以下小类：

（1）计算机图形图像设计（含静态或动态的平面设计和非平面设计）。

（2）计算机动画。

（3）计算机游戏。

（4）交互媒体（含电子杂志）。

（5）DV影片。

说明：

（1）数字媒体类分普通能与专业组进行竞赛。

专业组的划分见后面（“数字媒体类专业组”）所述。

（2）每校参加省级复赛作品每小类不多于2个，每校最终入围决赛作品总数不多于6个。

4. 数字媒体设计类专业组（参赛主题：绿色世界）。

包括以下小类：

（1）计算机图形图像设计（含静态或动态的平面设计和非平面设计）。

（2）计算机动画。

（3）计算机游戏。

（4）交互媒体（含电子杂志）。

（5）DV影片。

说明：

（1）数字媒体设计类作品分专业组与普及组进行竞赛。

应参加专业组竞赛的作者专业清单如下：

① 教育学、教育技术专业，艺术教育、学前教育专业。

② 广告学专业与广告设计方向。

③ 广播电视新闻学专业。

④ 计算机科学与技术（数字媒体技术方向）。

⑤ 服装设计与工程专业。

⑥ 工业设计、建筑学、城市规划、风景园林专业。

⑦ 数字媒体艺术、数字媒体技术专业。

⑧ 广播电视编导、戏剧影视美术设计、动画、影视摄制专业。

⑨ 美术学、绘画、雕塑、摄影、中国画与书法专业。

⑩ 艺术设计学、艺术设计、会展艺术与技术专业。

所列清单为截止本书出版时确定的专业，其它尚未列示的与数字媒体、视觉艺术与设计、影视等相关专业，亦应参加专业组竞赛。具体专业认定事宜，可咨询大赛组委会赛务委员会。

（2）每校参加省级复赛作品每小类不多于2个，每校最终入围决赛作品总数不多于6个。

5. 数字媒体设计类微电影组中华优秀传统文化元素

参赛主题为：

（1）自然遗产与文化遗产。

（2）歌颂大好河山的诗词散文。

（3）优秀的传统道德风尚。

（4）先秦主要哲学流派（道/儒/墨/法）与汉语言文学。

（5）国画、汉字、汉字书法、年画、剪纸、音乐、戏剧、戏曲、曲艺。

说明：

（1）主题内容限在1911年前。

（2）每校参加省级复赛作品每个主题作品不多于2个，每校最终入围决赛作品总数不多于6个。

（3）凡符合此组内容的作品，均不得报入数字媒体设计类普通组或专业组。

6. 数字媒体设计类动漫游戏组。

包括以下小类：

（1）动画。

（2）游戏与交互。

（3）数字平面。

（4）动漫衍生品（含数字、实体）。

说明：

（1）主题分为两种：

① 企业命题，来源于企业现实需求，题目与具体要求见本章附录。

② 自主选择：绿色世界。

（2）作品数限制：

① 每校报名参加复赛作品每小类不多于4个，其中自主命题与企业命题作品各不多于2个。

② 每校入围决赛每小类作品不多于2个，其中自主命题与企业命题各不多于1个。

③ 每校最终入围决赛作品总数不多于6个。

7. 数字媒体设计类中华民族文化元系组（参赛主题：民族建筑，民族服饰，民族手工艺品）。

包括以下小类：

（1）计算机图形图像设计（含静态或动态的平面设计和非平面设计）。

（2）计算机动画。

（3）交互媒体设计（含电子杂志）。

说明：

（1）每校参加省级复赛作品每小类不多于2个，每校最终入围决赛作品总数不多于6个。

（2）凡符合此组内容的作品，均不得报入数字媒体类普通组或专业组。

8. 软件服务外包类。

包括以下小类：

（1）大数据分析。

（2）电子商务。

（3）人机交互应用。

（4）物联网应用。

（5）移动终端应用。

说明：

（1）作者自主命题。

（2）每校参加省级复赛作品每小类不多于2个，每校最终入围决赛作品总数不多于6个。

9. 计算机音乐创作类普通组。

包括以下小类：

（1）原创类（所提交的电子音乐作品的全部内容都是自己原创的）。

（2）创编类（所提交的电子音乐作品可以是根据别人创作的歌曲主题或别人创作的其他音乐的主题，如流行歌曲改编、变奏、重新编配、制作而成）。

（3）视频配乐类（为视频配乐的电子音乐。视频影像部分可以自己做，也可以是与其他人合作，音乐部分最好是自己原创，创编次之）。

说明：

（1）计算机音乐创作类作品分普通组与专业组进行竞赛。

专业组的划分见后面（“计算机音乐创作类专业组”）所述。

（2）每校参加省级复赛作品每小类不多于2个，每校最终入围决赛作品总数不多于6个。

10. 计算机音乐创作类专业组。

包括以下小类：

（1）原创类（所提交的电子音乐作品的全部内容都是自己原创的）。

（2）创编类（所提交的电子音乐作品可以是根据别人创作的歌曲主题或别人创作的其他音乐的主题，如流行歌曲改编、变奏、重新编配、制作而成）。

（3）视频配乐类（为视频配乐的电子音乐。视频影像部分可以自己做，也可以是与其他人合作，音乐部分最好是自己原创，创编次之）。

说明：

（1）计算机音乐创作类作品分普通组与专业组进行竞赛。

参赛者由国家政府教育部门颁发正规学历文凭的音乐或艺术院校（含音乐或艺术系科）在校作曲或电子音乐制作相关专业，诸如：

① 电子音乐制作。

② 电子音乐作曲。

③ 音乐制作。

④ 作曲。

⑤ 新媒体（流媒体）音乐。

⑥ 其他相关专业的学生划为专业组。

其他不拿教育部门颁发正规学历文凭的音乐或艺术院校的参赛者均为普通组。

（2）参赛作品有多名作者的，如有任一名作者归属于上面所述专业，则作品应参加专业组的竞赛。

（3）属于专业组的作品，不得参加普通组的竞赛。属于普通组的作品只能参加普通组的竞赛。

（4）每校参加省级复赛作品每小类不多于2个，每校最终入围决赛作品总数不多于6个。

4.3 大赛命题要求

第3条　大赛命题要求

1. 竞赛题目应能测试学生运用计算机基础知识的能力、实际设计能力和独立工作能力。

2. 题目原则上应包括计算机技术应用基本要求部分和发挥部分，使绝大多数参赛学生既能在规定时间内完成基本要求部分的设计工作，又能便于优秀学生有发挥与创新的余地。

3. 作品题材要面向未来、多些想象力、创新创业能力的发挥。

4. 命题应充分考虑到竞赛评审时的可操作性。

4.4 计算机应用设计题目征集办法

第4条　大赛应用设计题目征集办法

1. 面向各高校有关教师和专家按此命题原则及要求广泛征集下一届大赛的竞赛题目。赛题以4.1中的大赛内容为依据，尽量扩大内容覆盖面，题目类型和风格要多样化。

2. 赛务委员会向各高校组织及个人征集竞赛题，以丰富题源。

3. 各高校或个人将遴选出的题目，集中通过电子邮件或信函上报大赛赛务委员会秘书处（通信地址及收件人：中国人民大学信息学院，邮编100872，尤晓东；电子邮件：baoming@jsjds.org）。

4. 赛务委员会组织命题专家组专家对征集到的题目认真分类、完善和遴选，并根据大赛赛务与评比的需要决定最终命题。

5. 根据本次征题的使用情况，大赛赛务委员会将报请大赛组委会，对有助于竞赛命题的原创题目作者颁发“优秀征题奖”及其他适当的奖励。

第5章　校级初赛、省级复赛与国家级决赛

5.1 竞赛级别

一、三级赛制

大赛赛事采用三级赛制：

1. 基层动员（校级初赛）。

2. 省级推荐（省级，或国赛委托跨省的“国赛直报预赛平台”复赛，推荐国赛）。

3. 全国现场决赛。

鼓励各校作品报名参加校级初赛、省级复赛。

二、省级赛的认定

1. 不少于两所且有着部属院校或省属重点校参与的多校联合选拔赛，可视为省级赛事。

2. 没有部属院校或省属重点院校参与的院校联赛不构成省级赛。

3. 不少于两个不同省级赛事的多省联合选拔赛，可视为地区（大区）级赛事。

4. 院校可以跨省、跨地区参赛。

地域辽阔的地区，宜组织省、自治区级赛，而不宜组织地区赛。

5. 一个作品只能参加一个省级（直辖市、自治区）预赛及其相应的地区级赛的选出拔赛，但不能同时直接报名参加国家直报平台。

三、各省推荐比例

1. 院校分类。

考虑到地区院校的不平衡性，全国除港、澳、台外，拟将31省（直辖市、自治区）的高等学校分属于六大区、两大类。

（1）六大区（或称地区）如下：

华北（京、津、冀、晋、蒙）

东北（辽、吉、黑）

华东（沪、苏、浙、皖、闽、赣、鲁）

中南（豫、鄂、湘、粤、桂、琼）

西南（渝、川、贵、云、藏）

西北（陕、甘、青、宁、新）

（2）两大类如下：

一类区：京、津、冀、晋、辽、吉、黑、沪、苏、浙、皖、闽、赣、鲁、豫、鄂、湘、粤、渝、川、陕共21个省、直辖市。包括海峡两岸院校及港澳院校。

二类区：蒙、桂、琼、贵、云、藏、甘、青、宁、新共10个省、自治区。

2. 校级初赛与省级复赛。

各级别赛赛系各自组织，独立进行，对其结果负责。校级赛、省级赛与国赛无直接从属关系。各级预赛作品所录名次与该作品在全国大赛中获奖等级原则上也无必然联系。

3. 申请直推入围国赛决赛公示名额的各省级复赛，需要向国赛组委会赛务委员会申请使用统一的竞赛平台。如果不使用统一竞赛平台，应按国赛要求向大赛组委会报送预赛相关数据。

5.2 省级复赛直推国赛比例

1. 各级别预赛应积极接受国赛组委会赛务委员会与评比委员会的业务指导，严格按照国赛规程组织竞赛和评比。按国赛规程组织竞赛和评比的省级赛（跨省地区级赛），可从合格的报名作品中直接推选相应比例参加国赛的入围决赛公示的作品，不须再经国赛直报评台环节。

2. 各类复赛按合格报名作品基数选拔后直推进入国赛的参赛作品比例为：

一类省级赛：赛后排名的前45%。

二类省级赛：赛后排名的前40%。

3. 跨省级联赛，直推进入国赛决赛公示名单的比例按直推比例高的省级赛比例上推。

例如，二类青海省合格报名作品，若通过省级赛，可按作品总数前40%的比例直推国赛。

若二类青海省合格报名作品参与一类陕西举办的联赛，则竞赛后按混合作品总数前45%的比例直推国赛。

若二类青海省合格报名作品参与二类甘肃省举办联赛，则竞赛后按合格报名作品总数前40%的比例直推国赛。

4. 上述各类数字分别按比赛类别，如软件应用与开发类、微课（课件制作）类、数字媒体设计类普通组、数字媒体设计类专业组、数字媒体设计类中华优秀传统文化元素微电影、数字媒体设计类中华民族文化元素组、数字媒体设计类动漫组、软件服务外包类、计算机音乐创作等统计，各类组之间不得混淆。

5.3 参赛要求

1. 国家级比赛参赛作品只针对本科生。高职高专学生不得以任何形式参赛。

鉴于大赛主办单位是基于本科各计算机相关教指委，故2016年国家级竞赛只限在校本科生参与。非在校本科学生或高职高专学生不得以任何形式参赛，无论何时，违者一经发现即取消该作品的参赛资格。若该作品已获奖项，无论何时发现，均取消该作品的得奖资格，并追回所有奖状、奖牌及所发一切奖励，并将在大赛官网通告批评。

2. 一所学校的作品不能同时参加两个渠道的省级预赛。

参赛作品可以通过报名参加省级预赛（或地区级）获得进入决赛公示资格，也可以通过直接报名参加国赛组委会委托的直报省级赛平台，通过预赛初评获得进入决赛公示资格。但一所院校不能同时报名参加省级预赛和参加国赛组委会委托的直报省级赛复赛。如发现参赛作品同时报名参加省级复赛和国赛直报平台，则取消该作品及所在校所有作品的参赛资格。若该作品已获奖项，无论何时，一旦发现，均取消该作品及所在校所有作品的得奖资格，并追回所有奖状、奖牌或相应的一切奖励。

3. 各省级（或跨省地区）复赛，赛后必须按国赛要求直推进入国赛的作品比例。

省级（或地区级）赛的主办及承办单位，要对参赛每一所院校的权益负责。参赛院校，也要对赛事的主办及承办单位实行鉴督，一切按国赛规范处理。若主办或承办单位虚报上推作品比例，无论何时，一旦发现，均取消该级赛区当年直推作品进入国赛的资格。

第6章　参赛事项

有关参赛事宜主要由大赛组委会下设的大赛评比委员会、竞赛委员会、决赛现场竞赛委员会共同实施。

6.1 决赛现场赛务承办点的确定

一、国赛现场决赛承办地点的选定

1. 现场决赛点所在城市相对稳定。

根据目前大赛国赛已有较大规模，需多地设定现场决赛点，才能更好地满足院校根据自身作品优势及本校经费等情况的参赛要求。

2. 国赛现场决赛所在城市宜相对稳定，参赛类组内容可适当轮换。

3. 国赛现场决赛承办院校，宜由承办点所在城市的院校轮流承办。

二、国赛决赛现场赛务承办点的申报

为了把大赛国赛现场决赛赛务工作做得更好，鼓励凡有条件愿意承办国赛现场决赛赛务的院校，积极申请承办国赛现场决赛赛务。

1. 申办基本条件。

（1）学校具有为国赛现场决赛成功举办的奉献精神并提供必要的支持。

（2）承办地点交通相对方便（附近有民用机场和高铁动车站）。

（3）具有可容纳不少于600人的会场。

（4）可解决不少于600人的住宿与餐饮。

（5）具有能满足大赛作品评比所需要的计算机软、硬件设备和Internet网络条件。

2. 申办程序。

（1）以学校名义正式提交书面申请书（盖学校公章）。

（2）书面申请书寄至：100083（邮编），北京海淀区学院路15号综合楼183信箱中国大学生计算机大赛组委会秘书处。也可以把盖有学校公章的申请书扫描成电子文件，发到luxh339@126. com。

（3）等候大赛组委会秘书处回复（一周内会有信息返回）。

说明：

① 申请书上要注明计划承办哪一年哪一比赛类组的大赛现场决赛赛务。

② 如有疑问，可以通过以下方式咨询：

邮箱：baoming@jsjds. org或xujuan@blcu. edu. cn或luxh339@126. com

电话：010-82500686或010-82303133或010-82303436

6.2 大赛日程与赛区内容

2016年（第9届）中国大学生计算机设计大赛现场决赛于2016年7月23日至8月26日举行。决赛现场根据参赛类组的不同分设在北京和华东地区。

一、国赛日程安排

1. 各院校预赛自行安排在2016年春季。

2. 对于大部分类组的竞赛，决赛前的日程安排大致如下：

（1）2016年4—5月中旬，各省级复赛（包括全国省级复赛直报平台——省自治区级赛及中国大学生计算机设计大赛评比委员会计算机音乐会分委会复赛）陆续举行。

（2）2016年5月20日前，各省级复赛结束，并向大赛组委会赛务委员会提交进入决赛的作品名单及相关参赛信息。

（3）2016年5月31日前，各省级复赛上推作品完成国赛平台报名、资料填报及作品提交工作。

（4）2016年6月15日前，大赛组委会赛务委员会对入围决赛作品进行公示，并接受异议、申诉和违规举报。

（5）2016年6月30日前，大赛组委会赛务委员会公布正式参加决赛作品名单。

（6）计算机音乐创作类作品，在校级预赛基础上，直接从国赛竞赛平台独立报名，一律不另组织省级复赛，而由中国大学生计算机设计大赛评比委员会计算机音乐分委会组织审核推荐，以取得参加国赛现场决赛的资格。

（7）根据国赛现场决赛承办点所能承受赛事的规模、各省赛级（复赛）提交进入决赛的作品规模及顺序，大赛组委会评比委员会与赛务委员会对各大类（组）上推参加决赛的作品进行审查。

对决赛现场单位承受规模内的类（组）的作品，全额进入现场决赛参加决赛；

对超出决赛现场单位承受规模内的类（组）的作品，将根据省级（包括跨省级）复赛推荐名单顺序，实行截流处理：承受规模内作品进入决赛现场，进行各级奖项的评比；其余作品不到决赛现场，均按获得三等奖奖项处理，其奖牌及获奖证书发放及费用的收取由相应决赛现场承办点负责。

所有奖项均发奖牌及获奖证书。奖牌给单位，获奖证书给参赛学生及指导老师。

二、国赛决赛日程

根据参赛分类与组别的不同，现场决赛时间及地点如下：

决赛日期(2016年)	地区	决赛承办院校	现场决赛类组
7月23日—7月27日	合肥	安徽大学	数字媒体设计类普通组
7月27日—7月31日	合肥	安徽大学	数字媒体设计类专业组
8月3日—8月7日	北京	北京语言大学	数字媒体设计类中国传统文化元素微电影组
8月10日—8月14日	厦门	厦门理工学院	数字媒体设计类动漫组/微课（课件制作）类
8月14日—8月18日	南京	东南大学	软件服务外包类/数字媒体设计类中华民族文化元素组
8月18日—8月22日	杭州	浙江音乐学院（筹）	计算机音乐创作类
8月22日—8月26日	上海	华东师范大学	软件应用与开发类

说明：厦门点与南京点，因有各两个类组，根据每类（组）每校可组6个队参赛，因此，这两个点，每校满额可组织12个队参赛。

三、国赛现场决赛后期安排

1. 决赛结束后获奖作品在大赛网站公示，组委会评比委员会安排专家对有争议作品进行复审。

2. 2016年10月正式公布大赛各奖项，在2016年12月底前结束本届大赛全部赛事活动。

如有变化，以大赛官网公告和赛区通知为准。

6.3 参赛对象与作品限制

1. 决赛当年所有在校本科生。

毕业班学生可以参赛，但一旦入围全国决赛，则需要参加决赛现场相关活动，否则将可能扣减该作品的成绩。

2. 参赛要求。

（1）主题为“绿色世界”的“数字媒体设计”类作品分为专业组与普通组进行竞赛。

（2）计算机音乐创作类分普通组与专业组进行竞赛。

（3）参赛作品有多名作者的，只要有一名作者是属于专业类的，则该作品就必须参加专业组的竞赛。

（4）除了数字媒体类与计算机音乐创作类分普通组与专业组参赛，其他类组作品竞赛参赛对象不分专业。

6.4 组队、参赛报名与作品提交

一、组队与领队

1. 大赛只接受以学校为单位组队参赛。

2. 参赛名额限制：

（1）2016年大赛竞赛分为7个决赛现场，一个现场决赛的类组下设若干小类，详见第4章。

（2）每校初赛后在每个小类下可提交2件作品报名参加省级复赛（含跨省级地区复赛；各院校可自主报名参加全国直报平台复赛）。数字媒体设计类普通组与专业组主题均为“绿色世界”。各小类各可报2个作品；计算机音乐创作普通组与专业组，每校各小类各可报2个作品（从校到省级复赛，参赛作品只按小类计数）。

（3）入围决赛作品数，每校每个小类不超过2件（按普通组与专业组分别计数）。

（4）入围决赛作品总数，每校每个大类（组）不超过6件（按普通组与专业组分别计数）。

3. 每个参赛队可由同一所学校的1至3名学生组成。

每队可以设置1至2名指导教师。

注意：部分类组分设普通与专业组参赛，如参赛队员中有任一人属于专业组所在专业，该作品应参加专业组竞赛。

4. 参加决赛作品的作者，原则上须亲临现场答辩。

（1）参赛队选手必须有不少于50%的成员亲临现场，比如是1至2人的参赛队，至少要有1人到场，3人的参赛队至少要有2人到场；否则要降低作品奖项等级。

（2）答辩不能找人替代。没有作者亲临到场参与答辩的作品不计成绩，不发任何等级的奖项。

5. 决赛期间，各校都必须把参赛队成员的安全放在首位。参加决赛现场时，每校参赛队必须由1名领队带领。领队原则上由学校指定教师担任，可由指导教师（教练）兼任。

学生不得担任领队一职。

6. 每校参赛队的领队必须对本校参赛人员（包括自费参赛的学生）在参赛期间的所有方面负全责。没有领队的参赛队不得参加现场决赛。

7. 参赛院校应安排有关职能部门负责预赛作品的组织、纪律监督以及内容审核等工作，保证本校竞赛的规范性和公正性，并由该学校相关部门签发组队参加大赛报名的文件。

8. 学生参赛费用可以由学校与学生共同承担，也可由学生自己承担，原则上应由参赛学生所在学校承担。

学校有关部门要在多方面积极支持大赛工作，对指导教师要在工作量、活动经费等方面给予必要的支持。

二、参赛报名与作品提交

1. 通过网上报名和提交参赛作品。

参赛队应在大赛限定期限内参加省级复赛（或跨省地区复赛）或国赛大赛组委会委托组织的国赛复赛直报平台。

对于使用国赛直报平台进行复赛的赛区，应通过大赛官网上开通的竞赛平台在线完成报名工作，并在线提交参赛作品及相关文件。

各参赛队应密切关注各省级复赛（或跨省地区复赛）、直报平台的报名截止时间及报名方式（2016年3月起大赛官网会有信息陆续披露），以免耽误参赛。

2. 大赛参赛作品应为参加当年大赛而完成制作，不得使用2016年以前完成的作品参赛。违者一经发现，取消参赛资格。

3. 参赛作品应遵守国家有关法律、法规以及社会道德规范。作者对参赛作品必须拥有独立、完整的知识产权，不得侵犯他人知识产权。抄袭、盗用、提供虚假材料或违反相关法律法规，一经发现即刻丧失参赛相关权利并自负一切法律责任。

4. 所有作品播放时长不得超过10分钟，交互式作品应提供演示视频，时长亦不得超过10分钟。

5. “网站设计”小类作品：将于2016年3月15日左右在大赛官网公布代码规范，参赛者需要按此规范编写代码，上传的作品将通过大赛平台自动部署，并主要据此进行评审。作为网站评审的重要因素，参赛者应同时提供能够在互联网上真实访问的网站地址(域名或IP地址均可)。

6. “数据库应用”小类作品：仅限于非网站形式的数据库应用类作品报此类别。凡以网站形式呈现的作品，一律按“网站设计”小类报名。数据库应用类作品应使用主流数据库系统开发工具进行开发。将于2016年3月15日左右在大赛官网公布开发规范，参赛者请按此规范编写代码，上传的作品将通过大赛平台自动部署，并主要据此进行评审。

7. “计算机音乐创作”类作品音频格式为WAV或AIFF（44.1kHz/16/24bit，PCM。若为5.1音频文件格式，请注明编码格式与编码软件）；视频文件要求为MPEG或AVI格式。

8. 各竞赛类别参赛作品大小、提交文件类型及其他方面的要求，大赛组委会于2016年3月15日前在大赛官网陆续公告，请及时关注。

参赛提交文件要求如有变更，以大赛网站公布信息为准。

9. 在线完成报名后，参赛队需要在报名系统内下载由报名系统生成的报名表，打印后加盖学校公章或学校教务处章，由全体作者签名后，拍照或扫描后上传到报名系统。纸质原件需在参加决赛报到时提交，请妥善保管。

10. 在通过校级预赛、省级复赛（跨省级复赛、全国直报平台赛区）获得参加决赛推荐权后，还应通过国赛平台完成信息填报和核查完成工作，截止日期均为2016年5月31日，逾期视为无效报名，取消参赛资格。

11. 参加决赛作品的版权由作品制作者和大赛组委会共同所有。参加决赛作品可以分别以作品作者或组委会的名义发表，或以作者与组委会的共同名义发表，或者以作者或组委会委托第三方发表。

6.5 报名费汇寄与联系方式

一、报名费汇款地址及账号

1. 报名费缴纳范围。

（1）参加省级复赛（含跨省复赛）的作品，报名费由省级赛与地区赛组委会收取，请咨询各省级赛（或跨省地区赛）组委会，或关注省级赛（或跨省地区赛）组委会发布的公告。

（2）直接在国赛直报复赛平台报名参赛的竞赛队伍，包括所在省、直辖市、自治区没有举办省级赛或大地区级赛的参赛队伍，及限定类别作品必须在国赛平台直接报名参赛的队伍，或者设有省级赛或大地区级赛但愿意直报国赛省自治区级赛平台参赛院校的作品，应向国赛组委赛务委员会或国赛组委会指定的直报复赛平台组委会缴纳参赛报名费。具体缴纳办法报名时在报名平台公示。

2. 报名费缴纳金额。无论通过哪个赛区参加预赛，报名费均为每件作品100元。报名费发票由收取单位开具和发放。具体办法由各预赛赛区制定。

3. 寄报名费时请在汇款单附言注明网上报名时分配的作品编号。例如，某校3件作品的报名费应汇出300元，同时在汇款单附言注明："A110011，B220345，C330567"。如作品数较多附言无法写全作品编号，请分单汇出。

二、咨询信息

1. 大赛信息官网：http://www. jsjds. org。

2. 大赛报名平台：2016年3月报名期启动后在大赛官网公示。

3. 各赛区咨询信息：将于2016年3月起陆续在大赛官网发布。

4. 国赛组委会赛务委员会咨询信箱：booming@jsjds. org。有信必复，原则上不接受电话咨询。

6.6 参加决赛须知

1. 各决赛现场报到与决赛地点、从各赛区所在城市机场、火车站等到达决赛现场的具体线路，请于2016年6月前查阅大赛网站公告，同时在由承办学校寄发给决赛参赛队的决赛参赛书面通知中注明。

2. 现场决赛流程请查第7章作品评比相关内容，及关注大赛官网相关信息。

3. 本届大赛经费由主办、承办、协办和参赛单位共同筹集。大赛统一安排住宿，费用自理。

（1）每个参加现场决赛作品需交参赛费600元。

（2）决赛参赛队每位成员（包括队员、指导教师和领队）需交纳赛务费300元。

（主要用于参赛人员餐费、保险以及其他赛务开支，如场地、交通、设备、奖牌、证书……）

（3）指导教师和领队为同一人时，只需交一份赛务费。

一个指导教师、学生参与多个作品的指导或创作时，每增加一个作品，需增交赛务费50元，以用于如奖牌、证书等其他方面的赛务开支。

4. 大赛承办单位应为所有参赛人员投保正式决赛日程期间人身保险（含正常参赛旅程保险）。

5. 住宿安排。

请于2016年6月查阅大赛网站公告或决赛参赛书面通知。

6. 返程车、船、机票订购。

请于2016年6月查阅大赛网站公告或决赛参赛书面通知。

7. 决赛筹备处联系方式。

请于2016年6月查阅大赛网站公告或决赛参赛书面通知。

说明：其他未尽事宜及大赛相关补充说明或公告，请随时参见大赛官网的信息。

附1：2016年（第9届）中国大学生计算机设计大赛参赛作品报名表式样

<table>
<tr><td colspan="2">作品编号</td><td colspan="4">（报名时由报名系统分配）</td></tr>
<tr><td colspan="2">作品分类</td><td colspan="4"></td></tr>
<tr><td colspan="2">作品名称</td><td colspan="4"></td></tr>
<tr><td colspan="2">参赛学校</td><td colspan="4"></td></tr>
<tr><td colspan="2">网站地址</td><td colspan="4">(网站类作品必填)</td></tr>
<tr><td rowspan="7">作者信息</td><td></td><td colspan="2">作者一</td><td>作者二</td><td>作者三</td></tr>
<tr><td>姓名</td><td colspan="2"></td><td></td><td></td></tr>
<tr><td>身份证</td><td colspan="2"></td><td></td><td></td></tr>
<tr><td>专业</td><td colspan="2"></td><td></td><td></td></tr>
<tr><td>年级</td><td colspan="2"></td><td></td><td></td></tr>
<tr><td>信箱</td><td colspan="2"></td><td></td><td></td></tr>
<tr><td>电话</td><td colspan="2"></td><td></td><td></td></tr>
<tr><td colspan="2" rowspan="2">指导教师1</td><td>姓名</td><td></td><td colspan="2">单位</td></tr>
<tr><td>电话</td><td></td><td colspan="2">信箱</td></tr>
<tr><td colspan="2" rowspan="2">指导教师2</td><td>姓名</td><td></td><td colspan="2">单位</td></tr>
<tr><td>电话</td><td></td><td colspan="2">信箱</td></tr>
<tr><td colspan="2" rowspan="2">单位联系人</td><td>姓名</td><td></td><td colspan="2">职务</td></tr>
<tr><td>电话</td><td></td><td colspan="2">信箱</td></tr>
<tr><td colspan="2">共享协议</td><td colspan="4">作者同意大赛组委会将该作品列入集锦出版发行。</td></tr>
<tr><td colspan="2">学校推荐意见</td><td colspan="4">（学校公章或校教务处章）2016年 月 日</td></tr>
<tr><td colspan="2">原创声明</td><td colspan="4">我（们）声明我们的参赛作品为我（们）原创构思和使用正版软件制作，我们对参赛作品拥有独立、完整、合法的著作权或其他相关之权利，绝无侵害他人著作权、商标权、专利权等知识产权或违反法令或其他侵害他人合法权益的情况。若因此导致任何法律纠纷，一切责任应由我们（作品提交人）自行承担。

作者签名：1.______________ 2.______________ 3.______________</td></tr>
<tr><td colspan="6">作品简介</td></tr>
<tr><td colspan="6">作品安装说明</td></tr>
<tr><td colspan="6">作品效果图</td></tr>
<tr><td colspan="6">设计思路</td></tr>
<tr><td colspan="6">设计重点和难点</td></tr>
<tr><td colspan="6">指导老师自评</td></tr>
<tr><td colspan="6">其他说明</td></tr>
</table>

附2：著作权授权声明

著作权授权声明

《____________________________________》为本人在“2016年（第9届）中国大学生计算机设计大赛”的参赛作品，本人对其拥有完全的和独立的知识产权，本人同意中国大学生计算机设计大赛组委会将上述作品及本人撰写的相关说明文字收录到中国大学生计算机设计大赛组委会编写的大赛作品集、参赛指南（指导）或其他相关集合中，自行或委托第三方以纸介质出版物、电子出版物、网络出版物或其他形式予以出版。

授权人：__________________________

2016年　月　日

第7章　奖项设置、评比与专家规范

7.1　奖项设置

一、个人奖项

1. 奖项等级。

大赛个人奖项设为特等奖、一等奖、二等奖、三等奖、优胜奖。

2. 奖项数量。

（1）大赛奖项称为获奖基数。获奖基数由两部分组成：

全国高校按院校所在地分为一、二两类。除蒙、桂、琼、贵、云、藏、甘、青、宁、新等10个省（自治区）属二类区外，其他（含海峡两岸）院校均属一类区。一类区赛后（含跨省区赛及直报国赛平台）上推45%到国赛，二类区赛后按40%上推到国赛。大陆二类省级（自治区，）院校复赛有效作品总数的40%。

（2）由各院校预赛后报名参加各省级复赛（或跨省地区联赛）的有效作品数，根据第5章5.2节（复赛直推比例）推荐的作品总数。

3. 大赛个人奖项的设置比例。

（1）一等奖占有效参赛作品到决赛现场总数的7%~10%。

（2）二等奖不少于占有效参赛作品到决赛现场总数的30%。

（3）三等奖不多于占有效参赛作品到决赛现场总数的60%。

（4）优胜奖不多于占有效参赛作品到决赛现场总数的3%~5%。

在入围决赛作品中，特等奖视作品质量情况设置，授予国内一流水平的作品。若不具备条件，特等奖可以空缺。

特等奖不占获奖基数的名额。

4. 说明。

（1）各级获奖作品均颁发获奖证书及奖牌，获奖证书颁发给每位作者和指导教师，奖牌只颁发给获奖单位。

（2）大赛组委会可根据实际参加决赛的作品数量与质量，适量调整各奖项名额。

二、集体奖项

可根据参赛实际情况对参赛或承办院校设立优秀组织奖及精神文明奖。

1. 优秀组织奖授予组织参赛队成绩优秀或承办赛事等方面表现突出的院校。

2. 优秀组织奖颁发给满足以下条件之一的单位。如果某单位同时满足以下多项条件，一年中亦只授予一个优秀组织奖：

（1）在本届大赛全部赛区（指各国赛决赛区，不是指省级赛区；下同）累计获得1个或1个以上特等奖的单位。

（2）在本届大赛全部赛区累计获得3个或3个以上一等奖的单位。

（3）在本届大赛全部赛区累计获得8个或8个以上不低于二等奖（含二等奖）的单位。

（4）在本届大赛全部赛区累计获得12个或12个以上不低于三等奖（含三等奖）的单位。

（5）在本届大赛全部赛区累计获得不少于16个（含16个）各级奖项的单位。

（6）顺利完成大赛赛事（含报名、复赛评比及决赛评比等）的承办单位。

3. 精神文明奖经单位或个人推荐，由大赛组委会组织审核确定。

4. 优秀组织奖及精神文明奖只颁发奖牌给学校，不发证书。

7.2 评比形式

一、总体形式

1. 大赛赛事分为三个阶段：一是校级预赛，二是省级（含跨省级或国赛直报平台）复赛，三是国赛现场决赛。

2. 根据国赛现场决赛承办点所能承受赛事的规模、各省赛级（复赛）提交进入决赛的作品规模，大赛组委会评比委员会与赛务委员会对各大类（组）确定决赛作品进行模糊处理。

（1）对现场决赛承受规模内的类（组）的作品，全额进入现场决赛进行。

（2）对较大超出现场决赛承受规模的类（组），根据省级（或跨省级）复赛推荐名单顺序，实行截流处理：大部分作品进入现场决赛，进行各级奖项的评比；小部分作品不到决赛现场，只获得三等奖奖项。

所有奖项均发奖牌及获奖证书。

二、省级复赛推荐国赛决赛名单的确定

1. 各省级（含跨省地区）复赛赛按规定比例（参见第5章）推荐入围决赛名单，一般可直接进入网上公示环节。但经核查不符合参赛条件的作品（包括不符合参赛主题、不按参赛要求进行报名和提交材料等）不能进入决赛。

2. 设有省、自治区、直辖市级赛的院校，建议通过省级赛复赛途径获得推荐进入决赛资格。

3. 未设省级赛和地区赛的省份作品，可通过国赛大赛组委会设立的国赛直报平台赛区（省自治区级赛）进行报名、经直报平台复赛后，获得推荐进入国赛决赛资格。

三、国赛审核和复赛复评

1. 对于经省级（含跨省级地区）复赛后推荐进入国赛决赛的作品，大赛组委会评比委员会与赛务委员会进行以下工作：

（1）形式检查：对报名表格、材料、作品等进行形式检查。针对有缺陷的报名信息或作品

提示参赛队在规定时间内修正。对报名分类不恰当的作品纠正其分类。

（2）上网公示：对符合报名条件的直推作品，上网公示，接受异议和申诉。

（3）专家审核：大赛评比委员会安排评审专家对公示期有争议的作品进行审核，确定其参赛资格。

（4）计算机音乐创作类作品无论有无省级赛推荐或参赛规模大小，均需要国赛专家组的再次进行复赛评审。

（5）决赛入围作品公布与通知：公示结束后正式确定参加决赛的作品名单，在大赛网站上公布，并通知参赛院校。

四、现场决赛

现场决赛包括作品现场展示与答辩、决赛复审等环节。

1. 入围决赛队须根据通知按时到达决赛承办单位参加现场决赛。包括作品现场展示与答辩、决赛复审等环节。

2. 参赛选手现场作品展示与答辩。

不同类别作品的作品现场展示与答辩方案可能有所不同，参见各大类组在大赛官网发布的具体决赛评比方案。

（1）没有特别发布具体决赛评比办法的赛区，现场展示及说明时间不超过10分钟，答辩时间不超过10分钟。在答辩时需要向评比专家组说明作品创意与设计方案、作品实现技术、作品特色等内容。同时，需要回答评比专家（下面简称评委）的现场提问。评委综合各方面因素，确定作品答辩成绩。在作品评定过程中评委应本着独立工作的原则，根据决赛评分标准，独立给出作品答辩成绩。

（2）没有选手参加现场答辩的作品，视为自动放弃，不颁发任何奖项。

3. 决赛复审。

答辩成绩分类排名后，根据大赛奖项设置名额比例，初步确定各作品奖项的等级。其中各类特、一、二等奖的候选作品，还需经过各评选专家组组长参加的复审会后，才能确定其最终所获奖项级别。必要时，可通知参赛学生参加复审的答辩或说明。

4. 作品展示与交流。

在决赛阶段，大赛组委会将组织优秀作品的交流及展示，由全体参赛师生参加，评委点评。

5. 获奖作品公示。

对获奖作品进行公示，接受社会的最后监督。

7.3 评比规则

大赛评比的原则是公开、公平、公正。

一、评奖办法

1. 大赛评比委员会从通过评比委员会资格认定的专家库中聘请专家组成本届赛事评委会。按照比赛内容分小组进行评审。评审组将按统一标准从合格的报名作品中评选出相应奖项的获奖作品。

2. 大赛所有评委均不得参与本校作品的评比活动。

3. 对违反大赛章程的参赛队，无论何时，一经发现，视违规程度将对参赛院校进行处罚，包括警告、通报批评、取消参赛资格、获得的成绩无效。

4. 对违反参赛作品评比和评奖工作规定的评奖结果，无论何时，一经发现，大赛组委会不予承认。

二、作品评审办法与评审原则

因大赛决赛所设类组涉及面较为广泛，不同类组可能涉及不同的评审方案。请参赛队关注大赛官网，了解相关类组参赛作品的具体评审办法。

各省级赛（含有跨省地区赛）的评审办法由各赛区参考国赛规程自行确定，但原则上不得与国赛竞赛评比规程相矛盾。

对于没有单独确定评审办法的类组，一般采用本节所述评审方法。

考虑到不同评委的评分基准存在的差异、同类作品不同评审组间的横向比较等因素，初评阶段和决赛阶段的通用评审办法分别如下。

1. 决赛初评比阶段

（1）每件作品初始安排3名评委进行评审，每名评委依据评审原则给出对作品的评价值（分别为：强烈推荐、推荐、不推荐），不同评价值对应不同得分。具体分值如下：

强烈推荐，计2分。

推荐，计1分。

不推荐，计0分。

（2）合计3名评委的评价分，根据其值的不同分别处理如下：

①如果该件作品初评得分值不低于3分（含3分），则进入决赛。

②如果该件作品初评得分为2分，则由初评阶段的复审专家小组复审作品，确定该作品是否进入决赛。

③如果该件作品初评得分为1分，则由大赛组委会根据已经确定能够入围决赛的作品数量来决定是否安排复评。如果不安排复评，则该作品在初评阶段被淘汰，不能进入决赛。如果安排复评，则由初评阶段的复审专家小组复审作品，确定该作品是否进入决赛。

2. 决赛答辩阶段。

（1）决赛答辩时，每个评审组的评委依据评审原则及评分细则分别对该组作品打分，然后从优到劣排序，序值从小到大（1、2、3……）且唯一、连续（评委序值）。

（2）每组全部作品的全部专家序值分别累计，从小到大排序，评委序值累计相等的作品由评审组的全部评委核定其顺序，最后得出该组全部作品的唯一、连续序值（小组序）。

①如果某类全部作品在同一组内进行答辩评审，则该组作品按奖项比例、按作品小组序拟定各作品的奖项等级，报复审专家组核定。

②如果某类作品分布在多个组内进行答辩评审，由各组将作品的小组序上报复审专家组，由复审专家组按序选取各组作品进行横向比较，核定各作品奖项初步等级。

③在复审专家组核定各作品等级的过程中，可能会要求作者再次进行演示和答辩。

（3）复审专家组核定各作品等级后，报大赛组委会批准。

3. 作品评审原则

（1）初评和决赛阶段，评委根据以下原则评审作品：

软件开发：运行流畅、整体协调、开发规范、创意新颖。

媒体设计：主题突出、创意新颖、技术先进、表现独特。

音乐创作：主题生动、声音干净、结构完整、音乐流畅。

（2）决赛答辩阶段，还要求作品介绍明确清晰、演示流畅不出错、答辩正确简要、不超时。

7.4 评审专家组及专家规范

公开、公平、公正（简称“三公”）是任何一场竞赛取信于参与者、取信于社会的生命线。评审专家是“三公”的实施者，是公权力的代表，在赛事评审中应该体现出应有的风范和权威。有着一支合格的评审团队是任何一个赛事成功的基本保证。

一、评审专家组条件

1. 评审专家组初评阶段由不少于3名评审专家组成，决赛阶段由不少于5名评审专家组成，其中一名为组长。

2. 评审专家组组长原则上由具有评审经验的教授（或相当于教授职称）的专家担任，也可由具有评审经验的“211工程”大学（含教育部直属高校）的副教授（或相当于副教授职称）或具有10年以上教龄的讲师专家担任。

评审专家组组长由评比委员会聘任。

3. 一个评审专家组中原则上具有不低于副教授（或相当于副教授职称）专家的比例不小于60%。

4. 评审专家组由不同年龄段、不同专长方向的专家组成。

一般来说，年长的教师比较适合更好的把握作品总体方向、结构、思路以及符合社会需求。中年教师比较适合更好地把握作品紧跟产业发展需求，注重作品的原创性，是否是已有科研课题、项目的移用。青年教师比较适合更好地把握技术应用的先进性。

二、评审专家条件

1. 具有秉公办事的人格品质。

2. 具有评审所需要的专业知识。

3. 具有不低于副教授（或相当于副教授）的职称，或者在省属重点以上（含省属重点）本科高校工作不少于3年一线教学经验具有博士学历学位的教师，或者在省属重点以上（含省属重点）本科高校工作不少于10年一线教学经验的讲师，或者根据需要具有高级职称企事业单位的技术专家。

三、评审专家聘请

评审专家聘请程序

1. 本人向大赛评比委员会提出申请，或经其他专家向大赛评比委员会推荐。

2. 大赛评比委员会向大赛组委会推荐。

3. 经大赛组委会批准聘用，并颁发评审专家聘书。

四、评审专家职责

评审专家必须做到：

1. 坦荡无私，用好公权力，公平、公正对待每一件参赛作品。不为某个作品的评分进行游说。

2. 尊重每一所参赛院校，一视同仁对待各级各类院校。

3. 尊重每一位参赛选手与每一位参赛指导教师。

4. 全程参加评比，在规定时间内报到，包括专家培训会议、作品评比，直到参加获奖作品展示、点评，以及颁奖仪式。

5. 认真参加评比，现场评比期间，不得接听手机及做与评比无关的事。

五、评审专家违规处理

对违规评审专家，视情节分别作相应的处理：

1. 及时提醒警示。

2. 解除其本届评审专家聘任，并且三年内不再聘请。

3. 其他有助于专家规范操作的处理措施。

第8章　2015年获奖作品名单与获奖作品选登

8.1　2015年（第8届）中国大学生计算机设计大赛优秀组织奖获奖名单

安徽大学
安徽农业大学
北京大学
北京语言大学
大连东软信息学院
德州学院
东北大学
东北师范大学人文学院
东南大学
福州大学
赣南师范学院
广东外语外贸大学
广西师范大学
海南师范大学
韩山师范学院
湖南大学
华侨大学
华中师范大学
怀化学院
吉首大学
江西师范大学
辽宁工业大学
辽宁科技学院
宁波大学
上海大学
深圳大学
沈阳建筑大学
沈阳师范大学
武汉科技大学城市学院
武汉理工大学
武汉体育学院
武汉音乐学院
西安电子科技大学
西北大学
西华师范大学
西南石油大学
云南民族大学
云南曲靖师范学院
浙江传媒学院
中国人民大学

注：排名不分先后。

8.2 2015年（第8届）中国大学生计算机设计大赛作品获奖名单

注：按“奖项+作品编号”排序。

奖项	作品编号	作品类别	作品名称	参赛学校	作者	指导老师
1	16245	数媒设计普通组 – 动画	心霾	安徽大学	周颖	胡勇
1	16567	软件应用与开发 – 数据库应用	奔跑的代码	巢湖学院	董俊庆 胡海超 赵心放 汪龙飞	张勇 卜华龙
1	16721	数媒设计专业组 – 图形图像设计	PM2.5 COMING	安徽农业大学	董辰 白明然	冯加民 王克纯
1	17018	软件应用与开发 – 网站设计	“舌尖上的淮南”网上订餐平台	淮南师范学院	鲍超 宁娜 唐林林	孙淮宁 王惠琳
1	18071	中华优秀传统文化微电影 – 优秀的传统道德风尚	游子吟	河南城建学院	杨兴玉 费敏燕 赵玉洁	李忠 张向娟
1	18113	数媒设计专业组 – DV影片	别让新鲜空气成为孩子的奢望	南阳师范学院	杜少旭 常欢 闪欣	魏琪 王兴
1	18208	数媒设计专业组 – 动画	摘下口罩	安阳师范学院	李明阳 安玲玲 谢梦嫣	王华威 苏静
1	18211	数媒设计专业组 – 图形图像设计	气之韵	安阳师范学院	姚娴静 王晨运 程跃	刘肖冰 李嘉
1	18340	软件应用与开发 – 网站设计	量生定学	东南大学	常慧 郭政吉 李延东	倪庆剑 陈伟
1	18344	软件应用与开发 – 虚拟实验平台	基于搜索的软件开发平台	东南大学	李延东	李必信 陈伟
1	18518	数媒设计普通组 – 移动终端	蓝天	江西师范大学	王建程 王景	李萍
1	18524	软件应用与开发 – 数据库应用	高性能实时协作通用数据库管理器	沈阳工业大学	林星辰	杨威
1	18728	微课与课件 – 计算机应用基础	递归寻宝记	北京林业大学	代聪 齐颀 陈婷	李冬梅
1	18824	软件应用与开发 – 网站设计	E_PARK	北京信息科技大学	吴瑶 姚凯 李晗禹	崔巍
1	18878	动漫游戏创意设计 – 动画	中国病人	武汉理工大学	贺思敏 祝梦颖 曹宇	粟丹倪 李宁
1	19069	数媒设计专业组 – 动画	改变	中南民族大学	谷凯凯 郭艳玲	李芾 夏晋
1	19077	数媒设计专业组 – 动画	未来水世界	中南民族大学	张金玉 侯亚婷 段美英	龚唯 夏晋
1	19089	数媒设计专业组 – 游戏	光·合（Sun Tree）	南京艺术学院	郑阳 赵登飞 王婷	马江伟
1	19135	软件服务外包 – 移动终端应用（自主命题）	电脑防盗精灵	德州学院	姚百政 张少平 祝建华 吴伟杰 刘曰超	陈玉栋 王荣燕
1	19599	微课与课件 – 计算机应用基础	PPT线条动画	江苏开放大学	戴欣 陈璐 袁泽豪	范宇 赵书安

续表

奖项	作品编号	作品类别	作品名称	参赛学校	作者	指导老师
1	19719	软件服务外包 – 电子商务（企业命题）	麦东东在线商城_汇聚您的心思	东北大学	王章煜 黄为伟 邵彦恒 周帅 张俊	高天寒
1	19743	数媒设计专业组 – 交互媒体	节气芳华	辽宁工业大学	邱硕 卢春花 许太颖	杨晨
1	19757	数媒设计中华民族文化组 – 图形图像设计	四向民族风	辽宁工业大学	李学剑 刘贵清 董哲晖	杨天舒
1	19900	数媒设计普通组 – 图形图像设计	自强不吸(3D)	沈阳工学院	孙昊鹏 王唯 王博	赵云鹏
1	19998	数媒设计普通组 – DV影片	霾变	德州学院	贺昕	任立春 黄雯
1	20052	动漫游戏创意设计 – 游戏	供氧	广东药学院	李建森 巫宇欢 徐盈盈	黄益栓
1	20078	微课与课件 – 中、小学自然科学	矢气	云南师范大学	沈佳怡 浦珏 冯博文	高俊翔 刘敏昆
1	20180	数媒设计中华民族文化组 – 动画	秀水明山　文笔园林	东北大学	颜晓雯 原艺玮 程思雨	霍楷
1	20274	数媒设计中华民族文化组 – 交互媒体设计	影韵芳华	中国政法大学	肖瑶 衡喜丽 孟琰琰	陈莲 王云
1	20400	数媒设计普通组 – 动画	AIR MG——同呼吸，共命运	南京理工大学	李鸣超 徐佳新 耿志卿	陈强
1	20401	数媒设计专业组 – 交互媒体	气氛	北京工业大学	孙洁 张珺颖	王丹 李颖
1	20499	数媒设计普通组 – DV影片	掩霾	沈阳工程学院	程绍博 刘昱伯 汤迅	侯荣旭 姚文亮
1	20511	动漫游戏创意设计 – 数字平面与交互	璀璨民族之百花齐放	东北大学	樊幸 张道海 周淑婷	霍凯
1	20580	数媒设计专业组 – 图形图像设计	Painful Breath	云南师范大学	赵梅	孔彩灵
1	21002	微课与课件 – 多媒体技术与应用	科迈罗的设计理念	东北大学	刘逸楠 张师玮	喻春阳
1	21066	数媒设计中华民族文化组 – 图形图像设计	凤冠霞帔	东北大学	黄嘉雯 刘德馨 陈钰函	霍楷
1	21256	软件应用与开发 – 虚拟实验平台	科威网站保护伞	武汉理工大学	张子琦 贺柔冰 冯晓荣	段鹏飞
1	21393	数媒设计中华民族文化组 – 交互媒体设计	昆曲·华旦霓裳	中华女子学院	刘佳宁 赵劭琪 张丽丽	李岩 宁玲
1	21526	数媒设计普通组 – 图形图像设计	美丽家园	兰州工业学院	张莅 师珊 白酉寿	陆娜
1	21804	软件服务外包 – 人机交互应用(自主命题)	Prelude 手写音乐创作系统	南京大学	陈若轻 陈霖 梁晓雯	冯桂焕 黄达明
1	21877	计算机音乐 – 原创（普通组）	南吃货	南京大学	罗佳希 吴家禾 周思佳	黄达明 陶烨
1	21951	数媒设计专业组 – 动画	空想	华中科技大学	郑小茜 张斯佳 王成峰	龙韧
1	21980	数媒设计普通组 – DV影片	空气人	武汉理工大学	谈浩 吕佳玲	方兴
1	22084	数媒设计专业组 – 图形图像设计	NO HAZE 抗击雾霾主题海报设计	扬州大学	徐璇 葛佳伟	王勇
1	22112	数媒设计中华民族文化组 – 动画	观音禅寺	扬州大学	施丹萍 王艳霞 李演祺	何亭
1	22172	软件应用与开发 – 数据库应用	PKU Helper	北京大学	熊典 唐褚怡 陈章	陈泓婕 邓习峰

续表

奖项	作品编号	作品类别	作品名称	参赛学校	作者	指导老师
1	22173	数媒设计专业组 – 动画	爸爸的柯尼卡	三江学院	何平 陈涛	骆浩
1	22253	计算机音乐 – 原创（普通组）	野人谷	山东大学（威海）	田文斌	徐德雷
1	22300	数媒设计普通组 – 游戏	隐默之空-A.I.R.	北京大学	徐浩川 郭文涵	刘志敏
1	22457	数媒设计普通组 – 交互媒体	空气中的杀手	武警后勤学院	符祥 刘书姝 潘羽洁	孙纳新 杨依依
1	22872	数媒设计专业组 – DV影片	空气先生	北京大学	林宏伟 柳月和 伊藤雪乃	刘志敏
1	22984	动漫游戏创意设计 – 动画	叹茶	广东工业大学	黄鹂 陈年利 丁敏真 黄艳花	汤晓颖 钟琦雯
1	23214	软件应用与开发 – 数据库应用	基于Hadoop的图片服务云平台	河海大学	陈洁 孙泽群 安纪存	王龙宝
1	23254	数媒设计专业组 – DV影片	贩卖空气	河北大学	张驰名 蒋薇 薛依明	甄真 陶朋
1	23411	数媒设计普通组 – 动画	读空气	浙江科技学院	胡中天 赵宏宇	雷运发 林雪芬
1	23445	数媒设计普通组 – 动画	空嘟嘟旅行记	西南财经大学	应倩倩 李佳雯 廖雨佳	孙耀邦
1	23517	数媒设计普通组 – 游戏	Defend Air	西南石油大学	苏梓鑫	王杨 刘丽艳
1	23557	软件应用与开发 – 虚拟实验平台	基于常用外设的交互式三维钻井工艺过程模拟系统	西南石油大学	李杨 雷鸣宇 杨帆	贯月乐 张静
1	23582	软件应用与开发 – 数据库应用	厨房帮手	重庆大学	周俊佐 黎丹尼尔 周树帆	张程
1	23599	软件应用与开发 – 网站设计	外卖口袋	华中农业大学	张德雨 王炜 陈佳琦	田芳 章程
1	23616	计算机音乐 – 原创（普通组）	第六感	西北民族大学	满杰 李晓丽	李素铎 果建华
1	23637	软件应用与开发 – 网站设计	校园派	重庆大学	罗蓉 高萌 官加文	刘慧君
1	23665	数媒设计专业组 – 图形图像设计	3处呼吸	浙江传媒学院	胡寒杰 宋琰珺 张宇辉	荆丽茜
1	23696	计算机音乐 – 创编（普通组）	Circus	浙江传媒学院	管方纯 陈欣宜	陈斌
1	23765	计算机音乐 – 视频配乐（专业组）	颠三倒四七	武汉音乐学院	梁晨	冯坚
1	23837	数媒设计专业组 – 游戏	天空之城	湖南大学	杨晔 许静文 熊小璇	周虎
1	23841	微课与课件 – 网络应用	无线射频卡的存储结构和通讯原理	湖南大学	周佩瑶 陈裕婷 陈裕玲	周虎 江海
1	23905	中华优秀传统文化微电影 – 优秀的传统道德风尚	一顾倾城	北京语言大学	游爽 陈慧玲 江伊丽	徐征
1	23995	数媒设计专业组 – 图形图像设计	你如空气贯彻我生命始终	福建农林大学	陈思妍 蒋媛媛 林广靖	吴文娟 高博
1	24023	微课与课件 – 汉语言文学教育	笑谈儿化	湖南大学	刘爽 李长隆 张紫阳	周虎

续表

奖项	作品编号	作品类别	作品名称	参赛学校	作者	指导老师
1	24043	中华优秀传统文化微电影 – 自然遗产与文化遗产	茶韵	武汉体育学院	李蓓 韦俏丽 谢欣	蒋立兵 彭李明
1	24121	软件应用与开发 – 数据库应用	基于语义的智慧校园微平台——小V	中南财经政法大学	吕涛 陈俐帆	屈振新 余传明
1	24123	中华优秀传统文化微电影 – 自然遗产与文化遗产	石头城·门	吉首大学	陈芹 刘雄 杜宏娜	杨波 林磊
1	24131	数媒设计中华民族文化组 – 交互媒体设计	古韵“钟”成	湖北理工学院	李南 樊望平	刘满中 杨雪梅
1	24142	软件应用与开发 – 虚拟实验平台	3锁孔实验室药品柜防火防盗远程报警系统	重庆三峡学院	尹林 袁杰 周美伶	蒋万君
1	24326	中华优秀传统文化微电影 – 歌颂中华大地河山诗词散文	西南半壁古戎州	宜宾学院	何江 陶金洪 张国丽	姚丕荣
1	24343	数媒设计专业组 – 图形图像设计	我的中国梦	宜宾学院	尹启才 范瑶	蒲玲
1	24375	数媒设计普通组 – 交互媒体	我们还能去哪儿	四川医科大学	赵尊权 吴文 欧朗	甘小勇 罗敏
1	24479	计算机音乐 – 原创（专业组）	一蓑烟雨	中国传媒大学	王子卫	王铉
1	24494	数媒设计专业组 – DV影片	空气的未来	华中师范大学	白雪银 欧阳嘉煜 章仪	彭涛 翟晓贞
1	24516	数媒设计中华民族文化组 – 交互媒体设计	基于体感交互的民族服饰三维动态演示系统	华中师范大学	陈艳蕾 夏斯琪 王磊	陈加
1	24543	数媒设计普通组 – 游戏	Run for Air	华侨大学	何嘉涛 谢思宗 熊英杰	彭淑娟
1	24601	动漫游戏创意设计 – 动画	坐落在瑶乡的儒家建筑——恭城文庙	广西师范大学	颜越	杨家明 徐晨帆
1	24651	软件服务外包 – 移动终端应用（企业命题）	移动输液系统开发	华东师范大学	王顾封 钱臻易 叶鹏飞 赵佾 岐迪	朱敏 朱晴婷
1	24835	软件应用与开发 – 网站设计	基于Python的专业辅助计算系统	华东理工大学	王家辉 郑应豪 顾逸飞	文欣秀
1	24855	微课与课件 – 中、小学自然科学	灰黑白·失色的世界	华东师范大学	朱炎玮 徐毅鸿 纪焘	白玥 经雨珠
1	24925	软件服务外包 – 移动终端应用（自主命题）	Uni 微助手	上海财经大学	王西之 傅艺甜 李妍 柯鸿鹏	黄海量
1	24941	软件服务外包 – 电子商务（自主命题）	WiFi安全感知一体化平台	西安电子科技大学	敖世亮 邓斌 刘甜 贾岩 黄河清	李隐峰
1	24997	微课与课件 – 计算机应用基础	神秘的CPU	西安电子科技大学	杨嵘 尹晨旭 刘清燕	王益锋 许录平
1	25014	数媒设计中华民族文化组 – 动画	情系华夏魂	上海商学院	刘俊廷 丁菁春 王艳艳	李智敏 王明佳
1	25060	软件应用与开发 – 网站设计	基于微信的活动Mapping	上海财经大学	陈婷 孙晨璐 陆怡安	韩冬梅

续表

奖项	作品编号	作品类别	作品名称	参赛学校	作者	指导老师
1	25151	微课与课件 – 计算机应用基础	智能“大白”物联网	空军工程大学	史红亮 马宁 刘羊羊	拓明福 张军
1	25181	动漫游戏创意设计 – 动画	sunshine baby（阳光宝贝）	北京工业大学	杨金香 陈月 郝玥	李智 张朋
1	25205	数媒设计普通组 – 图形图像设计	无形的伤	广东外语外贸大学	李碧 吴葵鹏 肖晴	马朝晖
1	25243	软件应用与开发 – 网站设计	go便宜啊网站	吉林化工学院	张志 赵晓旭 杨迪	李双远
1	25257	中华优秀传统文化微电影 – 自然遗产与文化遗产	广绣	广东外语外贸大学	李蓉 蔡妍虹 丁洁	胡春花
1	25268	数媒设计专业组 – 移动终端	穹顶记WebApp	深圳大学	林泽鹏 江悦呈 潘萌	廖红 胡世清
1	25286	软件应用与开发 – 数据库应用	基于win10通用平台英语学习系统	深圳大学	魏庆文 刘丽霞 张婷婷	程国雄 胡世清
1	25297	数媒设计中华民族文化组 – 交互媒体设计	掌上围屋APP(虚拟漫游)	深圳大学	薛锡雅 乔钰涵 郑琳怡	曹晓明 文冰
1	25310	微课与课件 – 中、小学数学	小学六年级数学微课——圆柱的体积	深圳大学	李佳丽 陈文婷 麦英莹	廖红 李文光
1	25371	数媒设计专业组 – 图形图像设计	Air空气，生命之重	西北大学	蒋琛 王辉 刘萍	温雅
1	25392	数媒设计专业组 – 动画	时间穿梭器	西北大学	韩延峰 李武 屈菁	温雅
1	25406	动漫游戏创意设计 – 数字平面与交互	四眉越狱记	东北大学	徐晓锦 李泽华 王凤琦 张冬辉 宋梦舒	霍楷
1	25414	数媒设计专业组 – DV影片	空气中的味道	安康学院	李梦姣	张超
1	25428	数媒设计中华民族文化组 – 图形图像设计	徽韵乡愁	西北大学	王泽维	张辉 温雅
1	25499	动漫游戏创意设计 – 数字影像	100秒爱上武汉	华中师范大学	刘怡林 肖汝容 程洁 李春竹	陈科 范炀
1	25502	软件服务外包 – 物联网应用（自主命题）	基于车联网的远程酒驾预警及控制系统	南昌大学	闫斌 王浩冲 陈敏	王炜立
1	25519	软件服务外包 – 移动终端应用(自主命题)	未成年人案件信息特别管理系统	湖南大学	曹璨 冯云 李湘识	周虎
1	25553	软件服务外包 – 移动终端应用(企业命题)	实景即时共享应用–eagle eyes	武汉理工大学	胡家琦 周霖 蔡奇	彭德巍
2	16162	数媒设计中华民族文化组 – 图形图像设计	同与不同	安徽师范大学皖江学院	汤娟娟 沈冬咏 张俊	周琢 荣珊珊
2	16179	软件应用与开发 – 网站设计	中国人民大学环境学院网络新闻中心	中国人民大学	庄淑婷 秦铭徽 杨濠骏	陈华栋
2	16185	数媒设计中华民族文化组 – 动画	《女驸马》动画片	安徽大学	郑衡 宋依然 袁亚平	陈成亮 郑群
2	16201	软件应用与开发 – 虚拟实验平台	基于Web的《数据结构》算法虚拟实验平台	安徽工程大学	周举琪 赵宏博 温帅南	胡平 严楠
2	16244	微课与课件 – 中、小学自然科学	初识大气压	安徽工程大学	林敏 严芳芳 汪燕燕	强俊 刘畅

续表

奖项	作品编号	作品类别	作品名称	参赛学校	作者	指导老师
2	16306	微课与课件 – 网络应用	Owncloud——搭建家庭云端	安徽工程大学	李心源 杨窈 叶建南	强俊 马晓琼
2	16311	数媒设计中华民族文化组 – 动画	韵美傣族	安徽大学	王瑶瑶 张素素 王琪	陈成亮 马明琮
2	16322	微课与课件 – 数据库技术与应用	基于多表查询–等值连接	滁州学院	王子旭 章奇 刘倩	程辉 胡晓静
2	16340	数媒设计专业组 – 动画	吞噬	安徽大学	李贺 栗宗爱	陈成亮
2	16362	软件应用与开发 – 网站设计	科技奖励申报系统	黄山学院	王文杰 刘恒 吴兵	张坤 李成
2	16447	数媒设计专业组 – 动画	外面的世界	安徽大学	吕晴 张瑜 文丽伟	陈成亮
2	16499	数媒设计专业组 – 动画	舞·霾	安徽大学江淮学院	杨子龙 张玉 李宝玉	姚瑶 陈成亮
2	16510	软件应用与开发 – 数据库应用	基于GPRS的老弱病人体征监警系统	哈尔滨理工大学	韩春慧 邹仁杰 司艳玲	蒋少禹
2	16551	软件应用与开发 – 网站设计	源点	江西师范大学	周欣蕾 李俊诚 周涂艺 谭亮香 胡明珠	倪海英 罗芬
2	16556	微课与课件 – 汉语言文学教育	小学语文第二册计算机辅助教学	大庆师范学院	陈诗华 徐正杰 葛迎乐	杨艳娟 赵秀华
2	16585	微课与课件 – 汉语言文学教育	汉字的字体演变	安徽大学	吴雨婷 兰雪 程莉	王轶冰 岳山
2	16604	计算机音乐 – 创编（普通组）	爵士版《送别》	滁州学院	邹庆	陈宝利 鲍伟
2	16639	数媒设计中华民族文化组 – 交互媒体设计	山野之花—界首彩陶	安徽大学	赵晴晴 马晓婧 朱笑妍	岳山 吕萌
2	16706	数媒设计中华民族文化组 – 交互媒体设计	徽墨	安徽农业大学	韩晨 韩佳佳 赵卿雯	洪炜宁 刘家菊
2	16708	软件应用与开发 – 虚拟实验平台	应用统计分析实验平台	安徽农业大学	许竞 谭鑫 胡静	张庆国 吴元翠
2	16722	数媒设计专业组 – 图形图像设计	空城计新解	安徽农业大学	马诗媛 聂巧荣 李月	冯加民 袁梦
2	16740	数媒设计普通组 – DV影片	他们	哈尔滨商业大学	王楠 孟凡雪 龙籍樊	郑德权 张冰
2	16772	数媒设计普通组 – DV影片	万物皆空，心随气动	合肥工业大学	胡冰鑫 孟令达 王雅楠	王腾 童晨
2	16779	数媒设计普通组 – DV影片	选择（which one would you like?）	安徽农业大学	沈秀慧 汤婷烨 吴琦	岳超慧 张长勤
2	16807	软件应用与开发 – 数据库应用	实用调研数据综合统计系统	安徽农业大学	胡志强 吴肖	陈卫 李景霞
2	16860	微课与课件 – 中、小学数学	小学数学口算训练课件	新疆师范大学	热麦提江·艾则孜 阿力木·阿木提 阿卜杜热伊木·图尔荪	马致明
2	16862	软件应用与开发 – 虚拟实验平台	几何画图	滁州学院	汪洋 潘应华 徐茂	彭靳
2	16964	数媒设计普通组 – 图形图像设计	馥郁	安徽大学	董佳瑜	

续表

奖项	作品编号	作品类别	作品名称	参赛学校	作者	指导老师
2	16991	数媒设计中华民族文化组 – 动画	吾买尔的音乐巴扎	新疆工程学院	阿地力·牙森 阿迪莱·吾斯曼	任晓芳 刘艳
2	17102	软件应用与开发 – 网站设计	新疆政府网站评估数据采集系统实践与设计	新疆师范大学	苏莉萍 杜川	杨勇 任鸽
2	17155	微课与课件 – 计算机应用基础	递归算法之巧解九连环	中国人民解放军陆军军官学院	李响 李泽晖 吴楚南	王欢 夏良
2	17160	中华优秀传统文化微电影 – 自然遗产与文化遗产	钱塘绍韵	皖南医学院	杜可晨 周晓琦 和春霞	张浩 宋蔼丽
2	17190	微课与课件 – 计算机应用基础	Excel图表处理实践课——时间都去哪儿了?	安徽医科大学	王雪莲 赵子涵 方珺烨	杨飞
2	17228	数媒设计中华民族文化组 – 交互媒体设计	印象徽州	合肥工业大学宣城校区	刘健 武胜	袁文霞
2	17258	微课与课件 – 中、小学数学	我能看穿你的一切–三视图	安徽医科大学	韩宇豪 张书培 韩树豪	杨飞
2	17351	软件应用与开发 – 数据库应用	军营手机便利店	中国人民解放军陆军军官学院	吴志奇 童朝军 苏祺卿	韩宪勇 鲁磊纪
2	17357	数媒设计普通组 – 图形图像设计	雾霾的诉说	安徽医科大学	王硕	吴泽志
2	17490	软件应用与开发 – 网站设计	河南省教育类网站前置审批系统	郑州轻工业学院	苑洪得 何春燕 王源	张志锋 陈明璨
2	17541	数媒设计普通组 – 交互媒体	24小时改变不止29%	中国人民解放军陆军军官学院	侯凯 时云鹤 李明安	王欢 夏良
2	17556	软件应用与开发 – 网站设计	i优停车	河南理工大学	李志磊 高尚 蒋举超	王建芳
2	17782	软件应用与开发 – 数据库应用	协同画板	河南理工大学	韩鸣 刘倩 张双剑	王建芳
2	17847	软件应用与开发 – 数据库应用	变废为宝	河南理工大学	杨伊博 原明卓 谷见雨	王建芳
2	17916	数媒设计普通组 – DV影片	空气去哪了	安徽理工大学	李东 李毅 曹帅	曹宣明
2	17952	数媒设计中华民族文化组 – 交互媒体设计	三维虚拟交互·宏村	安徽师范大学	黄宇 常永月 周文月	姜皖 孙亮
2	17972	软件应用与开发 – 网站设计	微航微相册信息平台	郑州航空工业管理学院	任宗华	刘超慧 何渊淘
2	17983	软件应用与开发 – 网站设计	航缘表白墙	郑州航空工业管理学院	桑世强 张冰岩	刘超慧 何渊淘

续表

奖项	作品编号	作品类别	作品名称	参赛学校	作者	指导老师
2	17984	软件应用与开发 – 网站设计	网络智能办公协同系统	武汉科技大学城市学院	曾建铭 张正义 孙媛媛	杨艳霞 余正红
2	18006	微课与课件 – 网络应用	Ip地址及其管理	北京建筑大学	李旭阳 邵银星 李尧	王东亮 张堃
2	18031	数媒设计专业组 – DV影片	当还有苹果的时候	河南城建学院	张朋辉 程廷	张向娟 白粒沙
2	18034	中华优秀传统文化微电影 – 优秀的传统道德风尚	七夕颂歌—西王母会汉武帝	南阳师范学院	段晓暖 陈博锴 李磊	赵耀 刘洋
2	18089	微课与课件 – 中、小学数学	小学一年级数学上册微课	喀什大学	尼可热	孜克尔·阿布都热合曼
2	18092	数媒设计专业组 – DV影片	The future of air	喀什师范学院	杨萍 李丽娟	周永强
2	18166	数媒设计中华民族文化组 – 动画	故梦——大明宫建筑漫游动画	中原工学院信息商务学院	李丽莎 吴璐璐 顾帆	山笑珂
2	18178	微课与课件 – 计算机应用基础	Word应用图文混排（一）	中原工学院	吴建鹏 李杰 葛宇航	高丽平
2	18183	软件应用与开发 – 网站设计	教学辅助空间	郑州轻工业学院	王璐 杨孟飞 韩宇	张志锋 陈晓刚
2	18210	数媒设计专业组 – 图形图像设计	污捂悟	安阳师范学院	李淑敏 孟红梅 孙祥云	刘肖冰 苏静
2	18214	数媒设计中华民族文化组 – 动画	岳飞庙游记	安阳师范学院	刘艳慧 郭蕊 朱加旺	黄俊继 郝莎莎
2	18242	数媒设计专业组 – DV影片	媒介空气病	华中科技大学	张旋 廖楚瑜 杨起帆	余奇敏
2	18266	软件应用与开发 – 网站设计	基于流程控制的物资设备管理平台	中原工学院	黄晓慧 丁茹楠 何龙	赵冬 张文宁
2	18292	软件应用与开发 – 数据库应用	雁捷快递	北京信息科技大学	鲁丹 冉沿川 王婧璇	王晓波
2	18294	软件应用与开发 – 网站设计	考酷3纸化学习平台	北京信息科技大学	王维 陈良华 殷畅	王晓波
2	18307	软件服务外包 – 移动终端应用（自主命题）	基于智能胎心仪的孕妇伴侣	江西师范大学	彭婷 卢伟 邬一进 王刚 王丽平	刘清华 曹远龙
2	18348	数媒设计普通组 – 图形图像设计	窗外的世界	东南大学	谢楠 宁静珲	陈伟 陈绘
2	18390	数媒设计中华民族文化组 – 图形图像设计	布达拉宫3D建模	西藏大学	葛乾坤 战堆 林海树	沈淑涛
2	18391	数媒设计专业组 – DV影片	空气与我	西藏大学	葛乾坤 崔志军 卢超	沈淑涛
2	18400	数媒设计中华民族文化组 – 交互媒体设计	藝薈	东南大学	温婧 常海潮 李明晴	鹿婷 陈伟
2	18401	数媒设计中华民族文化组 – 交互媒体设计	媚颜·旗袍	东南大学	孙佳慧 任旸	陈伟 鹿婷
2	18419	软件服务外包 – 物联网应用（自主命题）	基于心音的身份识别系统	东南大学	王烁 徐军 李度洋 王东东	宋宇波 陈伟

续表

奖项	作品编号	作品类别	作品名称	参赛学校	作者	指导老师
2	18420	计算机音乐 – 原创(普通组)	旧梦难寻	东南大学	陈亮均	洪海军 陈伟
2	18439	软件服务外包 – 移动终端应用(自主命题)	基于Android的驾驶员助理系统	新疆大学	艾买尔·买买提 阿卜杜外力·图尔贡 凯丽比努尔·斯马义 沙热比亚·肉孜	瓦依提·阿不力孜 艾山·吾买尔
2	18473	数媒设计专业组 – DV影片	听见	盐城师范学院	盛坤 杨启根 翁伟	姚永明
2	18479	数媒设计中华民族文化组 – 图形图像设计	中国梦·复兴之路	喀什师范学院	宋杨帅	杨昊
2	18509	软件服务外包 – 移动终端应用(企业命题)	新疆数字旅游app	石河子大学	陶志明 王化南 崔美娜	于宝华
2	18514	中华优秀传统文化微电影 – 自然遗产与文化遗产	西北以西	喀什师范学院	曹学埔 李晓玲 银嘉浩	杨昊
2	18523	数媒设计专业组 – 动画	阳光，空气	宜春学院	朱聪 谌志远	周鲁萌
2	18551	软件服务外包 – 物联网应用(自主命题)	基于MCU和GSM远程Android控制的智能电饭煲	云南师范大学	黄红伟 章杰瑞 朱进星	周屹 冯迅
2	18559	软件应用与开发 – 虚拟实验平台	用函数曲线动态模拟各种花型	新疆师范大学	阿卜杜热伊木·图尔荪 阿卜杜萨拉木.拜合提 阿卜迪哈力克·阿布都米吉提	马致明
2	18579	微课与课件 – 计算机应用基础	对象及对象的应用	武汉科技大学城市学院	龚江河 王顺 仇萍萍	刘芳 王苗
2	18581	软件应用与开发 – 虚拟实验平台	大型机房系统管理平台	沈阳化工大学	张高健 陈奕霖 胡斌斌	郭仁春 陈英杰
2	18587	数媒设计普通组 – 动画	等风来	江苏第二师范学院	刘玥	王玉玺
2	18649	软件应用与开发 – 数据库应用	基于规则的维吾尔文旧正字法–新正字法自动转换工具	新疆大学	艾尔肯·艾合麦提江 吾布力卡斯木·麦麦提 祖纳吉??吾马尔	卡哈尔江??阿比的热西提 艾山·吾买尔
2	18670	软件服务外包 – 移动终端应用(自主命题)	基于智能手表和血氧探头的老人监护仪	江西师范大学	宋伟强 邬志颖 刘新宇 熊墩 安兴超	刘清华 曹远龙
2	18673	微课与课件 – 多媒体技术与应用	FLASH中的遮罩动画	沈阳师范大学	卫麓羽 刘蔚 黄聪	吴祥恩 赵颖
2	18706	数媒设计专业组 – 动画	重生	沈阳师范大学	刘宣佐 朱向阳 张佳钰	荆永君 王兴辉
2	18710	微课与课件 – 汉语言文学教育	汉字书写与演变	沈阳师范大学	孙毛毛 关佳庚 王芳	邹丽娜 杨淑辉
2	18714	数媒设计专业组 – 动画	空气瓶	江西师范大学	薛咏 王冬瑾 揭雅迪	朱昊然

续表

奖项	作品编号	作品类别	作品名称	参赛学校	作者	指导老师
2	18720	软件应用与开发 – 数据库应用	交通三网	湖南农业大学	罗晟 程正豪 郝建龙	聂笑一 肖毅
2	18732	软件服务外包 – 人机交互应用(自主命题)	多功能校园导游类游戏《校园英雄》	沈阳师范大学	王忱 侯苏阳 崔智成 栾凤至	罗旭 张岩
2	18739	软件应用与开发 – 数据库应用	分布式互联网海量新闻信息采集及检索系统	燕山大学	黄若然 张子青 张皓彭	宫继兵 王开宇
2	18742	软件应用与开发 – 数据库应用	掌上图书馆	天津理工大学中环信息学院	马龙 左成欢 薛花	刘朋
2	18765	软件应用与开发 – 网站设计	care center	德州学院	于绍博 刘晓琳 黄岩	王荣燕 戎丽霞
2	18767	软件应用与开发 – 网站设计	新疆大学新媒体平台	新疆大学	陈权 李川 袁婷婷 蒋鑫 陈雨飘	杨焱青
2	18782	软件应用与开发 – 网站设计	基于林业叙词表的林业信息检索系统	北京林业大学	韩其琛 李伟 朱秋昱	李冬梅
2	18791	数媒设计专业组 – 游戏	Sky Superman	德州学院	刘业兴 白荣雪 张含笑	郭长友
2	18815	微课与课件 – 多媒体技术与应用	电子相册制作教程——我的相册我做主	江西师范大学	刘培 石广兴 余清波	喻晓琛 王昌晶
2	18836	软件应用与开发 – 网站设计	南航金城学院科研管理系统SRMS	南京航空航天大学金城学院	苏飞 周光来 王倩	郭慧敏 迟少华
2	18848	数媒设计中华民族文化组 – 交互媒体设计	中国蜀绣	沈阳建筑大学	任雪怡 陈九龙 周凤	董洁
2	18895	微课与课件 – 多媒体技术与应用	Ps换脸——神奇的蒙版	淮阴工学院	李乾	朱好杰 王留洋
2	18899	软件应用与开发 – 数据库应用	西北太平洋台风路径预测系统	南京信息工程大学滨江学院	周利发 刘凯 胡瑞	耿焕同 刘生
2	18948	软件应用与开发 – 网站设计	“拾光” 团队通知应用	燕山大学	胡淇伟 郭璐洁 王星洁	张大鹏
2	18959	软件应用与开发 – 网站设计	皮影印象	武汉理工大学	廖星 张政 江珊	王舜燕
2	19011	微课与课件 – 多媒体技术与应用	WK0303–美妙的圈套—PS套索工具的应用	辽宁工业大学	李晓 柴雪飞 李龙腾	褚治广 李昕
2	19046	软件服务外包 – 物联网应用(自主命题)	呵护老人安全的马甲	辽宁工业大学	张小艳 齐刚 李晓 聂正平 鲁帅	张颖 褚治广
2	19053	软件应用与开发 – 数据库应用	家长控制软件	辽宁工业大学	刘一博 聂正平 权阳	褚治广 李昕
2	19055	软件应用与开发 – 网站设计	基于免费wifi的微店营销系统	辽宁工业大学	杨越 李晓 丛林	褚治广 李昕
2	19065	软件应用与开发 – 网站设计	浦苑商城	南京大学金陵学院	赵远 李祥祥 袁源	张沈梅 王雪芬
2	19078	数媒设计中华民族文化组 – 图形图像设计	徽州古祠	中南民族大学	张舜杰 李贵华	祝后华

续表

奖项	作品编号	作品类别	作品名称	参赛学校	作者	指导老师
2	19085	微课与课件 – 计算机应用基础	VB讲堂——变量的故事	南京大学金陵学院	冯章超 姚洵丰 苏毓	孙昊 戴俊梅
2	19128	微课与课件 – 汉语言文学教育	春	九江学院	毛鑫猗 刘莉丽	赵媛
2	19132	软件服务外包 – 移动终端应用(自主命题)	酷拍	中南民族大学	李明艺 刘方旭 王星晨 曹红斌 徐嘉熠	帖军 艾勇
2	19137	软件应用与开发 – 数据库应用	中国电信辽宁分公司CRM客户关系管理系统	辽宁科技学院	苗宜龙 孙威 尹广祥	张宏 费如纯
2	19138	软件服务外包 – 大数据分析(自主命题)	风电场测风数据验证和评估系统	中南民族大学	朱永波 怀智博 魏永杰 陈说 万智星	孙翀 宋中山
2	19140	软件应用与开发 – 虚拟实验平台	Kinect在虚拟3D平台下控制变电站	中南民族大学	易长城 江琨 王昆	吴立锋 帖军
2	19153	数媒设计中华民族文化组 – 交互媒体设计	釉色陶韵	德州学院	刘慧莹 张慧颖 苏清松	赵丽敏 王洪丰
2	19158	软件应用与开发 – 网站设计	小魔王概念礼购平台	兰州理工大学技术工程学院	刘润泽 陈东起 罗浩	龚翔
2	19162	数媒设计普通组 – 动画	爱如空气	德州学院	贵雪峰 何怡颖 林琳	李丽 任广明
2	19188	数媒设计专业组 – DV影片	呼吸	沈阳师范大学	汪许凯 高寅菲 郑越	国玉霞 孙天祥
2	19196	软件应用与开发 – 数据库应用	掌上杭州	华北理工大学	张双彐 刘乾 刘佳	吴亚峰 苏亚光
2	19198	微课与课件 – 数据库技术与应用	数据的参照完整性	沈阳师范大学	刘美慧 田晨 马可佳	刘立群 王伟
2	19238	微课与课件 – 中、小学自然科学	小学自然与科学之认识色彩	江西师范大学	张征 徐幼林 王旦	喻晓琛
2	19300	数媒设计普通组 – 图形图像设计	潘多拉	大连工业大学	诺敏	赵秀岩 王美航
2	19303	数媒设计专业组 – 动画	蝶舞庄生	江西师范大学	高云福 段泽宁 赖曈	喻晓琛
2	19309	软件应用与开发 – 数据库应用	一款安全的手机备份软件	华侨大学	黄伟建 马震 段文超	卢正添
2	19313	软件应用与开发 – 虚拟实验平台	网络仿真云平台	华侨大学	严世亮 胡程凌 方迪恺	应晖
2	19321	数媒设计专业组 – 游戏	空气和发展战略计划	华侨大学	向力川 周蓬昆 郑程安	彭淑娟
2	19322	动漫游戏创意设计 – 动画	Good or Evil	华侨大学	杨煌平 黄嘉莹 李彦佳	萧宗志
2	19323	动漫游戏创意设计 – 动画	晴空之殇	华侨大学	张俊杰 黄诗琪 陆俊衡	萧宗志
2	19327	数媒设计专业组 – DV影片	厦代	华侨大学	王震 汤显梓 李重威	萧宗志
2	19332	数媒设计中华民族文化组 – 动画	牡丹亭	华侨大学	黄洁丽 王腾 章依昕	萧宗志
2	19333	动漫游戏创意设计 – 动画	旗袍·醉	华侨大学	杨悦	洪欣

续表

奖项	作品编号	作品类别	作品名称	参赛学校	作者	指导老师
2	19336	计算机音乐 – 创编（普通组）	旅愁	华侨大学	周蓬昆	彭淑娟
2	19338	数媒设计中华民族文化组 – 图形图像设计	戏印蓝心	华侨大学	吴佳萍 刘尚仁 张钰	柳欣
2	19346	计算机音乐 – 原创（普通组）	皇族	华侨大学	周蓬昆	彭淑娟
2	19373	数媒设计专业组 – 动画	低碳生活 绿色出行	辽宁科技学院	赤艳婷 王星 仝琳杰	庄奎龙 王锐
2	19382	数媒设计普通组 – 动画	空气，我的心中从此有了你	沈阳化工大学	胡志强 李天一 赵军鹏	张克非 张宪刚
2	19400	数媒设计普通组 – 动画	空气历险记	沈阳建筑大学	刘靓 常学茹 梁露文	张辉 戴敬
2	19408	数媒设计专业组 – DV影片	贾不凡的五幕戏	江西师范大学	苑辰 胡诚洁 曹志远	王萍 刘一儒
2	19422	微课与课件 – 中、小学数学	三角形的稳定性	武汉科技大学城市学院	李奕儒 韦晶 胡梓嫣	邓娟 周冰
2	19435	数媒设计普通组 – DV影片	还以颜色	沈阳师范大学	周炜 崔萍	司雨昌 杨亮
2	19438	软件应用与开发 – 网站设计	Asp.net程序设计精品资源课网站	辽宁科技大学	周靖添 于茜 徐晓雪	张媛媛 张美娜
2	19455	数媒设计普通组 – 图形图像设计	被伤害的空气	武汉科技大学城市学院	黄小曼 汪婷 张进	周冰 邓娟
2	19459	软件应用与开发 – 网站设计	常压储罐完整性管理系统	南京工业大学	吴志祥 沙鑫磊	李斌
2	19470	动漫游戏创意设计 – 游戏	囧囧大冒险	琼州学院	昔文博 彭博 王顺意	田兴彦 熊志斌
2	19496	数媒设计普通组 – 交互媒体	逃离雾霾	中央司法警官学院	高翔 施承乾 李萌	寿莉 高冠东
2	19521	数媒设计普通组 – 动画	悟空战霾记	沈阳师范大学	高天航 周炜 胡俊青	杨亮 王学颖
2	19553	软件应用与开发 – 数据库应用	国土资源网格化管理系统设计与开发	沈阳建筑大学	张朝阳 周琼 李安琪	毕天平 王玥
2	19564	数媒设计普通组 – DV影片	穹顶之下的大爱	辽宁科技学院	吴雪 何进飞	王海波 陈亚光
2	19565	数媒设计普通组 – 动画	天空生气了	辽宁科技学院	刘威 宋泽晖 林子祥	韩召 于会敏
2	19576	数媒设计专业组 – 游戏	净化空气之旅	南京信息工程大学	彭可兴	韩帆 陈曦
2	19594	数媒设计专业组 – 交互媒体	空气不“空”，“空” 谷传声	中南民族大学	徐嘉盈 马晓静	张贤平
2	19597	中华优秀传统文化微电影 – 歌颂中华大地河山诗词散文	题破山寺后禅院	辽宁工业大学	周禹 陈志宁 金晨梦	刘耘
2	19631	中华优秀传统文化微电影 – 歌颂中华大地河山诗词散文	与朱元思书	辽宁工业大学	陈志宁 金晨梦 周禹	刘耘
2	19651	数媒设计专业组 – 动画	异类的唱想	江西科技师范大学	刘悦 梁丽莉 彭玉洁	陶莉 淳云

续表

奖项	作品编号	作品类别	作品名称	参赛学校	作者	指导老师
2	19690	数媒设计专业组 – 图形图像设计	不要让空气过期	辽宁工业大学	庞斯予 杨雨凡	刘贵
2	19702	数媒设计专业组 – 图形图像设计	"环" 空气净化器外观设计	辽宁工业大学	陶冶 王玉珏 贺俊杰	奚纯
2	19711	微课与课件 – 先秦主要哲学流派	儒家文化课件	江西科技师范大学	饶燕飞 孔璐 李航	黄乐辉 况扬
2	19718	数媒设计中华民族文化组 – 图形图像设计	中华民族字体展示	辽宁工业大学	许钦锋 李文博 司景烨	武志军 裴玉萍
2	19720	微课与课件 – 中、小学数学	巧记九九乘法表	赣南师范学院	冯琴 李晓凤	吴虹 钟琦
2	19750	数媒设计普通组 – 图形图像设计	空气污染—地球SOS	江西中医药大学	李栋	彭琳 聂斌
2	19770	数媒设计普通组 – 图形图像设计	回归	德州学院	章瑞琦 贾菲菲 申恒秀	霍洪典 张建臣
2	19781	计算机音乐 – 原创（普通组）	同在蓝天下	辽宁科技学院	薛忠剑 赵晓祺 尹航	郑凤鸣 周丹
2	19788	数媒设计中华民族文化组 – 图形图像设计	剪韵	辽宁科技学院	范欣欣 李霞 高雅	田柳 王锐
2	19797	数媒设计普通组 – 交互媒体	愿拥有一片湛蓝天空（电子杂志）	辽宁工业大学	解齐 冯锦欢 冒维益	刘鸿沈
2	19810	数媒设计专业组 – 移动终端	HI！Air	长春工业大学	罗储华 李尚蔚 孙圳	吴德胜
2	19824	数媒设计中华民族文化组 – 交互媒体设计	姑苏山塘街	南京航空航天大学金城学院	朱昌耀 宋任翔	季秀霞 闵芳
2	19826	数媒设计普通组 – 动画	好空气才有好未来	沈阳工学院	邵振华 吴瑞祥 左夺	冯暖 杨玥
2	19835	数媒设计中华民族文化组 – 交互媒体设计	奔——MYO臂环控制中国风跑酷游戏	南京信息工程大学	卜羽 赵凌峰	韩帆 陈曦
2	19840	数媒设计专业组 – 动画	探寻秘境·梦回桃源	云南农业大学	高仕栋 代云鹏 陈送贺	李婧瑜
2	19841	数媒设计普通组 – 图形图像设计	忆–空气	辽宁科技学院	石梦 秦松鄂 刘威	于会敏 孙炽昕
2	19844	软件应用与开发 – 网站设计	数字摄影与图片处理	赣南师范学院	王梅霞 刘佛花 李先荣	陈舒娅 戴云武
2	19859	数媒设计中华民族文化组 – 交互媒体设计	人间巧技夺天工	中国政法大学	田祥安 袁丹丹 刘馨睿	王宝珠 李激
2	19876	数媒设计中华民族文化组 – 动画	传统满族民居建筑形态演示	辽宁工业大学	王未 吕勃陶 刘蓓蓓	刘耘 吴枫
2	19880	软件服务外包 – 人机交互应用（自主命题）	基于Kinect的民用航空器地面指挥信号手势识别	南京航空航天大学	张曾琪 陈冲 陶晓力	黄元元
2	19914	动漫游戏创意设计 – 游戏	To The Space	南京航空航天大学	张一白 吴鹏扬 周宁佳 葛超 范钰荣	邹春然
2	19930	软件应用与开发 – 网站设计	隧道施工人员定位系统	广西大学	吴文海 冯露葶 梁健惠	叶进 李向华
2	19934	软件服务外包 – 移动终端应用（企业命题）	掌上医院	辽宁工程技术大学	孟仁杰 孙晓宇 宫明 徐延鹏 李慧婷	刘腊梅 曲海波

续表

奖项	作品编号	作品类别	作品名称	参赛学校	作者	指导老师
2	19949	软件应用与开发 – 网站设计	采矿辅助施工企业综合管理系统	辽宁对外经贸学院	吴其滨 李鑫 樊思思	吕洪林 裘志华
2	20005	数媒设计普通组 – 图形图像设计	是什么禁锢了我们?	辽宁对外经贸学院	刘洋洋 丁紫懿 闯世杰	郭群 任华新
2	20006	软件应用与开发 – 数据库应用	智能管家系统	河北建筑工程学院	史少琰 张佩行 李光曜	康洪波 司亚超
2	20012	中华优秀传统文化微电影 – 科学发明与技术成就	沈阳四塔	沈阳建筑大学	李冠纬 李琦 刘纬鹏	张辉 郭彤颖
2	20022	数媒设计普通组 – 交互媒体	无朝一日	鞍山师范学院	王宁 李梦瑶	赵仲夏
2	20038	软件服务外包 – 移动终端应用(企业命题)	电影爱好者	沈阳建筑大学	王帅 杨继雷 陈斌	王守金 李证宇
2	20053	软件应用与开发 – 网站设计	呆琪网	大连东软信息学院	宿阳 田勇鑫 王志远	潘永明 李雪松
2	20058	微课与课件 – 多媒体技术与应用	Vegas打马赛克	沈阳建筑大学	宋宏雪 张晏榕 童莹莹	杜利明 王凤英
2	20070	数媒设计中华民族文化组 – 交互媒体设计	创意陶瓷	东北大学	宫芮 韩凌云 张逸	霍楷
2	20099	数媒设计普通组 – DV影片	失明	沈阳工学院	吴云云 刘昕 周伟	郭雪
2	20108	软件应用与开发 – 数据库应用	德州市干部廉洁监督电子档案预警系统	德州学院	徐伟 赵瑞 张毅	张建臣
2	20143	数媒设计专业组 – 动画	霾城	东北大学	万佳奇 徐睿 曲令伊	喻春阳
2	20150	微课与课件 – 计算机应用基础	数据结构——栈	沈阳建筑大学	康健 周砚豪 郭子钰	任义 张晶
2	20231	动漫游戏创意设计 – 动画	The air, the life !	德州学院	李长磊 邹晓莉 田清华 贵雪峰	郭长友 孙琦
2	20317	中华优秀传统文化微电影 – 汉语言文学教育	言传身教	河北经贸大学	李彤 李苗 张艳秋	李罡 周娜
2	20398	数媒设计普通组 – DV影片	拥抱绿色之家	沈阳建筑大学	杨杰夫 高睿 韩梦瑶	片锦香 张锐
2	20420	微课与课件 – 数据库技术与应用	并发控制——封锁	辽东学院	尤丽 王茜 刘驰	高素春 荣维连
2	20457	数媒设计专业组 – 动画	霾	辽宁何氏医学院	温辰 马昕 孙艳阳	史学峰 王姝欣
2	20502	微课与课件 – 中、小学数学	乘法的奥秘	沈阳工学院	吴楠 陈骏 付博伦	郭锐
2	20508	动漫游戏创意设计 – 动漫游戏衍生品	“土豆侠”周边产品	大连东软信息学院	李厚力 张佳朋 宋继远	师玉洁 王保青
2	20510	数媒设计普通组 – 交互媒体	Heal the Air	南京医科大学	高文星 单杰 谢梦凡	丁贵鹏 胡晓雯
2	20535	数媒设计专业组 – 虚拟现实	Searching for air	大连东软信息学院	张超 李敬 李昊燃	李婷婷
2	20670	数媒设计专业组 – 图形图像设计	勿霾	北京交通大学	刘熙仪 刘璐 李源源	王移芝
2	20676	微课与课件 – 多媒体技术与应用	虚拟现实：“冷气吹卷雪花飘落”特效制作	大连东软信息学院	赵月 袁溪擘	邱雅慧 张云峰

续表

奖项	作品编号	作品类别	作品名称	参赛学校	作者	指导老师
2	20701	数媒设计中华民族文化组 – 动画	二六零四	河北经贸大学	任智胜 李宛瑛 林秋雁	李罡
2	20716	微课与课件 – 计算机应用基础	树莓派卡片式计算机使用教程	北京交通大学	焦璇 曹睿 唐煌	时庆国 周围
2	20745	数媒设计专业组 – 动画	空气净化与流通生态建筑设计	东北大学	胡朝颖 魏晋 李哲	霍楷
2	20751	软件服务外包 – 物联网应用（自主命题）	基于物联网的图书馆座位预定系统	南京大学金陵学院	田野 葛陆蔚 李晓伟 徐超 袁振	戴瑾 孙建国
2	20778	数媒设计普通组 – 游戏	空气保卫战	华北理工大学	罗星晨 刘建雄 王淳鹤	吴亚峰 石琳
2	20810	动漫游戏创意设计 – 游戏	AIR	东北大学	滕娅妮 陈露 王植	霍楷
2	20829	软件服务外包 – 电子商务（自主命题）	围裙妈妈生活服务平台	南京理工大学	赵亮 孙华成 胡建洪 杜仲舒 高杰	王永利
2	20852	软件应用与开发 – 网站设计	辽宁石油化工大学自考招生网	辽宁石油化工大学	马勇 张明明 陶明祖	王福威 纪玉波
2	20885	数媒设计中华民族文化组 – 图形图像设计	服盛华梦	华中科技大学	程丽荃 张佳黎 王红蕾	龙韧
2	20906	数媒设计专业组 – 图形图像设计	清新的空气像什么？–舞动的精灵 跃动的生命	东北大学	刘洋 岳夕雅 樊幸	霍楷
2	20914	软件应用与开发 – 数据库应用	我在这	沈阳航空航天大学	谷进杰 韩东才 黄黎远	王鑫
2	20938	数媒设计专业组 – DV影片	信仰	西北民族大学	张贵媛 任彦斌 胡贺	张辉刚 龙飞宇
2	20941	数媒设计专业组 – DV影片	我和老爸的蓝天梦	宁波大学	周晨露 汪益丰 陈凌霄	王海燕 徐建东
2	20983	软件应用与开发 – 网站设计	面向能力评价的作品互评系统	东北大学	林野 何家琦 刘恒宇	黄卫祖
2	21025	数媒设计专业组 – DV影片	AIR	东北大学	鲁仲阳 祝邦元 王晓琦	王英博
2	21036	数媒设计普通组 – 交互媒体	远离雾霾	辽宁大学	纪元 吕蔷 闫宁	王志宇
2	21043	中华优秀传统文化微电影 – 优秀的传统道德风尚	老外在中国	武汉理工大学	唐新锴 董恒欣 陈舒娅	方兴 吕曦
2	21068	数媒设计普通组 – 图形图像设计	我们的空气，怎么了？	大连理工大学	乔天扬 张力 林雨萌	姚翠莉
2	21074	软件应用与开发 – 虚拟实验平台	计算机组成原理虚拟实验平台	大连理工大学	韦梨雨 段田田 孙晓美	高新岩 马洪连
2	21089	软件应用与开发 – 虚拟实验平台	基于arduino开发的机器人应用平台	德州学院	李锐	王丽丽 杨光军
2	21139	数媒设计专业组 – 移动终端	空气保卫战	武汉理工大学	周贝妮 王已涵 万奕	粟丹倪 王舜燕
2	21159	数媒设计普通组 – 游戏	空气传说	大连理工大学	鄢世阳 詹可 刘鹏	黄浩
2	21164	软件服务外包 – 移动终端应用（企业命题）	“寻医问药”在线挂号预约就医应用	辽宁石油化工大学	曹盼 刘欢 王希峰 苏涛宇	石元博 魏海平

续表

奖项	作品编号	作品类别	作品名称	参赛学校	作者	指导老师
2	21166	数媒设计普通组 – 交互媒体	比雾霾更致命的“罐装”空气	大连民族大学	王姝 赵小莹 冯冯	王楠楠
2	21173	数媒设计中华民族文化组 – 交互媒体设计	敖鲁古雅 使鹿部落	大连民族大学	刘洋 刁杰 韦旭阳	王楠楠
2	21182	微课与课件 – 中、小学自然科学	《关紧水龙头》微课程	辽宁师范大学	吴静哲 关梅林 陈曦	刘陶
2	21215	软件服务外包 – 电子商务（自主命题）	基于对象关系映射（ORM）自动化的可配置企业基础信息平台开发	南京理工大学	邓艺涵 郑琛琛 石行 朱立业	岑咏华 丁晟春
2	21358	数媒设计普通组 – 图形图像设计	浊吸	中华女子学院	资月婵 刘思源 李林霞	乔希 李岩
2	21365	软件应用与开发 – 网站设计	基于微信平台的图书馆信息服务系统的设计与实现	沈阳工业大学	郭昊天 唐佳兴 张宇鑫	邵中 张宁宁
2	21374	数媒设计中华民族文化组 – 交互媒体设计	泥塑彩绘脸谱	中华女子学院	郑艳萍 刘飘 彭馨	李岩 乔希
2	21380	数媒设计专业组 – 图形图像设计	别让诗意留在记忆	中华女子学院	陈栗子	乔希 刘冬懿
2	21381	数媒设计专业组 – 图形图像设计	末日荒唐	中华女子学院	姜菡 罗思瑶 熊蔚希	乔希 刘开南
2	21386	数媒设计专业组 – DV影片	童言3忌话雾霾	德州学院	胡锦涛 王金鑫 侯敬蕾	陈相霞
2	21413	软件应用与开发 – 网站设计	爱伙拼网页搭伙拼餐系统	兰州理工大学技术工程学院	黄鹏天 马生璞 刘璇	龚翔 李彦明
2	21451	软件应用与开发 – 网站设计	基于手机扫描二维码的评教系统	沈阳农业大学	王欣瑜 唐陆禹 竟攀登	李竹林 金莉
2	21459	数媒设计普通组 – 虚拟现实	自由飞翔	沈阳理工大学	王瑞鹏 张凯 吉昊	祁燕 刘念
2	21469	微课与课件 – 网络应用	无线局域网的组建	南开大学滨海学院	王雪莹 王轩邑 魏澎涛	高飞
2	21485	动漫游戏创意设计 – 数字平面与交互	Wave Air	武汉理工大学	郭芸雅 张上	杨春
2	21493	软件应用与开发 – 网站设计	清茶淡话	武汉理工大学	许剑航 卢欣艺 吴琼琼	钟钰
2	21511	数媒设计中华民族文化组 – 图形图像设计	最炫民族服	武汉理工大学	李君梓 陈妙柯	毛薇
2	21513	中华优秀传统文化微电影 – 自然遗产与文化遗产	霓裳	苏州科技学院	刘畅 余璧轩 王永斐	辛蔚峰 刘强
2	21572	数媒设计普通组 – DV影片	空气人	南京大学	丁睿 程刚	黄达明 陶烨
2	21580	中华优秀传统文化微电影 – 优秀的传统道德风尚	重逢	武汉理工大学	孙硕 刘严鹏 赵骏泰	张禹
2	21592	软件服务外包 – 移动终端应用（自主命题）	MS–5	盐城师范学院	毛宣明 孙醒醒 郭敏 张昱希 白俊彦	李永 陆伟
2	21608	数媒设计中华民族文化组 – 图形图像设计	藏韵	武汉理工大学	文伟康 姚智彦	方兴 吕曦

续表

奖项	作品编号	作品类别	作品名称	参赛学校	作者	指导老师
2	21616	数媒设计专业组 – 动画	泡泡的奇妙之旅	武汉理工大学	陈笑寒 李款 曾青菲	方兴 钟钰
2	21623	中华优秀传统文化微电影 – 自然遗产与文化遗产	遇见泰宁	华侨大学	胡杨凯 李雁 迟语洋	郭艳梅
2	21646	数媒设计普通组 – DV影片	空气日记	南京大学	王雪 许炜旋 王倩婕	黄达明 张洁
2	21666	软件应用与开发 – 网站设计	校园助手	云南财经大学	柳天鹏	李莉平 沈湘芸
2	21678	数媒设计普通组 – 图形图像设计	会呼吸的痛	南京大学	蒋雪纯 纪劲玮 黄于粟	黄达明 陶烨
2	21679	数媒设计普通组 – 游戏	游走雾霾	天津师范大学	张兆年 郭璋若 白鑫	曹陶科
2	21690	数媒设计中华民族文化组 – 图形图像设计	银铃轻歌	云南民族大学	杨茜 孔昭文	王亚杰 曾婉琳
2	21709	动漫游戏创意设计 – 动画	Smoking Kills Lover 她的死	北京体育大学	朱镕鑫 郭婧玥 张鲁玉	潘德伦
2	21733	微课与课件 – 多媒体技术与应用	“三镜头法”在数字影片中的应用	北华大学	李佳音 李昊 李佳宇	张红良 葛涵
2	21736	微课与课件 – 数据库技术与应用	关系模式的分解	云南曲靖师范学院	周彦伶	李苹 徐坚
2	21791	数媒设计专业组 – 动画	空气发射站	三峡大学	李纯芹	王俊英
2	21798	微课与课件 – 汉语言文学教育	仓颉造字	杭州师范大学	邵佳靓 应锶城 戚一	詹建国 项洁
2	21830	数媒设计专业组 – 动画	山顶	华中科技大学	熊鑫 刘啸 吴珍	王朝霞 汪浩
2	21833	数媒设计专业组 – 游戏	鲁夫特公司	南开大学滨海学院	张竣捷	刘嘉欣
2	21846	数媒设计普通组 – 移动终端	驱散毒雾，净化空气–基于微信公众平台的禁毒宣传平台	云南警官学院	边坤 隋建敏	陈旻 贾学明
2	21878	数媒设计中华民族文化组 – 动画	Monster	玉溪师范学院	石叶艳 蒋鸣	马静
2	21904	软件服务外包 – 大数据分析（自主命题）	异构志愿计算平台的构建与应用	盐城师范学院	王文 高瑞 丁晓燕 吴文文 余旋	王创伟 曹莹莹
2	21911	软件应用与开发 – 网站设计	走进金院——智慧校园漫游展示系统	河北金融学院	刘玉苓 李世豪 王添男	刘冲 石伟华
2	21943	软件应用与开发 – 网站设计	校园百事通	河北金融学院	陈敏 朱美娴 宁淑雅	刘冲 戎杰
2	21976	数媒设计普通组 – 移动终端	同呼吸，共命运	河北金融学院	张媛 刘晓春 周林莉	刘冲 魏晓光
2	21986	数媒设计普通组 – 交互媒体	气之韵味	河北金融学院	高宏 蒋晔 邢素娇	王佳 赵丽娜
2	22011	动漫游戏创意设计 – 动画	北飘	北京体育大学	黄京智 濮心亚	刘玫瑾
2	22013	数媒设计中华民族文化组 – 交互媒体设计	基于VRP哈尼族文化展示实现	玉溪师范学院	梁晓尧 陈婷	羊波
2	22018	中华优秀传统文化微电影 – 自然遗产与文化遗产	徽韵万载 纸寿千年	北京体育大学	赵婧 李婉叶鹤 刘伟	赵岩

续表

奖项	作品编号	作品类别	作品名称	参赛学校	作者	指导老师
2	22069	软件应用与开发 – 网站设计	高校毕业设计（论文）管理网站	南通大学	陈翔 孙鸿艳 孙媛	王春明 徐蓓
2	22074	数媒设计专业组 – 图形图像设计	生活新常态	北京体育大学	徐一驰 王文宁 王杨	赵盛楠
2	22092	数媒设计普通组 – DV影片	心灵的坐标	云南财经大学	洪万宝 段建国 岩温罕	冯涛
2	22151	数媒设计普通组 – DV影片	空气学生	北京体育大学	叶潘琦 续佳雯 王翔	王鹏
2	22159	计算机音乐 – 创编（专业组）	You (Dirty K Remix) Blacklist; Eugenia	南京艺术学院	徐可艺	庄耀
2	22163	微课与课件 – 汉语言文学教育	汉字与书法艺术	北京体育大学	杨宇宏 姜洁轩 白珏	乔东鑫
2	22164	微课与课件 – 科学发明与技术成就	中国传统建筑的屋顶形式	淮阴工学院	潘正鑫 谢凯骏 文建桓	朱好杰 金圣华
2	22181	数媒设计中华民族文化组 – 动画	诗意民居–畅想清明上河图	长江大学文理学院	朱传璟 郝威 王婷	陈亮
2	22185	微课与课件 – 计算机应用基础	PPT动态小人制作教程	河北金融学院	孙莉莉 朱家林 高晗	李正琪 安文广
2	22194	软件服务外包 – 移动终端应用(自主命题)	题库	苏州大学	仲凯 李家强 盛徐炜 罗芳 崔益欣	韩冬 魏慧
2	22200	软件应用与开发 – 数据库应用	邻里守望志愿者考核奖励管理系统	淮阴工学院	杨力 钮少聪	高尚兵
2	22226	数媒设计普通组 – 动画	尘逝美	浙江师范大学行知学院	陈梦醒 陈赛妃 杜淑芸	倪应华 于莉
2	22251	数媒设计中华民族文化组 – 交互媒体设计	岂曰无衣	浙江师范大学行知学院	胡紫珊 蒋春媛 庄锦辉	叶琴 于莉
2	22271	数媒设计普通组 – 动画	壹梦	河北金融学院	王宁 于晗 杨斌	曹莹 苗志刚
2	22346	数媒设计专业组 – 图形图像设计	扬州大学御霾社VI设计	扬州大学	刘静元 徐璇	王勇
2	22352	微课与课件 – 网络应用	路由器的功能及设置	江苏开放大学	顾泽 钱程 叶子龙	范宇 赵书安
2	22358	数媒设计专业组 – 图形图像设计	隐迹霾名	云南曲靖师范学院	李春雨 丁品过 杨焱捷	包娜 张利明
2	22375	微课与课件 – 多媒体技术与应用	AE多人映像	江苏开放大学	李奕繁 吴迪 李恒	范宇 赵书安
2	22378	数媒设计专业组 – 交互媒体	爱如空气	华中科技大学	孙莉莉 区睿 冯慧	余其敏
2	22383	数媒设计中华民族文化组 – 图形图像设计	青羽·彩何	云南民族大学	袁瑞华 秦玉容	王亚杰 曾婉琳
2	22427	数媒设计普通组 – 动画	CCE–UAV移动多功能空气实验室	昆明理工大学	理俊 景楠 童继勋	刘泓滨 邓强国
2	22437	数媒设计中华民族文化组 – 图形图像设计	屋檐记忆	云南曲靖师范学院	王琼 何俊 曾渤珈	包娜 张利明
2	22456	计算机音乐 – 原创（专业组）	1001个夜	中国传媒大学	王一舒	王铉
2	22475	软件服务外包 – 物联网应用（自主命题）	天达智能门锁	西交利物浦大学	郭子亨 沈涛 薄维汉	黄鑫

续表

奖项	作品编号	作品类别	作品名称	参赛学校	作者	指导老师
2	22504	数媒设计普通组 – 动画	空气的救赎	中央司法警官学院	黄海健 王楚虹 钟鸣	高冠东 王晶
2	22525	数媒设计普通组 – 游戏	战霾——政府视角下的监控治理	北京大学	周昊宇 张睿 姜皓云	刘志敏
2	22566	动漫游戏创意设计 – 数字平面与交互	爷是个很逗的土豆——土豆侠动态表情	广州大学华软软件学院	文迪 李瑶 冯慧思 谭玉莹	欧阳莉
2	22570	计算机音乐 – 原创（普通组）	爱情——我的世界你曾经来过	山东大学（威海）	李抒璇	徐德雷
2	22626	数媒设计普通组 – 动画	如梦方醒	云南师范大学	郝亚杰 曾健 禹智继	杨婷婷
2	22655	数媒设计中华民族文化组 – 动画	勐幻傣族国际度假村	昆明学院	卢雯清 蒲晓芳 肖云鹏	左斌
2	22693	数媒设计普通组 – 交互媒体	守卫最纯净的空气	武警后勤学院	陈润斯 陈琮伟 徐路	孙纳新 杨依依
2	22739	数媒设计普通组 – 动画	“污”处可“陶”之空气篇	南通大学	王鑫元 王文辉 杨阳	张茜 邱自学
2	22753	微课与课件 – 计算机应用基础	WORD排版小工具	河北师范大学	段月然 李亚南 张钟文	白然
2	22797	软件应用与开发 – 网站设计	基于JAVA的猪场环境监控系统	天津农学院	张益圣 徐静 杭高森	余秋冬 王梅
2	22804	微课与课件 – 多媒体技术与应用	Photoshop图像处理基础	长江大学	张聪 周晓文	周汝瑞
2	22818	数媒设计中华民族文化组 – 动画	山中遗珠——土家族民居建筑探索	华中科技大学	王怀东 王朝之 余垣均	王朝霞 李敏
2	22819	数媒设计普通组 – 移动终端	雾霾围城	天津农学院	张鹏飞 杨宾瑜 魏亚娜	王宏坡 周红
2	22960	数媒设计中华民族文化组 – 动画	民居绘——素锦华裳	云南农业大学	何娇娅 李思远 陈晨	李显秋
2	22981	数媒设计普通组 – DV影片	传家宝	湖北工程学院	刘洋 姜海涛 余幸富	程姗姗
2	22986	软件服务外包 – 人机交互应用(企业命题)	语音图书搜索软件	西南林业大学	梁雨田 宋燚	吕丹桔
2	23001	软件应用与开发 – 网站设计	基于ASP Access的企业网站建设与发布	云南民族大学	袁红超 田世聪	杨振宇
2	23034	动漫游戏创意设计 – 动画	广府进行曲	广东工业大学	魏夲 王烨楷 张杰圣	汤晓颖 钟琦雯
2	23078	数媒设计普通组 – 交互媒体	拥抱空气	山东工商学院	李春晓 曾紫慧 王莹 岳月 雷博英	樊立三
2	23082	数媒设计普通组 – 图形图像设计	“雷达蝎”空气探测机器人	昆明理工大学	王森 王梦盈 叶远恒	刘泓滨 邓强国
2	23094	数媒设计专业组 – 动画	纯净空气保卫战	河北大学	刘彤彤	陶朋 甄真
2	23096	数媒设计专业组 – 图形图像设计	拒之门外　抗霾到底	河北大学	邢阳 杨羚曼 张云峥	王卫军 朱沛龙
2	23098	数媒设计专业组 – 图形图像设计	看不见的侵害	河北大学	李明 褚彤 梁亚东	王卫军 季天彤
2	23103	动漫游戏创意设计 – 数字平面与交互	送给爸妈的表情包	河北大学	张晓光 孟姣 杜锟璀 王琛	季天彤 王卫军

续表

奖项	作品编号	作品类别	作品名称	参赛学校	作者	指导老师
2	23106	计算机音乐 – 原创（普通组）	出现	河北大学	张雪酉 苑珍珍 张瑞	朱沛龙 王卫军
2	23108	中华优秀传统文化微电影 – 优秀的传统道德风尚	孝待椿庭	怀化学院	胡鑫 金肖 魏阳	高艳霞 李晓梅
2	23110	数媒设计普通组 – 动画	霾	云南财经大学	李睿胤 杨江 郑文智	王良
2	23126	数媒设计中华民族文化组 – 交互媒体设计	壮族文化服饰	云南财经大学中华职业学院	刘海霞 江樱 陆海静	王良
2	23127	数媒设计专业组 – 动画	雾霾天健康小贴士	南京师范大学	范颖频 郑天奇 周雪	柏宏权 郑爱彬
2	23177	软件服务外包 – 物联网应用（自主命题）	无线遥控智能机械臂	河海大学	于凡 张佳祺 连晓灿 刁宏志 陶园	黄平
2	23220	软件应用与开发 – 数据库应用	农作物病害信息助理	中国药科大学	金羿 刘浩然	杨帆
2	23238	数媒设计普通组 – 图形图像设计	空气的心情	云南曲靖师范学院	朱行 徐亚飞 李江庭	包娜 张利明
2	23248	软件应用与开发 – 网站设计	论坛积分在线交易平台	长沙理工大学	康进 霍腾 王小东	熊兵
2	23257	动漫游戏创意设计 – 游戏	3D重力球	怀化学院	易月英 谭顺势 朱诗君	姚敦红 林晶
2	23268	数媒设计中华民族文化组 – 交互媒体设计	烟雨洪江	怀化学院	周娟 吴袁丽 李晓爽	李晓梅 何佳
2	23269	数媒设计专业组 – 图形图像设计	清洁环境	昆明理工大学	牛洪昌	尹睿婷 黎志
2	23279	数媒设计普通组 – 游戏	激战太空	怀化学院	阳志 盘国权 陈源	姚敦红 林晶
2	23283	数媒设计专业组 – DV影片	隐形的守护者	怀化学院	吕策 王坤 罗豫	赵嫦花 易涛
2	23286	软件服务外包 – 移动终端应用(自主命题)	基于微信开发的校园数字化智能系统	中国药科大学	韦兴东 高献宝 沈秋毅 岳思远 贺小文	关媛 古锐
2	23308	软件应用与开发 – 网站设计	华中志愿在线（Husvol Online）	中南财经政法大学	林成龙 曾璇	阮新新
2	23314	软件服务外包 – 电子商务（自主命题）	红包兔O2O众包平台	江苏大学	池邦强 王少星	潘雨青
2	23335	数媒设计普通组 – 游戏	Last Air	重庆大学	胡晓畅 吴健健	曾骏
2	23362	数媒设计专业组 – 移动终端	微气	西南民族大学	许庆富 谢英婷 张煊	罗洪 刘江涛
2	23363	数媒设计专业组 – 交互媒体	灰黄的蓝	西南民族大学	张付云 李小龙 翦跃	罗洪 刘江涛
2	23366	数媒设计中华民族文化组 – 动画	女儿国的神隐	昆明理工大学	韩潇 王莉庭 张艺钟	耿植林
2	23372	软件服务外包 – 移动终端应用(自主命题)	儿童智能随身卫士	宁波大红鹰学院	赵鑫越 洪晨港 李特 杨伟佳 叶程伟	李晓蕾

续表

奖项	作品编号	作品类别	作品名称	参赛学校	作者	指导老师
2	23400	软件服务外包 – 物联网应用（自主命题）	基于Android平台的机器人远程控制系统	河海大学	祝朝政 肖丽莎 张毅伟 范媛媛 庞勤妹	严锡君
2	23437	数媒设计普通组 – 动画	无家可归的小鸟	军事交通学院	刘杰 杨学铭 高斌	刘旭 张国庆
2	23465	数媒设计专业组 – DV影片	冲出霾伏	西南石油大学	高哲 付娅婕 熊一诺	郭玉秀 崔炯屏
2	23466	软件应用与开发 – 数据库应用	“你说我写”语音记录器APP	中南财经政法大学	李梦瑶 罗慧芬	向卓元
2	23506	软件应用与开发 – 网站设计	学数网	浙江科技学院	王斌斌 方泽文	汪文彬 岑岗
2	23512	微课与课件 – 中、小学自然科学	性启蒙教育	东南大学	陈静雯 夏薇 张湛秋	陈伟 许园园
2	23535	数媒设计普通组 – 动画	载循环	成都医学院	唐程 罗志尧 李承希	陈涛
2	23562	微课与课件 – 网络应用	高温物体监控揭秘	北京科技大学	李堃 赵子境 潘腊梅	汪红兵
2	23563	软件应用与开发 – 数据库应用	3“限”节能减排系统	北京科技大学	刘雨涵 邢璐茜 田湘	汪红兵
2	23569	数媒设计普通组 – 游戏	拯救空气小姐	北京科技大学	田文 黄鸣晨 李泓毅	黄晓璐
2	23579	动漫游戏创意设计 – 动画	谁的青春不迷茫呢	河北大学	刘梦雅 董晓雷 高鹏远	李亚林 刘畅
2	23583	微课与课件 – 多媒体技术与应用	悬浮照制作	乐山师范学院	王雨迪 吴远志 廖成祥	门涛
2	23594	数媒设计中华民族文化组 – 交互媒体设计	圣殿晨曦	西南民族大学	杜宜宸 关晓青 吉星	周梅 黄莉
2	23604	数媒设计中华民族文化组 – 图形图像设计	与民同乐	浙江农林大学暨阳学院	祝阳阳 牟文杰	黄慧君 方善用
2	23607	数媒设计专业组 – 游戏	Hunger Bubble	浙江传媒学院	董宸 龚楚涵 郭菲	张帆 成非
2	23619	动漫游戏创意设计 – 动漫游戏衍生品	星矢兵团	北京科技大学	张天豪 迟玉心 李沛江 徐思源	李莉
2	23629	数媒设计专业组 – DV影片	网霾	西北民族大学	朱治锦 毋非 满杰	贾倩 丰云鹏
2	23632	数媒设计专业组 – 图形图像设计	全城通缉	浙江农林大学暨阳学院	卢美娇 王梦倩	方善用 黄慧君
2	23633	数媒设计专业组 – 动画	向左 向右	武汉体育学院	韦俏丽 钟海滨 刘娜	周彤 丘亮腾
2	23648	数媒设计专业组 – DV影片	空气人	浙江科技学院	夏玲 杨栎颖 朱玲丽	刘省权 岑岗
2	23656	数媒设计专业组 – 游戏	方舟	浙江传媒学院	吴宣 欧元 李慧妍	林生佑 孙浩
2	23662	微课与课件 – 计算机应用基础	论文“换装”特技	浙江传媒学院	张小驰 孔玥	隋慧芸
2	23676	计算机音乐 – 原创（普通组）	meteor	浙江传媒学院	管方纯	黄川

续表

奖项	作品编号	作品类别	作品名称	参赛学校	作者	指导老师
2	23677	计算机音乐 – 原创（普通组）	蚀骨画	浙江传媒学院	梁安琪 柯欣辰	黄川
2	23700	软件应用与开发 – 网站设计	吉众网	吉林大学	申强 徐亚兰 李元元	徐昊 邹密
2	23717	中华优秀传统文化微电影 – 自然遗产与文化遗产	北狮梦	武汉体育学院	周珊 方秀芸 任思敏	刘静
2	23724	微课与课件 – 多媒体技术与应用	FLASH形状补间动画制作	湖南大学	陈雅婷 侯雅萍	李春翔 李根强
2	23725	动漫游戏创意设计 – 游戏	阿尔法的精灵森林	湖北理工学院	万聪 王秋宇 罗依玲 穆明 冯子岩	吕璐 刘凯
2	23733	数媒设计中华民族文化组 – 图形图像设计	古之君，今之梦	福建农林大学	赵新明 林文君 张玉茹	吴文娟 高博
2	23763	软件应用与开发 – 网站设计	云课程智能分享平台	华中农业大学楚天学院	涂志昊 万珺 冯飞飞	王娜 吴慧婷
2	23775	软件服务外包 – 移动终端应用（自主命题）	基于云的android汉字学习书写软件	乐山师范学院	何园鹏 杨陶 肖双桥	门涛
2	23780	数媒设计专业组 – 交互媒体	体感空气	湖北美术学院	左佳迪	赵锋
2	23791	微课与课件 – 汉语言文学教育	象形文字发展之食	怀化学院	朱星燕 杨盱衡	彭小宁 何佳
2	23820	微课与课件 – 计算机应用基础	大数据时代下的个人计算机网络安全	湖南大学	李艺敏 贺嘉欣 俞晓冬	陈娟 龚文胜
2	23856	数媒设计专业组 – 图形图像设计	光合总动员	浙江农林大学	翁思如 张盼翔	方善用 黄慧君
2	23879	中华优秀传统文化微电影 – 自然遗产与文化遗产	十里红妆	杭州师范大学钱江学院	吴林倩 任佳珂	余晴航 赵琦
2	23889	中华优秀传统文化微电影 – 自然遗产与文化遗产	守·艺	北京语言大学	白璐 王雪彤 陈璇 黄超 杨杰	徐征
2	23895	数媒设计中华民族文化组 – 交互媒体设计	群山回响	湖南大学	周赟湛 谭琳 周博山	周虎
2	23899	软件应用与开发 – 虚拟实验平台	信息安全综合教学实验平台	湖南大学	冯云 刘彧 关舒文	周虎
2	23908	软件应用与开发 – 网站设计	福清人事人才网	福建师范大学福清分校	许志勇 毛志峰 肖振聪 钟阳坚 洪丽静	陈忠 郭永宁
2	23921	数媒设计专业组 – 图形图像设计	该往哪儿逃	浙江农林大学	方励 石慧	黄慧君 方善用
2	23924	计算机音乐 – 原创（专业组）	染—为G调曲笛与电子音乐而作	四川音乐学院	李军作	李琨
2	23925	数媒设计专业组 – 动画	不期待的未来	浙江农林大学	孙恩娜 骆依童	黄慧君 方善用
2	23928	中华优秀传统文化微电影 – 汉语言文学教育	我准备好了	北京语言大学	胡优 肖向一 陈雁翎 高慕鸿 张倪佩	王东玲

续表

奖项	作品编号	作品类别	作品名称	参赛学校	作者	指导老师
2	23931	数媒设计中华民族文化组 – 图形图像设计	剪纸新娘	浙江农林大学暨阳学院	陈海波 林萱	方善用 陈英
2	23940	中华优秀传统文化微电影 – 优秀的传统道德风尚	发现	北京语言大学	朱述承 祝佳明 吴金昊 张骁腾	杨明
2	23946	微课与课件 – 多媒体技术与应用	哈利波特的隐形衣–ps的图层蒙版	浙江科技学院	崔靖 李琦 章佳梅	雷运发 林雪芬
2	23948	数媒设计普通组 – 游戏	大战PM2.5	海南师范大学	张煌 许茹茵 徐卓	林松
2	23949	数媒设计专业组 – DV影片	套中人	武汉体育学院	郭思雅 刘璐 肖梅 蒋喆 胡佳玲	刘静
2	23951	数媒设计普通组 – 移动终端	Blue Sky Blue	湖南大学	冯云 刘彧 关舒文	周虎
2	23955	数媒设计中华民族文化组 – 图形图像设计	头头是道，知梳达理	浙江农林大学	周瑾 顾梦雅	方善用 黄慧君
2	23959	动漫游戏创意设计 – 数字影像	雨霏天气	湖南大学	梁应威 张乐乐 左宇飞	高春鸣 江海
2	23961	微课与课件 – 网络应用	P2P基本简介与了解	桂林电子科技大学信息科技学院	雷军军 樊华 刘俊琛	龙丹 莫永华
2	23972	中华优秀传统文化微电影 – 自然遗产与文化遗产	镜观LENS	北京语言大学	李可 袁琦 赵雪羽 赵培尧 马珂卓雅	李吉梅
2	23987	数媒设计专业组 – 图形图像设计	你	福建农林大学	翁煜雯 郭凌怡 付祥	吴文娟 高博
2	23988	数媒设计专业组 – DV影片	存在	福建农林大学	付祥 陈益鑫 韩易燃	吴文娟
2	24012	数媒设计专业组 – 图形图像设计	气泡世界	浙江农林大学暨阳学院	陈菲 成雨莹	黄慧君 方善用
2	24022	数媒设计专业组 – DV影片	不一样的	福建农林大学	付祥 翁煜雯 陈益鑫	吴文娟 高博
2	24040	微课与课件 – 计算机应用基础	PPT闪烁动画制作	武汉体育学院	韦俏丽 顾万国 刘婧文	蒋立兵 周建芳
2	24041	数媒设计专业组 – DV影片	窒息	武汉体育学院	王绎先 陈鹏飞 张驰	蒋立兵 赵广
2	24053	数媒设计普通组 – 动画	超级玛丽之雾霾灾难	东北师范大学人文学院	牟澜 孙沛	孙慧
2	24054	数媒设计普通组 – 动画	魇霾	东北师范大学人文学院	王君竹 刘美佳	杨喜权
2	24071	软件应用与开发 – 数据库应用	天天背诗词	湖南大学	鞠文婷	肖晟 周虎

续表

奖项	作品编号	作品类别	作品名称	参赛学校	作者	指导老师
2	24081	数媒设计普通组 – DV影片	抬头，深呼吸	桂林电子科技大学信息科技学院	陈佳雨 李殷枫 郑彧	邓智铭 龙丹
2	24084	中华优秀传统文化微电影 – 自然遗产与文化遗产	印象曲阜	中国海洋大学	师睿 郑珺蒉	陈雷 刘玉松
2	24116	微课与课件 – 多媒体技术与应用	RGB颜色模式	吉首大学	刘雄 陈芹 温义佳	林磊 杨波
2	24120	微课与课件 – 多媒体技术与应用	Photoshop人像美化之旅	武汉体育学院	李璇 张叶	蒋立兵 汪明春
2	24130	数媒设计专业组 – 动画	白纸历险记	吉首大学	彭友芬 龚琦 杜宏娜	林磊 杨波
2	24132	计算机音乐 – 原创（专业组）	卓玛	中国戏曲学院	贾玉康	田震子
2	24133	数媒设计专业组 – 动画	星愿	湖北理工学院	潘元芳 蒋艳青 张莉	刘满中 徐庆
2	24162	数媒设计普通组 – 交互媒体	凌虚微寻	宁波大学	陈瑶 沈晶	梅剑峰 史凯
2	24193	计算机音乐 – 原创（普通组）	Inspire Me	德州学院	高勋 金晔 左玉洁	马锡骞
2	24203	软件服务外包 – 人机交互应用（自主命题）	基于人机交互技术的多旋翼飞行器控制系统	宁夏大学	张凯歌 王杜涛 许华栋	张虹波 匡银虎
2	24207	数媒设计专业组 – 图形图像设计	岁月忽已暮，碧空惹尘埃	海南师范大学	程吉红 孙宇昕 李方圆	罗志刚
2	24216	微课与课件 – 汉语言文学教育	望岳	海南师范大学	陈林晨 陈必冠 王艺菲	罗志刚
2	24220	软件应用与开发 – 数据库应用	救在身边	海南师范大学	陈志方 陈万洲 马小康	张学平 曹均阔
2	24221	微课与课件 – 多媒体技术与应用	Photoshop cs6—图层的原理	海南师范大学	李春苗 王春芹 何盼盼	罗志刚
2	24229	数媒设计中华民族文化组 – 图形图像设计	黎人家园	海南师范大学	许馨 刘嘉一 郝海霞	张清心 陈海婷
2	24278	软件应用与开发 – 网站设计	魅数据—网络数据接口服务集成中心	四川文理学院	胡月 蒲桂花 朱加强	贺建英
2	24294	计算机音乐 – 创编（专业组）	腾格里·光	中国传媒大学	杜昱星	王铉
2	24296	计算机音乐 – 创编（专业组）	贝尔加湖畔	浙江音乐学院（筹）	姜文韬	段瑞雷 张泽艺
2	24301	软件应用与开发 – 虚拟实验平台	数字信号处理教学辅助软件	西华师范大学	税源 吴青	潘伟
2	24316	数媒设计普通组 – 图形图像设计	深呼吸	西华师范大学	刘姣 李昱 何彬	王密
2	24318	数媒设计普通组 – DV影片	茶乡茶香	西华师范大学	罗照民 孟哲	唐源
2	24332	数媒设计专业组 – 图形图像设计	AIR（空气污染）	西华师范大学	鄢蓉 梅傲寒	刘睿
2	24339	软件服务外包 – 电子商务（企业命题）	鲜盟电商平台	西华师范大学	高海军 范永伟 范文政	潘大志
2	24355	软件应用与开发 – 数据库应用	路边占道停车场收费管理系统	西华师范大学	韩星 凌孜 张艺与	何先波

续表

奖项	作品编号	作品类别	作品名称	参赛学校	作者	指导老师
2	24356	数媒设计中华民族文化组 – 交互媒体设计	彝族风情	乐山师范学院	邓思琪 阿左星星 马宗毅	万晓云
2	24364	微课与课件 – 汉语言文学教育	汉字的演变过程	西华师范大学	彭亚丽 梁兰 王国庆	黄冠
2	24365	微课与课件 – 多媒体技术与应用	会声会影之素材的捕获	西华师范大学	敖立萍 陈明明	黄冠
2	24413	数媒设计专业组 – 虚拟现实	3D虚拟展厅之遨游空气世界	宁波大学	曾潼强 唐潇琦 胡珺	应良中 陈燕燕
2	24421	计算机音乐 – 创编（专业组）	德鲁伊传奇	中国传媒大学	汤澄映	王铉
2	24455	中华优秀传统文化微电影 – 优秀的传统道德风尚	遗·拾	宁波大学	张绘 杨钦铖 殷瑜雪	邢方
2	24469	计算机音乐 – 原创（普通组）	舌尖上的记忆	宁波大学	祁梦潇 宋志昌 何凤仪	狄智奋 刘晓东
2	24486	数媒设计普通组 – 交互媒体	空气有话说	重庆文理学院	付越 唐路钧 孙旭	殷娇 雷丽
2	24493	数媒设计专业组 – 游戏	尘埃入侵	华中师范大学	林尚靖 胡薇 黄涵渝	谭政
2	24497	软件服务外包 – 移动终端应用（自主命题）	汩汩–白噪音放松APP	华中师范大学	吴浩麟 孙婷婷 余建川	杨青 李蓉
2	24502	数媒设计专业组 – DV影片	空气人	华中师范大学	李春竹 徐倩 张宋涛	陈迪 李炜
2	24522	数媒设计普通组 – 图形图像设计	寻找记忆中空气的味道	重庆文理学院	林晨 刘永权 冉鑫明	代琴
2	24535	数媒设计普通组 – 动画	呼吸生命	西南石油大学	陈康 李航 熊恒	任馨 刘忠慧
2	24541	数媒设计专业组 – 动画	FRESH	四川师范大学	卢嘉祎 江雨峰 王坤	康烨
2	24553	软件应用与开发 – 虚拟实验平台	We Fun	重庆邮电大学移通学院	曲波 牛涛 张艺智	刘莹 罗兴宇
2	24568	软件应用与开发 – 网站设计	永川公交查询系统	重庆大学城市科技学院	崔阳	周林
2	24615	动漫游戏创意设计 – 动画	叶子	广西师范大学	郑智媛 孙淑婷 王玲玲	邓进
2	24625	数媒设计专业组 – 动画	科幻片	重庆大学	李海石 黄亮 王汨	李刚
2	24633	数媒设计专业组 – DV影片	空气中弥漫着的尼古丁	广西师范大学	梁晓 李湘莲 郭尧青	张逸
2	24646	数媒设计中华民族文化组 – 动画	三亚崖城学宫	琼州学院	韩磊 陈云树 陈蓓蕾	曹娜 田兴彦
2	24653	计算机音乐 – 原创（专业组）	烟云丝雨	武汉音乐学院	甘梦迪	李鹏云
2	24661	动漫游戏创意设计 – 数字平面与交互	帽子戏法	广西师范大学	陈健滢 卢俊达 王月	朱艺华 胡顺
2	24676	动漫游戏创意设计 – 动画	狍子君与狍子美之炒股风波	南阳师范学院	陈昊旭 陈博锴 王鼎 万亚男 翟壮壮	王兴 魏琪

续表

奖项	作品编号	作品类别	作品名称	参赛学校	作者	指导老师
2	24685	软件应用与开发 – 数据库应用	PM2.5指数期货交易所	上海财经大学	孙慧萍 金成 张睿哲	谢斐
2	24717	中华优秀传统文化微电影 – 自然遗产与文化遗产	家乡的龙头节	广西师范大学	姚莉红 陈楚元 李路平	徐晨帆 杨家明
2	24723	软件应用与开发 – 虚拟实验平台	iClass电子教室	上海杉达学院	杨韵晨	张丹珏 史强
2	24729	数媒设计普通组 – 图形图像设计	BREATH——The calendar of 2016	上海海洋大学	秦嘉辉 王品华	艾鸿
2	24731	软件服务外包 – 电子商务（自主命题）	B2B服装面料数字营销系统	东华大学	姚芳敏 刘宇欣 冒宇庭	刘玉
2	24732	数媒设计中华民族文化组 – 交互媒体设计	羌绣文化数字展览馆	广西师范大学	何冬园 傅小萍 刘秀兰	罗双兰
2	24736	软件应用与开发 – 网站设计	安全教育平台	上海大学	司昊林 于沛弘 汪毅	高珏 佘俊
2	24745	软件应用与开发 – 数据库应用	大学生竞赛云平台	上海大学	刘鑫 孙浩翔 吴成杰	单子鹏 高洪皓
2	24751	微课与课件 – 中、小学数学	集合的含义与性质	广西师范大学	王涵 李荷 蒙阳玲	林铭
2	24768	软件应用与开发 – 数据库应用	大学生健康小管家	东华大学	郭月乔 骆彦彦 刘露	刘玉
2	24771	数媒设计中华民族文化组 – 动画	雁塔之魂	西安培华学院	叶晓新 徐毅 王瑶	张伟
2	24774	软件应用与开发 – 数据库应用	IT运维综合管理平台	上海大学	韦巧曼 汪毅 陈光泽	严颖敏 杨晓贤
2	24796	中华优秀传统文化微电影 – 自然遗产与文化遗产	登鹳雀楼	运城学院	苏璟波 李苗苗 张蓉惠	赵满旭 程妮
2	24800	软件应用与开发 – 数据库应用	互动e堂	山西财经大学	刘子境 冯宇璐 王超	王昌 肖宁
2	24801	数媒设计专业组 – 图形图像设计	霾不言说	西北工业大学明德学院	王勇 王翔 王雨璐	冯强 白珍
2	24808	软件应用与开发 – 虚拟实验平台	3人机智能导航系统设计	西北工业大学	张卫健 张倩 王逸帆	高逦 何建华
2	24812	微课与课件 – 计算机应用基础	表格数据的图形化	广西师范大学	邢宇航 罗浩	林铭
2	24825	动漫游戏创意设计 – 动画	奇迹土豆	福建师范大学协和学院	林小米 王小玉 林瑶 林雨珊 赖冠云	钟利军 黄婷妤
2	24837	动漫游戏创意设计 – 数字平面与交互	还校园一片蓝天	运城学院	宴北方 郭翻坐 高湘丽	万小红
2	24839	数媒设计中华民族文化组 – 图形图像设计	雪域牧民情侣藏装	西藏民族学院	达顿	郭霖蓉
2	24840	软件应用与开发 – 网站设计	西藏民族学院校园二手物品交易系统	西藏民族学院	陈昌辉 吴威 李敏	雒伟群
2	24849	数媒设计普通组 – 动画	空气回忆站	华东师范大学	陈雪瑶 顾妍婷 张诗雨	白玥 陈志云
2	24854	数媒设计普通组 – 交互媒体	空悲切	华东师范大学	夏沁怡 夏萌	白玥 陈志云

续表

奖项	作品编号	作品类别	作品名称	参赛学校	作者	指导老师
2	24857	软件应用与开发 – 数据库应用	指尖上的课堂	华东师范大学	徐毅鸿 赵树锴 刘锦韬	白玥 蒲鹏
2	24897	数媒设计普通组 – 交互媒体	ATING密室逃脱之雾霾密室	上海对外经贸大学	袁星 曹亿立 袁诗慧	顾振宇 曹玉茹
2	24903	软件应用与开发 – 网站设计	时光视图云	上海大学	张粲 顾卓佳 张朕煜	单子鹏 陈章进
2	24910	动漫游戏创意设计 – 动漫游戏衍生品	囧爱	三明学院	刘虹 龚晓冰 刘菁 许蓉蓉	蔡亚才 张欣宇
2	24911	动漫游戏创意设计 – 数字影像	延时摄影Beijing Lapse	国际关系学院	孙枫 陈国良 常鑫 杜秋伯	张逸澂
2	24912	动漫游戏创意设计 – 动画	如果可以重来	福建师范大学协和学院	刘星宇 郑傅阳 吴舒妮 刘梦昕	钟利军 黄婷妤
2	24923	软件应用与开发 – 网站设计	KLD–快来递快递行业撮合网站	陕西理工学院	滕聪聪 马俊 张宇	洪歧
2	24927	数媒设计普通组 – 动画	空气历险记	西北工业大学	厉之畅	高逦
2	24957	软件应用与开发 – 网站设计	游戏化Web Design Classroom	吉林大学	宋冬蕾 马超 冯凯	徐昊 黄岚
2	24961	软件应用与开发 – 网站设计	淘印印在线打印系统	西安电子科技大学	张丹峰 魏榕 曾一林	李隐峰
2	24970	软件服务外包 – 大数据分析（企业命题）	基于Hadoop的学生上网行为分析平台	西安电子科技大学	刘礼文 夏明飞 宋杰 肖俊杰	李隐峰
2	24973	动漫游戏创意设计 – 游戏	MagicFinger	西安电子科技大学	洪礼翔 刘乐	盛立杰
2	24981	数媒设计专业组 – 交互媒体	超凡空气侠——米诺拉之旅	东华大学	张韵嘉 卓晓婧	杜明 张红军
2	24984	软件服务外包 – 移动终端应用（自主命题）	智能线代	西安电子科技大学	付国强 李婉萍 孙方斌	李隐峰 李洁
2	24985	数媒设计普通组 – 动画	眼眸中的色彩	西安电子科技大学	石佳灵 王仲达 刘琰超	王益锋
2	24989	数媒设计普通组 – 图形图像设计	蓝天中国	中山大学	旷晓菲	阮文江 陈炬桦
2	24992	数媒设计中华民族文化组 – 交互媒体设计	衣脉相承	中山大学	曾维芳 张茜	罗志宏 杨永红
2	25000	动漫游戏创意设计 – 游戏	Math Gun	汕头大学	郭自成 梁裕超 蓝炜	唐雅娟
2	25006	软件应用与开发 – 虚拟实验平台	“信易达”串口服务器	东华大学	李乾文 吴瑜珠 汪睿	燕彩蓉 赵伟真
2	25008	软件应用与开发 – 虚拟实验平台	3D虚拟生理实验室	第二军医大学	徐铮昊 陈鸣尧 黄捷	郑奋
2	25033	软件服务外包 – 物联网应用（企业命题）	基于ZigBee的环境监测与控制系统	西安电子科技大学	孙珊珊 谢阳杰 陈广	李隐峰
2	25035	软件应用与开发 – 网站设计	基于ASP.NET的科研项目管理系统	西安电子科技大学	宋佩阳 黑乐 王玉燕	宫丰奎
2	25038	软件应用与开发 – 网站设计	基于WEB的学生自主自学系统	同济大学	陈君陶 靳子璐	丛培盛
2	25050	数媒设计普通组 – 交互媒体	绿斗沙——绿洲VS沙尘暴	上海商学院	余江跃 方礼克 翟佳华	张萍
2	25052	软件应用与开发 – 虚拟实验平台	遥控拍照	西安电子科技大学	张晗 李朋林 黄传良	李晋
2	25053	数媒设计中华民族文化组 – 交互媒体设计	中国传统民族建筑学习系统	东华大学	侯怡林	杜明 张红军

续表

奖项	作品编号	作品类别	作品名称	参赛学校	作者	指导老师
2	25058	微课与课件 – 计算机应用基础	Excel函数应用之Index和Match	广东外语外贸大学	曹纯 关梅涓 李洁如	陈仕鸿
2	25064	数媒设计普通组 – 图形图像设计	烟烟一熄，生命不息	广东石油化工学院	廖志强	战锐 吴良海
2	25069	微课与课件 – 网络应用	中国知网的信息检索技巧	岭南师范学院	何国兴 薛冬梅 梁丽婷	袁旭
2	25072	软件应用与开发 – 网站设计	图书漂流	广东石油化工学院	黄文清 黎万玲 柳淑婷	梁柱森 陈一明
2	25074	软件服务外包 – 移动终端应用（自主命题）	同乡团	广东石油化工学院	彭池 叶泽江 吴博煌 李皓文 陈佳安	王守中 苏海英
2	25076	数媒设计中华民族文化组 – 动画	古韵画意	同济大学	张好好 付杨 许嘉城	王颖
2	25078	软件服务外包 – 人机交互应用（自主命题）	基于MS Kinect的三维体感游戏朝元记	北京语言大学	游爽 朴太晶 李子雯 陈睿	张习文
2	25082	软件应用与开发 – 网站设计	镜月台社区	东华大学	李瞻文 唐豪杰	周余洪 刘晓强
2	25087	微课与课件 – 多媒体技术与应用	金字塔式投影的制作和展示	华东理工大学	戴云鹏 郅谋	王立中
2	25092	软件应用与开发 – 网站设计	易言	同济大学	聂璐琪 陈韵	邹红艳
2	25100	数媒设计中华民族文化组 – 动画	潮州许驸马府虚拟漫游	韩山师范学院	曾团华 赵晓芸 张玲玲	黄伟 郑耿忠
2	25103	软件应用与开发 – 数据库应用	卡路里everyday	同济大学	卢柯舟 徐素玮 王镇波	袁科萍
2	25105	软件应用与开发 – 网站设计	基于web端的社会网络分析平台	广东外语外贸大学	张礼明 黄燕芬 戴申健	蒋盛益
2	25109	数媒设计专业组 – 交互媒体	空气	韩山师范学院	江悦婷 翁诗仪	朱映辉 江玉珍
2	25112	软件应用与开发 – 网站设计	《水彩绘》网站	韩山师范学院	张静霞	陈丽霞
2	25126	微课与课件 – 中、小学自然科学	降低化学反应活化能的酶	韩山师范学院	沈奕芸	苏仰娜
2	25128	动漫游戏创意设计 – 数字影像	壹佰秒爱上青岛	济南大学	方帆 吕聪	牟堂娟 刘东涛
2	25131	微课与课件 – 中、小学数学	认识时间	韩山师范学院	杨晓纯	江玉珍 朱映辉
2	25136	数媒设计中华民族文化组 – 交互媒体设计	广济韵曲	韩山师范学院	胡超 翁琪琦 麦韵诗	郑耿忠 刘秋梅
2	25138	软件应用与开发 – 虚拟实验平台	基于MTV架构的虚拟实验法律服务平台	华东理工大学	张天毅 魏天舒 杨章唯	王占全 徐明
2	25147	软件应用与开发 – 虚拟实验平台	波动光学实验室	空军工程大学	孙昊祥 黄河 尹东旭	张红梅 拓明福
2	25149	数媒设计普通组 – 动画	甜润的气息，清新的梦	空军工程大学	师跨越 田欣波 杨依鑫	拓明福 张红梅
2	25155	数媒设计普通组 – 交互媒体	青空	西北工业大学明德学院	封康悦 黎婷 伍陈洁	龙昀光
2	25157	数媒设计普通组 – 动画	拒绝“霾”没	韩山师范学院	倪少君 陈毅 陈虹珊	江玉珍 黄伟

续表

奖项	作品编号	作品类别	作品名称	参赛学校	作者	指导老师
2	25171	动漫游戏创意设计 – 动漫游戏衍生品	土豆侠十二星座卡之魔方穿越	中国民航飞行学院	施奇 张旭博 赵梓涵 王业军 付春鑫	路晶 黄海洋
2	25173	微课与课件 – 计算机应用基础	当PPT遇见色彩君	上海海关学院	陈洛 杨赛楠 李琪	曹晓洁 胡志萍
2	25183	动漫游戏创意设计 – 数字平面与交互	海上丝绸之路动态历史地理信息系统	广东工业大学	温超聃 伍伟华 温鼎铭	余永权 刘丹云
2	25187	数媒设计普通组 – 动画	One Day	上海海关学院	殷益宇 吴玩蓉	曹晓洁 胡志萍
2	25189	动漫游戏创意设计 – 动画	LOOK UP	福州大学	高凯 兰仪平 彭澍 赵雨徽	黄晓瑜 何俊
2	25190	数媒设计普通组 – 动画	台风知多少	广东外语外贸大学	钟泽葵 吴伊雯 张伊丹	陈仕鸿
2	25195	软件应用与开发 – 网站设计	不再流浪	上海电力学院	金佳威 归诗芸 王瑾琪	李春丽 潘华
2	25234	动漫游戏创意设计 – 动画	分类大作战	福州大学	黄翊 白晓红 成梦 黄飞龙 吴长景	黄晓瑜 何俊
2	25249	微课与课件 – 计算机应用基础	让数据生动起来	广东技术师范学院	吴淑媚 郑微花 陈美玲	吴仕云
2	25256	动漫游戏创意设计 – 数字影像	Do you come with me	福州大学	黄腾翔 徐进喜	于小静
2	25260	数媒设计普通组 – 虚拟现实	“鱼儿游”	上海海洋大学	韦兆生 王申付 黄盖先	艾鸿 孔祥洪
2	25265	软件应用与开发 – 网站设计	医路有你——青年医生交流平台	第二军医大学	范晨钰 沈冰威	郑奋
2	25271	微课与课件 – 多媒体技术与应用	奔跑吧，火柴人	岭南师范学院	赖玉珍 黄冬榆 陈景富	袁旭
2	25273	微课与课件 – 自然遗产与文化遗产	文艺复兴三杰	北华大学	刘鹏波 韩静 魏洪博	谢建 葛涵
2	25274	动漫游戏创意设计 – 游戏	摇滚霾斗士	深圳大学	刘嘉琦 黄海莹 沈铭慧	曹晓明 张永和
2	25285	微课与课件 – 多媒体技术与应用	多媒体软件Director教学微课	深圳大学	陈坤烨 林泽鹏	何健宁 叶成林
2	25288	数媒设计专业组 – 图形图像设计	绿色空气 公益广告	北华大学	李兆帅 韩佩庭 孙文华	褚丹 谢建
2	25291	数媒设计专业组 – 图形图像设计	LIFE AND MASK	北华大学	陈页 李旺兵 李婷	谢建 葛岩
2	25295	微课与课件 – 先秦主要哲学流派	先秦儒道哲学天人观（与古希腊哲学之比较）	深圳大学	阿乾爽 张芝娜 黄齐华	黄晓东
2	25300	数媒设计中华民族文化组 – 动画	一起来保家	深圳大学	李应金 陈文婷	曹晓明 胡世清
2	25303	软件应用与开发 – 数据库应用	基于Android的新闻发布平台	深圳大学	张翔 林泽鹏 陈亦浩	张永和 寥红
2	25307	微课与课件 – 中、小学数学	正方体的展开图	深圳大学	陆家欣 王珊珊 李佳丽	李文光 廖红
2	25308	数媒设计中华民族文化组 – 交互媒体设计	指间艺术	深圳大学	郭植华 叶少丽 温诗博	田少煦 黄晓东
2	25317	软件应用与开发 – 网站设计	Iva——附带词汇习得支撑系统	深圳大学	张峰毅 高爽 武珍	张永和 胡世清

续表

奖项	作品编号	作品类别	作品名称	参赛学校	作者	指导老师
2	25337	软件应用与开发 – 数据库应用	校园拾荒站	海南师范大学	陈万洲 蔡王娇 雷鸣	曹均阔
2	25351	软件服务外包 – 移动终端应用(企业命题)	实景即时共享应用	海南大学	雷诗谣 路仁俊 赵恢强 谢添豪 吴晗	黎才茂 黄萍
2	25365	数媒设计中华民族文化组 – 图形图像设计	锦麟争瑞	西北大学	张丽春 李圆圆 康星星	张辉
2	25367	软件应用与开发 – 网站设计	近岸海域水质实时监测系统	上海海洋大学	安琪 黄盖先 龙韵菲	袁红春 梅海彬
2	25370	中华优秀传统文化微电影 – 歌颂中华大地河山诗词散文	相思山河	西北大学	屈菁 韩延峰 朱洁君	温雅 张磊
2	25375	动漫游戏创意设计 – 游戏	20Rank	广州大学华软软件学院	劳思瑶 黄丹莉 潘燕均 林智明 谭晓敏	罗林
2	25393	数媒设计专业组 – 交互媒体	Sky	广州大学华软软件学院	郑瑞婉	全晖
2	25422	软件应用与开发 – 网站设计	水的旅程网站设计	西北大学	赵润泽 史萌	张思望
2	25423	数媒设计中华民族文化组 – 交互媒体设计	唐《捣练图》数字化交互设计	西北大学	李柠 高彩虹	张思望 任斌
2	25433	软件应用与开发 – 网站设计	宁夏旅游网	宁夏大学	贾鹏旭 许聪聪 王云鹏	张虹波 潘丽静
2	25445	数媒设计专业组 – 动画	羽蒙	西北大学	王颖 龙晨	张辉 温雅
2	25453	数媒设计专业组 – 图形图像设计	呼吸还是死亡	西北大学	单晗冰 曾淑琪	张晓菊 温雅
2	25468	软件服务外包 – 移动终端应用(自主命题)	基于智能手机的移动互联学习终端	吉林大学	闫英伟 张瀛涵 王京悉	刘威 王晓光
2	25475	软件服务外包 – 大数据分析(企业命题)	超级卖家/智能商城	惠州学院	陈赞毅 涂顺林 周泽彪 谢创鑫	赵义霞 刘利
2	25478	软件服务外包 – 移动终端应用(企业命题)	实景即时共享应用	惠州学院	林妙鸿 林长丰 严创提 唐丽芸 邱彦华	刘利 赵义霞
2	25479	软件服务外包 – 移动终端应用(自主命题)	Easy Travel	大连民族大学	边倩楠 李嘉欣 梁祺娟 孙雪	何加亮 肖瑛
2	25490	软件服务外包 – 电子商务(自主命题)	时间商城(TimeShop)	惠州学院	陈汉塔 胡宇 邓志鹏 叶剑鑫	赵义霞 刘利
2	25500	软件服务外包 – 人机交互应用(自主命题)	移动录播系统	宁波大学	朱雯青 许振华 黄秀杰 傅易文晋 汤锐彬	陈芬 彭宗举
2	25521	软件服务外包 – 移动终端应用(企业命题)	实现一个手机端的个人信息管理软件(友我)	怀化学院	李晓岚 易飞 周到 李固 秦立柱	林晶

续表

奖项	作品编号	作品类别	作品名称	参赛学校	作者	指导老师
2	25522	软件服务外包 – 移动终端应用(企业命题)	悠彩(手机端个人信息管理软件)	湖北理工学院	夏能 胡静宪 王豪 高明珠 黄跃然	余钢 伍红华
2	25531	软件服务外包 – 人机交互应用(自主命题)	ProjectAir——基于Iris2D引擎的游戏	江苏大学	王雍昊 黄毅 黄雨涵	潘雨青
2	25536	软件服务外包 – 人机交互应用(自主命题)	基于单目视频的动作捕捉技术	东北大学	钱嘉晴 苏卓 孙琪 崔子源 李欣昕	喻春阳
2	25540	软件服务外包 – 移动终端应用(自主命题)	E·Life智慧开关	福建农林大学	郭倩倩 刘艺坤 林奇 侯稍程 郑远乐	张振昌
2	25543	软件服务外包 – 移动终端应用(企业命题)	就医助手	赣南师范学院	李先荣 刘倩 邓晓武 杨紫员 章上净	钟莉芸 陈舒娅
2	25551	软件服务外包 – 物联网应用(自主命题)	水质监测潜行者	武汉商学院	邓业豪 陈冬玲 黄蕾	亓相涛 张靖
3	16153	软件应用与开发 – 数据库应用	基于Android的智能医院应用	安徽建筑大学	汪燕 李士乐 訾万强	程远 王立新
3	16163	微课与课件 – 计算机应用基础	递归就是这么简单	滁州学院	赵慧 承庆云 陈新	程辉 徐阳
3	16196	微课与课件 – 计算机应用基础	回溯法的基本思想及其应用	滁州学院	陈琛 许雪芳 张金浩	王正山 王继东
3	16206	数媒设计中华民族文化组 – 交互媒体设计	魅力安徽	合肥工业大学宣城校区	刘建忠 周一舟	华丽
3	16207	软件应用与开发 – 网站设计	小木屋网上书城	黄山学院	汪永忠 王文旋 周维岑	胡伟 陆超泽
3	16227	微课与课件 – 数据库技术与应用	数据库概述	滁州学院	梁梦颖 胡双燕	黄晓玲 胡成祥
3	16277	软件应用与开发 – 网站设计	品茗徽韵	安徽工程大学	余豪 江燕群 钱倩	陶皖 刘涛
3	16278	软件应用与开发 – 网站设计	食来食往	安徽工程大学	杨和金 汤俊燕 陈开杰	陶皖 严轶群
3	16305	微课与课件 – 计算机应用基础	计算机硬件系统	安徽工程大学	杨窈 陈海洋 余徐京	强俊 李臣龙
3	16348	软件应用与开发 – 网站设计	中国年画	安徽大学	黄茜茜 张璐 陈露露	陈成亮 郑海
3	16365	数媒设计普通组 – 交互媒体	空气是个孩子	安徽农业大学	王思琪	孙怡 丁春荣
3	16382	微课与课件 – 中、小学数学	二元一次方程的创意教学	合肥工业大学宣城校区	刘珀廷	孙晗 邢璐
3	16384	数媒设计普通组 – 动画	埋霾	滁州学院	吴凡 徐梦	马良 孙海英
3	16393	软件服务外包 – 移动终端应用(自主命题)	我想记单词	安徽科技学院	罗雁 邹鲁贤 杨英豪	赵靖
3	16395	数媒设计普通组 – 图形图像设计	最后的拥抱	哈尔滨金融学院	刘李晶 吴晓凡	郭海霞 谢永红

续表

奖项	作品编号	作品类别	作品名称	参赛学校	作者	指导老师
3	16410	数媒设计中华民族文化组 – 图形图像设计	寻找丝绸之路	安徽大学	刘经宇 郑燕霞 杜轩	岳山 饶伟
3	16425	软件应用与开发 – 数据库应用	基于android手机的校园信息发布与查询系统	滁州学院	何玉琴 李彪 刘忠强	赵生慧 王汇彬
3	16442	数媒设计普通组 – 图形图像设计	人类活动与雾霾	哈尔滨金融学院	廉洁童 吴晓凡	郭海霞 谢永红
3	16455	数媒设计普通组 – 交互媒体	不要等明天	安徽大学江淮学院	余大为	褚俊雷 倪正
3	16478	数媒设计普通组 – DV影片	追寻昔日蓝天	安徽大学江淮学院	邰悦	倪正 褚俊雷
3	16479	数媒设计中华民族文化组 – 动画	水墨徽州·建筑	合肥工业大学宣城校区	邢利明 张洋 黄伟强	陆佳
3	16498	软件应用与开发 – 虚拟实验平台	（非计算机专业）数据库课程智能实验平台	北京林业大学	尹洪蕾 欧晓燕 李田田	田萱
3	16575	软件应用与开发 – 网站设计	2015计算机设计大赛宣传网站	哈尔滨商业大学	张子豪 张宇霆 钱晓刚	张艳荣 金一宁
3	16579	数媒设计普通组 – 图形图像设计	穹顶之下，腹中之食	安徽师范大学皖江学院	沈冬咏	周琢 荣珊珊
3	16594	软件应用与开发 – 网站设计	滁州乐游网	滁州学院	崔晓璁 张一鸣 汤毛毛	胡晓静 程辉
3	16615	数媒设计普通组 – 交互媒体	空气主题讲座	安徽大学	唐平	方洁
3	16629	数媒设计普通组 – DV影片	空气般的爱	哈尔滨广厦学院	于圣宝 张强 李建利	郭鑫
3	16637	数媒设计专业组 – DV影片	空气备忘录	安徽大学	倪聪 袁坤 胡杰	吕萌 潘扬
3	16658	数媒设计专业组 – DV影片	空气人	淮南师范学院	王杰 徐成栋 刘鹏举	刘海芹
3	16662	微课与课件 – 汉语言文学教育	唐之韵——将进酒	淮南师范学院	徐成栋 王杰 朱玲	姚国任
3	16665	软件应用与开发 – 网站设计	购物电商平台	哈尔滨理工大学	彭永坤 陈锐 赵宇	蒋少禹
3	16680	数媒设计中华民族文化组 – 交互媒体设计	三河羽扇——徽派民间文化的明珠	安徽农业大学经济技术学院	王瑞瑶 朱行飞	孟浩 闫勇
3	16689	微课与课件 – 中、小学自然科学	电路的串联和并联课件	安徽农业大学	陶祺 俞小飞 谭鑫	徐丽 杨俊仙
3	16695	数媒设计普通组 – 交互媒体	来自空气的求救	安徽农业大学	赵卿雯 韩晨 韩佳佳	刘家菊 毕守东
3	16709	数媒设计普通组 – 图形图像设计	生与死	安徽农业大学	潘宜坤	刘连忠 孙怡
3	16719	数媒设计专业组 – DV影片	到底是谁	安徽农业大学	梅赛虎 吴雨伦 苏玮	冯加民 王克纯
3	16723	数媒设计中华民族文化组 – 图形图像设计	承谱	安徽农业大学	马诗媛 聂巧荣 李月	冯加民 张玮

续表

奖项	作品编号	作品类别	作品名称	参赛学校	作者	指导老师
3	16728	数媒设计普通组 – 图形图像设计	守护空气	哈尔滨商业大学	田琳 张克旭 董雪	张艳荣 韩雪娜
3	16732	数媒设计中华民族文化组 – 图形图像设计	如意盘扣	安徽农业大学	王昕鑫	冯加民 陆小彪
3	16739	中华优秀传统文化微电影 – 自然遗产与文化遗产	梦回徽州	黄山学院	李艳华 刘国栋 陈磊 秦熙然 武钺	肖明珊 坚斌
3	16741	数媒设计普通组 – DV影片	青春的空气	哈尔滨商业大学	张子豪 邢宇含 蒋斐	张艳荣 张冰
3	16753	数媒设计专业组 – DV影片	宣城	安徽大学	余乐 朱笑熠 江大金	张阳
3	16771	数媒设计专业组 – DV影片	深呼吸	哈尔滨理工大学	罗一鸣 张瑞 冯晋文	朱小菲
3	16792	计算机音乐 – 原创（普通组）	情系徽州	黄山学院	黄宇飞 曹爽 宋文晨	史一丰 胡亮
3	16814	软件应用与开发 – 网站设计	素晷印迹	安徽师范大学皖江学院	胡旭珽 龚文 陈佳佳	荣姗珊 周琢
3	16854	计算机音乐 – 原创（普通组）	太平 寻梦	黄山学院	罗晶晶 储丽娅	魏慧莉 孙四化
3	16856	微课与课件 – 先秦主要哲学流派	墨家——中国侠客思想的源头	安徽农业大学	李玲 黎文韬	孙怡 李洋
3	16865	软件应用与开发 – 虚拟实验平台	基于堆栈计算模型的虚拟机	喀什师范学院	刘勇 赵楠楠	李丙春
3	16900	软件应用与开发 – 网站设计	爱上绿植	安徽农业大学	岳国龙	石硕 韦巍
3	16904	数媒设计普通组 – 动画	别让雾霾主宰我们的生活	合肥工业大学宣城校区	张永洋 邵佳彤	
3	16959	微课与课件 – 先秦主要哲学流派	两极儒墨，圭剑中华	哈尔滨师范大学	任慧东	常骥 何立晖
3	16973	数媒设计普通组 – 动画	远离雾霾，清新空气	安徽大学	梅世富	胡勇
3	16981	微课与课件 – 计算机应用基础	VMware Workstation 虚拟机的介绍及应用	合肥工业大学宣城校区	马文选	耿晓鹏
3	16994	软件应用与开发 – 网站设计	ER在线学习与测试系统	哈尔滨学院	王鹏 苏芮	王克朝 宗明魁
3	17005	数媒设计中华民族文化组 – 交互媒体设计	梦回汉韵华章——汉服史话	哈尔滨师范大学	常静柔	常骥
3	17006	软件应用与开发 – 网站设计	大馋师（美食分享网站）	哈尔滨学院	魏崴 杨天昊	王克朝 任向民
3	17012	软件服务外包 – 移动终端应用（自主命题）	一只麦子	淮南师范学院	姚成 朱荣繁 程益君	孙淮宁 陈磊
3	17028	数媒设计普通组 – 游戏	我是PM2.5	皖西学院	任洪建 张峻峰 余慧	金萍
3	17032	数媒设计专业组 – DV影片	改变	黄山学院	张雪 彭林	汪海波 郝银华
3	17047	软件应用与开发 – 网站设计	理工易购网	湖北理工学院	周阳明 李振斌 杨玉璇	邓丹君 熊皓

续表

奖项	作品编号	作品类别	作品名称	参赛学校	作者	指导老师
3	17083	软件应用与开发 – 数据库应用	医疗健康	滁州学院	周志 徐方庆	任倩 姚光顺
3	17100	数媒设计普通组 – 游戏	文字交互游戏（AVG）——爱如风	河海大学文天学院	鲍泽坤 朱昱安 张萍	鲍莉荣 杭婷婷
3	17126	数媒设计专业组 – 动画	爱如空气	淮南师范学院	李霖鑫 武文杰 韦虎琳	马筱 姚国任
3	17136	软件应用与开发 – 网站设计	纽扣网	湖北理工学院	郭永杰 张家坤 江坤航	熊皓 李辉燕
3	17137	微课与课件 – 中、小学数学	勾股定理微课设计	河海大学文天学院	王康 胡琛 袁源	杭婷婷 李赛红
3	17140	数媒设计中华民族文化组 – 交互媒体设计	民族服饰	安徽新华学院	余重兵	刘刚 郑妮
3	17162	动漫游戏创意设计 – 动画	小台灯莱特	安徽新华学院	刘松 李三洋 刘树	刘刚 丁昆
3	17198	微课与课件 – 多媒体技术与应用	魔法气泡	安徽医科大学	王晶晶 况莹 高尚	梁振
3	17247	中华优秀传统文化微电影 – 汉语言文学教育	让汉语感动世界	安徽大学	江晨晨 倪聪 贾天怡	吕萌 刘春凤
3	17254	微课与课件 – 网络应用	FTP在局域网内的应用	安徽医科大学	徐成虎 李德宝 瞿康林	吴泽志
3	17370	软件应用与开发 – 虚拟实验平台	基于虚拟现实技术的人体标本漫游系统的设计与开发	蚌埠医学院	刘伍 许家宣 凡中杨 杜军	张钰 陈春燕
3	17441	数媒设计普通组 – 交互媒体	同呼吸共担当	安徽医科大学	闫睿	吴泽志
3	17449	数媒设计普通组 – DV影片	空气的旅程	安徽医科大学	丁楚涵 陈啸	吴泽志
3	17464	数媒设计专业组 – 动画	美妙世界	安徽师范大学皖江学院	张圆圆 王晓艺	孙亮 蔡帆
3	17468	微课与课件 – 数据库技术与应用	二叉树遍历的讲解	铜陵学院	贾建华 蒋大伟 解黎阳	王刚 杨慧
3	17530	软件应用与开发 – 数据库应用	局域网移动存储设备数据IO监控系统	中国人民解放军陆军军官学院	陈慧伟 马超 吴林奎	吴海兵 韩宪勇
3	17546	软件应用与开发 – 网站设计	河理掌上供电	河南理工大学	朱要光 丁泽斌 陈荣真	王建芳
3	17563	数媒设计普通组 – 动画	穹顶之下 净土徽州	黄山学院	戚婷婷 叶锋	吴兆云 易明芳
3	17716	数媒设计普通组 – 动画	演变	新乡学院	姬婉莹	朱楠
3	17835	数媒设计普通组 – 动画	穹顶之下	蚌埠学院	盛黎明 王子龙	葛芳 马金金
3	17881	软件应用与开发 – 虚拟实验平台	跨平台多线程服务器设计	蚌埠学院	孔祥明 江山	刘娟 唐玄
3	17924	软件应用与开发 – 数据库应用	基于社交网络软件搜索和评分功能的系统	安徽师范大学	孙回 刘拿	朱皖宁 费晶晶
3	17943	数媒设计中华民族文化组 – 动画	城中城	安徽师范大学	张诗燃 耿玉洁 刘志伟	孙亮 郎郎

续表

奖项	作品编号	作品类别	作品名称	参赛学校	作者	指导老师
3	17948	数媒设计专业组 – 动画	啃啊啃	安徽师范大学	完亚兰 汪蕾 程舒舒	孙亮 蔡帆
3	17954	数媒设计专业组 – 动画	窝	安徽师范大学	徐林 冯旭敏 卢丁丁	孙亮 郎郎
3	17962	数媒设计中华民族文化组 – 图形图像设计	皮影爱体育	安徽农业大学经济技术学院	倪新旺	王克纯 黄成
3	17992	数媒设计普通组 – 交互媒体	室息	喀什师范学院	谭栓 徐荣东	杨江平 赵红玉
3	18001	微课与课件 – 计算机应用基础	计算机病毒知识介绍	北京建筑大学	李旭阳 化振 陈鸿睿	张堃 王东亮
3	18003	微课与课件 – 多媒体技术与应用	Flash动画效果展示	北京建筑大学	李旭阳 张柯 吴思桐	黄亦佳 张堃
3	18010	微课与课件 – 汉语言文学教育	茅屋为秋风所破歌	北京建筑大学	李旭阳 张柯 陈鸿睿	张蕾 黄亦佳
3	18033	数媒设计专业组 – 动画	泡泡	南阳师范学院	郏明月 宋斌彬 史禄丰	赵耀 李佳叡
3	18040	数媒设计中华民族文化组 – 动画	梦回长安街	安徽三联学院	金翔云 余叶玉 李迅 陈亚楠 王雯洁	林亚杰 陶宗华
3	18051	软件应用与开发 – 数据库应用	图书助手	中原工学院	刘玉潇 魏帅坤	夏敏捷
3	18054	数媒设计专业组 – DV影片	空气的“尘”分	河南城建学院	陈运雄 张刘敖 王振	张向娟 白粒沙
3	18088	软件应用与开发 – 数据库应用	维吾尔网站新闻文本中的时间词识别软件研究	新疆师范大学	阿不都卡得·克力木	玉素甫.艾白都拉
3	18100	软件应用与开发 – 网站设计	高校人力资源管理系统	武汉科技大学城市学院	郭飞鹏 杨康 王远冲	于海平 周凤丽
3	18108	软件应用与开发 – 数据库应用	基于.NET mvc 模式的信息交流平台	郑州轻工业学院	杜国王 刘鹏飞 饶厚林	葛勋 沈高峰
3	18109	微课与课件 – 计算机应用基础	Excel公式和函数的使用	喀什大学	陈雪	孜克尔·阿布都热合曼
3	18115	中华优秀传统文化微电影 – 汉语言文学教育	传承 空气	河南城建学院	李亚豪	白粒沙 张向娟
3	18122	数媒设计专业组 – DV影片	渴望	中南民族大学	冉惠文 蓝剑 潘雪晴	吴涛
3	18126	微课与课件 – 科学发明与技术成就	衙门	汉口学院	王兆俊 葛炎静 蒋帅	王维虎 李琼
3	18140	软件应用与开发 – 网站设计	移动平台与传统PC平台相结合的慕课系统	新疆师范大学	杜川 吕利兵 王毫鹰	杨勇 任鸽
3	18159	软件应用与开发 – 网站设计	滇之印象	云南师范大学	朱立艺 潘功侠	袁凌云
3	18160	软件应用与开发 – 网站设计	软件众包服务平台	中原工学院	吴山岗 杜克强	刘安战

续表

奖项	作品编号	作品类别	作品名称	参赛学校	作者	指导老师
3	18186	软件应用与开发 – 虚拟实验平台	基于机器学习的智能分类系统	中原工学院	单林涛	程传鹏
3	18196	数媒设计普通组 – 图形图像设计	中国空气	中国政法大学	张罗威 程晴 袁丹丹	王宝珠 张杨武
3	18212	数媒设计中华民族文化组 – 图形图像设计	官看补服	安阳师范学院	毛明雅 王礼礼	刘肖冰 王华威
3	18215	数媒设计中华民族文化组 – 动画	民族嫁衣	安阳师范学院	杜岩潮 杨亚鹏	黄俊继 王华威
3	18216	数媒设计中华民族文化组 – 动画	新疆美食库勒提	新疆工程学院	帕拉沙提·哈木拉提 玛沙依拉提·吾特白	任晓芳
3	18237	软件应用与开发 – 网站设计	云端大学生掌上智能服务平台	安阳师范学院	程赛鹏 崔博文 解中原	陈卫军 郝莎莎
3	18240	软件应用与开发 – 数据库应用	快递助手	安阳师范学院	赵庆峰 张源海 徐朋威	郭磊 苏静
3	18261	数媒设计普通组 – 动画	雾都孤儿	郑州轻工业学院	田鑫炎 周瑞彦 朱志恒	沈高峰 赵进超
3	18269	数媒设计普通组 – 动画	还我清新，还你健康	郑州轻工业学院	田彩冰 高亚楠 刘洋	尚展垒 司丽娜
3	18273	软件应用与开发 – 网站设计	EasiWeb故宫古建筑环境信息监测及分析系统	燕山大学	王伟 任志成 王江坤	孙胜涛 曾涛
3	18281	数媒设计专业组 – 游戏	穹顶之下	九江学院	吴高正 毛鑫犄 温佩琪	殷明芳
3	18297	数媒设计中华民族文化组 – 动画	草木传	华中科技大学	李璐 李文丹 肖诗胜	王朝霞
3	18299	数媒设计普通组 – 动画	爱如空气	河北科技学院	张梦堃 宋梦涵	刘晓星 余宁
3	18341	软件应用与开发 – 数据库应用	基于蓝牙4.0技术的餐厅点餐系统	东南大学	赵壮文 刘盾 陈冰阳	陈伟 李骏扬
3	18349	数媒设计普通组 – 交互媒体	空！气！	东南大学	李超	陈绘 陈伟
3	18356	数媒设计普通组 – 交互媒体	空气之微生物	新疆医科大学	尹哲 蒋博峰	田翔华
3	18358	数媒设计专业组 – 动画	进化	黄淮学院	刘博文	韩文利
3	18360	数媒设计中华民族文化组 – 交互媒体设计	云端·华夏民族	云南大学	李源灏 王菡苑 苏粲絜	杨俊东
3	18381	软件应用与开发 – 网站设计	表白墙	淮海工学院	王勇智 董迎	施珺
3	18386	计算机音乐 – 创编（普通组）	A Little Trance	内蒙古师范大学	李堃	药燕 米增
3	18393	数媒设计普通组 – 游戏	PM2.5入侵计划	东南大学	于乐 黄文超 沈煜佳	李骏扬 陈伟
3	18394	数媒设计普通组 – 游戏	Dandelion in wind	东南大学	李前 李嘉文	陈绘 陈伟
3	18398	数媒设计专业组 – 图形图像设计	囚与夺	东南大学	朱彦雯 王玥 张祺媛	陈伟 陈绘
3	18399	数媒设计专业组 – 虚拟现实	虚拟互动——隔空操作	东南大学	王康 唐松 张雨竹	方立新 虞刚
3	18403	数媒设计专业组 – 移动终端	空气日记	南开大学滨海学院	王腾 轩诗城 王轩邑	刘嘉欣

续表

奖项	作品编号	作品类别	作品名称	参赛学校	作者	指导老师
3	18428	微课与课件 – 多媒体技术与应用	Flash动画制作之Walking Iron Man	盐城工学院	薛佳妮 何晶晶	李勇 刘振海
3	18436	软件应用与开发 – 网站设计	基于《自然语言处理》课程的在线学习系统	首都师范大学	贾媛媛 王琦祎 俞畅	刘杰
3	18441	软件服务外包 – 大数据分析（企业命题）	学生上网行为分析平台	湘潭大学	徐竟达 汤陈蕾 谷成习 龚必东	欧阳建权
3	18478	数媒设计专业组 – 图形图像设计	空气！空泣？	喀什师范学院	蒲晨 江涛	杨昊
3	18480	数媒设计中华民族文化组 – 动画	留恋锡伯	喀什师范学院	黄孟涛 何俊涛	杨江平
3	18526	软件应用与开发 – 网站设计	就业招聘会管理系统招财	南开大学滨海学院	张帆 魏澎涛 曾沛融	马斌
3	18554	数媒设计专业组 – 交互媒体	多种因素和治理措施实施研究对北京雾霾轻重的影响及MATLAB仿真预测	首都师范大学	王姜闻 贾媛媛 王琦祎	骆力明
3	18566	软件应用与开发 – 数据库应用	石河子大学干部管理与服务信息平台	石河子大学	陈晓龙 朱圆迪	于宝华
3	18572	软件应用与开发 – 虚拟实验平台	橡胶成型与加工生产工艺虚拟仿真实验平台	沈阳化工大学	陶施帆 胡智萍 王文	郭仁春 王涛
3	18599	动漫游戏创意设计 – 动画	各民族一家亲	新疆农业大学	毕杰 崔毅恒 张浩宇	陈燕红
3	18602	数媒设计普通组 – 图形图像设计	守望	南京理工大学紫金学院	黄宇尘	朱惠娟
3	18603	数媒设计普通组 – 交互媒体	空气的诉说	武汉科技大学城市学院	冷齐 王亮亮 罗伟凯	杨华勇 林晓丽
3	18609	数媒设计中华民族文化组 – 图形图像设计	鱼音入桦	大连工业大学	周小涵 刘梦晴	栾海龙 曾慧
3	18611	数媒设计专业组 – 动画	保护环境、改善空气	德州学院	辛增 马龙	赵辉宏 杨光军
3	18612	数媒设计中华民族文化组 – 动画	古韵德州——董子园	德州学院	辛增 马龙 刘敏提	赵辉宏 杨光军
3	18613	动漫游戏创意设计 – 游戏	囧爱——只为寻找真爱	德州学院	辛增 马龙 李长磊 张月	赵辉宏
3	18655	数媒设计中华民族文化组 – 图形图像设计	百年好盒	大连工业大学	黄洸骐 苏杭 黄钰涵	栾海龙
3	18666	软件应用与开发 – 网站设计	起点运动网	湖南农业大学东方科技学院	冯湘梅 张芯蕊 李雅娴	肖毅 聂笑一
3	18686	中华优秀传统文化微电影 – 自然遗产与文化遗产	因尔而至	沈阳师范大学	张赢月 刘聿生	刘立群 孙东杰
3	18697	数媒设计普通组 – 图形图像设计	地球需要“森”呼吸	沈阳师范大学	孙龙 邱礼昊 殷彤蛟	刘哲 王学颖

续表

奖项	作品编号	作品类别	作品名称	参赛学校	作者	指导老师
3	18719	数媒设计普通组 – 游戏	Handlamp	中国人民解放军军事交通学院	高俊旸 王爱嘉 杨双铭	张国庆
3	18722	数媒设计普通组 – 图形图像设计	空气爱人	南京理工大学紫金学院	吴添华 严斌 赵倩霞	朱惠娟
3	18729	软件服务外包 – 移动终端应用(自主命题)	基于Android手机端开发移动互联APP视频学习平台	沈阳师范大学	陈东方 徐强 娇培艳	邹丽娜 吴鹏
3	18733	数媒设计专业组 – 图形图像设计	呼吸在成长的地方	江西师范大学	晏潘琦 龚智海 梅译丹	万昌畋
3	18736	数媒设计专业组 – DV影片	呼吸	大连艺术学院	孙兵 赵鹤然 张嘉旺	董帅 于淼
3	18743	软件应用与开发 – 数据库应用	校园智能泊车	天津理工大学中环信息学院	黄伟楠 马龙 纪燕飞	刘朋
3	18750	数媒设计专业组 – 图形图像设计	空气“健康与科技”防雾霾智能口罩设计	大连工业大学	张力恒	田甜 孙冬梅
3	18759	动漫游戏创意设计 – 数字平面与交互	相守穿梭千年	沈阳师范大学	戚顺欣 田亚静 赵玲成	邹丽娜 丁茜
3	18761	数媒设计中华民族文化组 – 图形图像设计	民魂	德州学院	张晨露	李庚明
3	18762	软件应用与开发 – 数据库应用	某消防部队的年终绩效考核系统研发	新疆大学	周紫瞻 马梦珍 张炎彬 库尔班·麦麦提	赵楷
3	18769	数媒设计专业组 – 图形图像设计	3奈的快节奏污染	辽宁何氏医学院	李天琪 宋婉婷	王姝欣 陶新
3	18775	数媒设计普通组 – 移动终端	基于微型智能皮肤测试仪美丽加手机APP	江西师范大学	卫伟 欧阳娱倩 彭雄辉	刘清华
3	18792	软件应用与开发 – 数据库应用	“我的村”农村电子商务信息服务平台	江西师范大学	刘冬冬 潘若薇 刘熔	刘清华 曹远龙
3	18819	数媒设计普通组 – 图形图像设计	呼吸	渤海大学	王冉 舒玲 吴昊	王莉军 王晓轩
3	18847	数媒设计普通组 – 交互媒体	霾战	沈阳建筑大学	马逍 王一名 杨杰	王守金 高品
3	18849	动漫游戏创意设计 – 游戏	单词战机——基于opengl es的3d交互式背词游戏app	首都师范大学	徐辰 贾媛媛 王琦祎 王姜闻	骆力明
3	18850	软件应用与开发 – 虚拟实验平台	基于校园移动通信网的位置服务系统	江苏科技大学	霍韵颖 侯穆玉 陆非寒	张笑非 徐丹
3	18852	软件应用与开发 – 网站设计	love美居网站	沈阳建筑大学	周欣 郭素青 徐博	刘天波 戚爱伟
3	18897	数媒设计专业组 – 图形图像设计	空气组图	南开大学滨海学院	叶荷迪	吴晓迪
3	18902	微课与课件 – 网络应用	家庭和小型办公室网络的组建和简单故障排除思路	石河子大学	何启峰 汤琴 薛金利	高攀

续表

奖项	作品编号	作品类别	作品名称	参赛学校	作者	指导老师
3	18908	软件服务外包 – 物联网应用（自主命题）	远程机械手	红河学院	杨榆 段华胜 王维	张红伟 杨志金
3	18915	动漫游戏创意设计 – 数字平面与交互	气韵，如此呼吸？	中南民族大学	王思博 李雯 孙勇	张贤平
3	18920	数媒设计中华民族文化组 – 交互媒体设计	民族衣饰　多彩风华	中南民族大学	周用杰 贾晓博	张贤平
3	18924	计算机音乐 – 创编（普通组）	化身孤岛的鲸	中南民族大学	韦祎 徐鹤萌	顾正明 杨冯翔
3	18928	数媒设计中华民族文化组 – 动画	米脂窑洞之姜氏庄园	南开大学滨海学院	任姝颖 周晨	高飞
3	18933	微课与课件 – 计算机应用基础	WK0203–怎样设计令人印象深刻的演示文稿	沈阳建筑大学	张珂汇	王守金 王永会
3	18947	软件应用与开发 – 数据库应用	社区医院药品管理系统	武汉科技大学城市学院	杨建全 黄雨	周凤丽 杨艳霞
3	18949	软件应用与开发 – 数据库应用	酒店客房管理系统	武汉科技大学城市学院	杨建全 黄雨	周凤丽 林晓丽
3	18953	数媒设计普通组 – DV影片	宿舍南屋	赣南师范学院	肖波 肖可亮	廖雁 邱修峰
3	18961	数媒设计普通组 – 游戏	雾霾迷宫	玉溪师范学院	章路顺	刘海艳
3	18969	微课与课件 – 先秦主要哲学流派	浅谈“道”之无为	赣南师范学院	艾亚芳 余梦琴 杨妍	吴虹 何显文
3	18971	软件应用与开发 – 数据库应用	基于一档多投方案的高考投档系统	南京理工大学	陈嫣 林雨蓝 刘毅	颜端武
3	18980	微课与课件 – 中、小学自然科学	植物新生命的开始	赣南师范学院	刘姝 吴恺	吴虹 胡声洲
3	19024	微课与课件 – 科学发明与技术成就	魅力中国园林–还原圆明园的盛景	辽宁工业大学	海楠 齐刚 张小艳	褚治广 李昕
3	19028	微课与课件 – 数据库技术与应用	WK0607–如何连接数据库–以C#连接SQLserver为例	辽宁工业大学	聂正平 任晨曦 杨越	教巍巍 褚治广
3	19033	微课与课件 – 中、小学数学	快乐学习几何图形–小学图形与几何基础篇	辽宁工业大学	宋恩麟 刘一博 王腾	褚治广 李昕
3	19041	软件服务外包 – 大数据分析（企业命题）	学生上网行为分析平台	辽宁工业大学	刘一博 鲁帅 李晓 杨越 丛林	褚治广 教巍巍
3	19048	软件服务外包 – 移动终端应用（企业命题）	移动输液系统开发	辽宁工业大学	柴雪飞 齐刚 黄天悦 宋恩麟 马丹丹	褚治广 张颖
3	19052	软件应用与开发 – 数据库应用	华神雅集藏品管理系统	辽宁工业大学	孔凡多 董卓 齐刚	褚治广 张兴
3	19054	软件应用与开发 – 网站设计	大学生村官网	辽宁工业大学	袁静弟 黄高 陈姝怡	李昕 褚治广
3	19058	软件应用与开发 – 网站设计	Web设计基础学习网站	辽宁科技大学	许圣楠 张旭 张阔	袁平 徐杨

续表

奖项	作品编号	作品类别	作品名称	参赛学校	作者	指导老师
3	19072	中华优秀传统文化微电影 – 歌颂中华大地河山诗词散文	人间词话	江西师范大学	陈缤蕊 曾艳红 李金龙	王萍
3	19081	微课与课件 – 网络应用	网线的制作	南京大学金陵学院	杨慧 闫家伟	王玲 张沈梅
3	19086	计算机音乐 – 原创(普通组)	The Importance of Being Earnest	沈阳建筑大学	张帅 李柏霖 拾玉	孙焕良 刘俊岭
3	19088	计算机音乐 – 原创(普通组)	Journey to Fantasy	沈阳建筑大学	张帅 李柏霖 拾玉	王守金 侯静
3	19094	微课与课件 – 科学发明与技术成就	苏州园林之网师园	宜春学院	夏玉珍	贺莉
3	19098	软件应用与开发 – 数据库应用	Windows小助手	德州学院	惠晓东 雷毅 刘慧	董文娜 陈玉栋
3	19112	软件应用与开发 – 数据库应用	开拓教育中心管理系统	辽宁科技学院	于雁飞 戈兰清 刘伟	张宏 王海波
3	19122	动漫游戏创意设计 – 动画	Air Machine	德州学院	平力俊 王冰 张含笑	董文娜 王荣燕
3	19125	软件应用与开发 – 网站设计	Dream CET–4	江西师范大学	张领 杨丽 苏葳	张光河 刘芳华
3	19127	微课与课件 – 计算机应用基础	Excel中图表的应用	沈阳城市建设学院	范一凡 曲柔菲 霍海叶	杜小甫 常玲
3	19142	中华优秀传统文化微电影 – 优秀的传统道德风尚	仁之风，善如雨	德州学院	庞超 张慧颖 杨俊	赵丽敏 任广明
3	19144	数媒设计专业组 – 动画	狐狸知道	南开大学滨海学院	姚月楠	高天
3	19156	微课与课件 – 中、小学数学	直角三角形的边角关系	沈阳城市建设学院	顾东昂 胡译方 邢逸玲	金媛媛 郭莉莉
3	19166	数媒设计专业组 – DV影片	I wanna sunshine	辽宁科技学院	王童一 杨炎涛 李悠然	任丽华 孙炽昕
3	19167	数媒设计中华民族文化组 – 图形图像设计	刚柔中国	辽宁科技学院	胡煜 曲宝才	任丽华 刘佳
3	19180	数媒设计专业组 – 图形图像设计	拒绝雾霾	天津师范大学津沽学院	李秋漫 穆浩	赵玉洁
3	19207	数媒设计专业组 – DV影片	愿你所及	赣南师范学院	彭军 朱亚芬 廖海燕	钟琦 戴云武
3	19212	计算机音乐 – 视频配乐(普通组)	As Time Goes By	沈阳建筑大学	张帅 包潇潇	王守金 宫巍
3	19216	软件应用与开发 – 数据库应用	网上商城	沈阳化工大学	曾润琪 秦新宇 蒋宜函	刘俊 邵丽华
3	19221	数媒设计中华民族文化组 – 图形图像设计	藏域甘南中小型宾馆设计	兰州工业学院	李永祥 张莅 李建栋	陆娜
3	19251	数媒设计专业组 – 游戏	战斗吧，抽风侠	天津职业技术师范大学	马乾 侯佳音 罗诗仪	王潇
3	19258	软件应用与开发 – 数据库应用	研究室管理系统	沈阳化工大学	薛桐森 吉欣	张立忠 杨硕
3	19260	软件应用与开发 – 网站设计	生存空间	沈阳城市建设学院	曹文博 雷枫培 郭新宇	金媛媛

续表

奖项	作品编号	作品类别	作品名称	参赛学校	作者	指导老师
3	19268	数媒设计普通组 – 交互媒体	AIR	大连工业大学	诺敏	赵秀岩 康丽
3	19276	软件应用与开发 – 虚拟实验平台	基于Internet远程访问的网络类课程虚拟实验平台	大连东软信息学院	徐鑫 杜德斌	苗强 李慧
3	19279	软件应用与开发 – 虚拟实验平台	基于SVM的植物分类系统	南京林业大学	严锐 张志华	业巧林 韦素云
3	19291	数媒设计普通组 – DV影片	pray for air	沈阳化工大学	朱嘉良 张扬 张雄雄	高巍 孙怀宇
3	19292	软件应用与开发 – 虚拟实验平台	基于MATLAB的“信号与系统”课程实验仿真平台	大连东软信息学院	马潇楠 刘军 刘嘉玲	李慧 苗强
3	19308	软件应用与开发 – 数据库应用	打印管理系统	华侨大学	师旭阳 王晓晴	姜林美
3	19310	软件应用与开发 – 虚拟实验平台	计算机网络仿真虚拟平台	华侨大学	吴子健 杨丽 郭谚霖	田晖
3	19316	微课与课件 – 汉语言文学教育	泰人中旅之忆江南	华侨大学	赖燕婷 王震 刘彦灵	萧宗志
3	19318	数媒设计普通组 – 动画	气脉相连：悟空	华侨大学	何嘉涛 谢思宗 张志成	柳欣
3	19328	数媒设计专业组 – 移动终端	BreathWar（空气大战）	华侨大学	郭谚霖 杨丽	彭淑娟
3	19331	数媒设计中华民族文化组 – 动画	烽火	华侨大学	何俊丽 范永玲 王晓倩	萧宗志
3	19335	数媒设计中华民族文化组 – 交互媒体设计	高山情	华侨大学	叶雨 辛康 吴子健	萧宗志
3	19341	软件应用与开发 – 数据库应用	高校治安派出所警务管理系统	大连东软信息学院	王月静 龙棚	孙凤栋
3	19342	软件服务外包 – 物联网应用（自主命题）	智能工厂以2D3D高精密物体影像重建来看厚度的世界	华侨大学	朱虹宏 黄洁丽 宋文龙	萧宗志
3	19344	计算机音乐 – 视频配乐（普通组）	廪君与女神	华侨大学	周蓬昆	彭淑娟
3	19351	数媒设计专业组 – 图形图像设计	念旧	湖北美术学院	李靓霞	王诚
3	19355	软件应用与开发 – 网站设计	汽车之家	辽宁科技学院	侯振 黄颖娟 周桐	张宏 王海波
3	19364	数媒设计普通组 – DV影片	莫让地球碳息	沈阳化工大学	周奕儒 贺广富 徐玉鹏	张洋
3	19396	软件服务外包 – 移动终端应用(自主命题)	基于手机端的高校大学生考试报名资格审核及缴费软件	德州学院	魏幸福 刘晶晶 刘晓虹	宋广元 张曰云
3	19426	微课与课件 – 汉语言文学教育	中华诗词之《菩萨蛮》鉴赏	武汉科技大学城市学院	孟恬 蔺雅琪 袁琳君	邓娟 周冰
3	19443	数媒设计普通组 – 动画	小狐狸卖空气	武汉科技大学城市学院	吴汉文 陈洋 帅佩茜	周冰 邓娟

续表

奖项	作品编号	作品类别	作品名称	参赛学校	作者	指导老师
3	19447	数媒设计普通组 – 移动终端	绿色之心	武汉科技大学城市学院	胡禅 陈扬	李聪 邓娟
3	19451	数媒设计中华民族文化组 – 交互媒体设计	民族瑰宝	武汉科技大学城市学院	蔺雅琪 袁琳君 孟恬	周冰 邓娟
3	19460	微课与课件 – 自然遗产与文化遗产	自然遗产与文化遗产	武汉科技大学城市学院	喻涵丽 吴汉文 孙媛媛 陈洋	周冰 邓娟
3	19474	软件应用与开发 – 数据库应用	电费计价系统移动端设计	沈阳师范大学	汤维中 吴宇涛 赵宇	孙阳 宋名威
3	19505	数媒设计普通组 – 游戏	空气保卫者	沈阳建筑大学	邢祥宇 张宇航 孙也	张辉 戴敬
3	19518	软件应用与开发 – 虚拟实验平台	基于MATLAB车牌识别系统	辽宁科技大学	夏雪 王超 马晓妍	张美娜 张媛媛
3	19523	数媒设计专业组 – 图形图像设计	I can！ I need you!	赣南师范学院	聂影	戴云武 钟琦
3	19537	数媒设计中华民族文化组 – 动画	时光轨迹	沈阳师范大学	潘欣婷 陈保杉	杨亮 刘哲
3	19542	微课与课件 – 中、小学自然科学	库仑定律	大连工业大学	孙正秋 程春凤 吴滟帮	吕桓林 赵秀岩
3	19547	软件应用与开发 – 网站设计	四子王旗——神州家园	辽宁对外经贸学院	弓晓辉 王昀 刘露	续蕾 景慎艳
3	19556	微课与课件 – 网络应用	网络有线传输介质——双绞线	江西师范大学	黄虹 黄丰雨	万宇文
3	19575	计算机音乐 – 创编（普通组）	沧海蝴蝶	沈阳建筑大学	邹鑫源 张颖烨 关天维	王守金 郭耸
3	19579	数媒设计普通组 – 游戏	奔跑吧，地球!	辽宁工业大学	田利新 滕安超 李忠岳	刘鸿沈
3	19616	数媒设计普通组 – DV影片	看得见的，看不见的	大连东软信息学院	禹梦洁 李梦涵	付立民 李义楠
3	19642	计算机音乐 – 原创（普通组）	夜	辽宁科技学院	尹航 赵晓祺 薛忠剑	周丹 郑凤鸣
3	19666	数媒设计专业组 – 动画	越狱兔篇——憋气比赛	辽宁工业大学	杨彭剑 彭庆林 孙进进	吕秀辉 刘耘
3	19682	微课与课件 – 汉语言文学教育	甲骨文的字形特点	江西师范大学	蔡宇晴 张慧 刘雪婷	王萍
3	19705	软件应用与开发 – 网站设计	校园3纸化考勤管理系统	盐城师范学院	朱昊翔 黄竞豪 张诗阳	俞琳琳 蔡秋枫
3	19709	中华优秀传统文化微电影 – 自然遗产与文化遗产	南昌的那些年	江西科技师范大学	吴宇飞 单朱华 方林明	况扬 黄乐辉
3	19714	软件应用与开发 – 虚拟实验平台	作物灌溉制度优化程序设计	沈阳农业大学	王恒 李佳艺 刘瑾程	李波
3	19716	软件应用与开发 – 网站设计	实训考核模型管理系统	沈阳师范大学	刘媛 郭慧娟 孙靖宇	于世东 王艳
3	19721	数媒设计专业组 – 图形图像设计	再见雾霾	辽宁何氏医学院	宋婉婷	王姝欣 陶新
3	19728	数媒设计专业组 – 动画	Air历险记	江西科技师范大学	陈颖 王超 辛程	陶莉

续表

奖项	作品编号	作品类别	作品名称	参赛学校	作者	指导老师
3	19730	数媒设计普通组 – 游戏	智能 “抗霾王”	辽宁工业大学	李涛 时琦 宋铁亮	刘鸿沈
3	19747	微课与课件 – 多媒体技术与应用	景别的分类	江西科技师范大学	李倩 臧旭辉 李彬	况扬 黄乐辉
3	19752	软件服务外包 – 物联网应用（自主命题）	基于方言识别的智控生活助手——智控小C	韩山师范学院	刘焯杰 刘丽婷 萧雯琳 王玲玲 陈盛东	郑耿忠 黄伟
3	19758	数媒设计普通组 – 图形图像设计	恍若	赣南师范学院	张梦卓	曾春梅 钟琦
3	19768	微课与课件 – 多媒体技术与应用	图像的合成	沈阳师范大学	谢林航 田思萌 王佳鑫	周颖 罗旭
3	19769	数媒设计中华民族文化组 – 交互媒体设计	华夏意匠	德州学院	章瑞琦 贾菲菲 申恒秀	王洪丰 沙焕滨
3	19786	计算机音乐 – 原创（普通组）	醉雨引棹	重庆邮电大学	马婧云	胡敏
3	19790	数媒设计中华民族文化组 – 交互媒体设计	云起之处，仙居之所	辽宁工业大学	谭华 汤畅 安静	杨帆
3	19812	数媒设计普通组 – 交互媒体	如果，空气还安好	辽宁工业大学	时琦 岳峰 刘静	佟玉军 刘鸿沈
3	19817	数媒设计专业组 – DV影片	flappy bird	辽宁科技学院	陈子胤 谷雪 柏圆	孟祥武 孙炽昕
3	19831	软件应用与开发 – 数据库应用	高校固定资产管理系统	沈阳建筑大学	张宝奇 张太华 邓振宇	栾方军 王守金
3	19838	计算机音乐 – 创编（普通组）	晚秋	辽宁科技学院	李在时 陈姝瑶 洪志坤	马菱
3	19886	数媒设计专业组 – 图形图像设计	囊	兰州大学	宋文 翟卫豪 张磊	沈明杰
3	19919	软件服务外包 – 移动终端应用(自主命题)	占位大师	东北大学	曹雪 于江 刘婷 关哲予 付登龙	黄卫祖
3	19931	微课与课件 – 自然遗产与文化遗产	文化遗产对对碰——沈阳历史文化遗产	沈阳建筑大学	孟俊合 刘约翰 张鹏远	杜利明 王凤英
3	19948	数媒设计中华民族文化组 – 动画	玩转脸谱	武汉理工大学	徐馨 陈子鉴 徐浩峰	方兴 李宁
3	19955	数媒设计普通组 – 动画	绿色出行从我做起	辽宁工程技术大学	李兵 李青 胡文华	戴成元
3	19961	微课与课件 – 汉语言文学教育	春夜喜雨	辽宁科技学院	于德元 张恭锥 项婷	于会敏 张岳
3	19970	数媒设计普通组 – DV影片	进步？还是禁步？	辽宁科技学院	孙雯 赵小凤 刘博	于会敏 贵如纯
3	19971	微课与课件 – 汉语言文学教育	春江花月夜	辽宁科技学院	白玉 秦松鄂 刘威	于会敏 朱克刚
3	20000	软件应用与开发 – 数据库应用	农村合作社管理系统	辽宁对外经贸学院	钟玲 夏静	吕洪林 孙静
3	20019	数媒设计普通组 – DV影片	朝花夕拾	辽宁对外经贸学院	曹向宇 张潇予	马明 任昌荣
3	20035	软件服务外包 – 移动终端应用(自主命题)	知校	金陵科技学院	王晨曦 于俊 谷文君	洪蕾
3	20042	软件应用与开发 – 网站设计	沈航人事考核工作量自动计算系统	沈阳航空航天大学	郭小宝 孙大勇	丁国辉
3	20045	中华优秀传统文化微电影 – 汉语言文学教育	马赫的中国美食情结	沈阳师范大学	张俏然 马赫	刘晶晶 司雨昌

续表

奖项	作品编号	作品类别	作品名称	参赛学校	作者	指导老师
3	20047	微课与课件 – 中、小学数学	跟我学长方体	沈阳工学院	冯琦 高玉峰 王奕皓	赵云鹏
3	20049	数媒设计专业组 – DV影片	在我们身边	云南师范大学	朱丽婷 刘思烨 段春向	杨婷婷 高俊翔
3	20061	软件应用与开发 – 网站设计	普通高校招生就业网站	沈阳建筑大学	丁慧 李婷 宋宁	韩子扬 刘继飞
3	20063	数媒设计普通组 – 图形图像设计	空气运算法则	辽宁对外经贸学院	袁立 谭悦之	任华新 陈广山
3	20072	软件服务外包 – 移动终端应用(企业命题)	掌上微生活应用平台	沈阳建筑大学	王帅 杨继雷 陈斌	王守金 李征宇
3	20074	数媒设计中华民族文化组 – 图形图像设计	基于BIM的三维民俗别墅	沈阳建筑大学	杜岳山 梁家辉 郑述	王丽 许可
3	20079	中华优秀传统文化微电影 – 自然遗产与文化遗产	寻根	辽宁科技学院	赵翔 王娟娟 曹璐	孟祥武 孙炽昕
3	20083	数媒设计中华民族文化组 – 动画	傣族民族风情	云南师范大学	沈佳怡 浦珏 冯博文	杨婷婷 高俊翔
3	20106	软件应用与开发 – 数据库应用	轻松就业	大连交通大学	庞恭翔 和旭东 庞义军	侯兴龙
3	20121	中华优秀传统文化微电影 – 优秀的传统道德风尚	那些年我们一起走过的路	辽宁工程技术大学	汪晨	王金红
3	20124	中华优秀传统文化微电影 – 优秀的传统道德风尚	定格的照片	辽宁工程技术大学	汪晨	王金红
3	20149	数媒设计专业组 – 交互媒体	保护泡泡	北方工业大学	廖金巧 郝书嘉 黄凯斯	宋伟
3	20171	数媒设计中华民族文化组 – 交互媒体设计	结梦中国	沈阳建筑大学	王世茹 安迪	任义 常春光
3	20185	软件应用与开发 – 网站设计	美丽张垣	河北建筑工程学院	孙亚军 张朝 赵晨明	周丽莉 秦晓慧
3	20198	计算机音乐 – 创编(普通组)	Our great future	沈阳师范大学	刘璐 沙建欣 茹雪	寇海莲 万正刚
3	20216	微课与课件 – 中、小学自然科学	牛顿定律	大连工业大学	高新建 杨礼 张萌	吕桓林 李萍
3	20218	数媒设计普通组 – 游戏	奔跑男孩——拯救空气	沈阳理工大学	姜竣博 张焱 张阔 杜桐 杨睦尧	程磊
3	20250	数媒设计中华民族文化组 – 动画	高山流水	南京航空航天大学金城学院	宋任翔 朱昌耀	郭慧敏 徐超
3	20254	数媒设计专业组 – 交互媒体	十面霾伏	沈阳体育学院	柴博	孙立刚 李佳
3	20270	数媒设计专业组 – 交互媒体	时光的轮廓	辽宁师范大学	杨芳 冯昕烨 代红英	张海燕 浦晓亮
3	20288	数媒设计专业组 – 交互媒体	童年	北京工业大学	余菡旎 王心媛	王丹 李颖
3	20310	软件服务外包 – 移动终端应用(自主命题)	折扣商城	沈阳建筑大学	杨继雷 陈斌 王帅	王守金 谢军

续表

奖项	作品编号	作品类别	作品名称	参赛学校	作者	指导老师
3	20311	软件服务外包 – 移动终端应用(自主命题)	时尚秀	沈阳建筑大学	杨继雷 陈斌 王帅	王守金 谢军
3	20320	软件应用与开发 – 网站设计	江苏师范大学官方网站	江苏师范大学	马继康 莫嘉宇 裴浩然	孙荣 张慰
3	20339	数媒设计专业组 – 动画	宁缺毋滥	河北经贸大学	李凤玲	李罡 周娜
3	20342	数媒设计中华民族文化组 – 交互媒体设计	满族民俗建筑——一宫两陵	鞍山师范学院	丁祎 梁诗焕 孙妍	赵仲夏
3	20357	软件应用与开发 – 网站设计	蒲公英——寻童网站	南京审计学院金审学院	张颖 田鑫 刘贝贝	刘珏 李焕
3	20376	软件应用与开发 – 网站设计	爱在点滴网	南京医科大学	陈潇远 陆雅文 刘李林	胡晓雯 屠小明
3	20402	数媒设计专业组 – 动画	一路，霾	河北经贸大学	刘丹丹 宋昆霞 裴飞	远存璇 李罡
3	20424	微课与课件 – 中、小学数学	24时计时法	辽宁师范大学	王尊 夏诗宇 郭昕宇	曾祥民 赵一阳
3	20441	数媒设计普通组 – 交互媒体	雾境迷踪	大连东软信息学院	周晓惠 孙小宇 廖萌	徐坤
3	20468	软件应用与开发 – 网站设计	软件工程系网站	沈阳航空航天大学	刘慧颖 王珏莹 刘威	张翼飞 张荣博
3	20495	微课与课件 – 汉语言文学教育	诗词江南	沈阳大学	丁川 王朝阳 吕同	原玥 周昕
3	20496	微课与课件 – 计算机应用基础	递归–汉诺塔微课	浙江海洋学院东海科学技术学院	吴华辉 周丽君 解程贺	周斌 刘军
3	20529	数媒设计普通组 – 动画	空气污染—我们看得见	东北大学	李思奥 李卓隆 李飞燕	
3	20595	数媒设计中华民族文化组 – 交互媒体设计	西北古民居建筑的活化石——青城古镇	西北民族大学	朱恩迪 李曜华 王玲霞	方元 崔永鹏
3	20637	数媒设计普通组 – 虚拟现实	基于GIS的空气污染分析及其虚拟现实	北京交通大学	徐非凡 蒋圣 杨梦月	周围
3	20673	动漫游戏创意设计 – 游戏	“囧爱对对碰”益智小游戏	大连东软信息学院	赵月 袁溪擎 王艺颖	邱雅慧 李放
3	20680	数媒设计普通组 – 图形图像设计	烦恼与安宁	大连科技学院	李楠 刘玉伟	陈晨 何丹丹
3	20698	软件服务外包 – 移动终端应用(自主命题)	三维虚拟校园	辽宁工业大学	宋铁亮 刘静 李涛	刘鸿沈
3	20729	微课与课件 – 多媒体技术与应用	什么是影视广告	大连东软信息学院	梅雪婷 唐玉婷	李济宁 王东
3	20804	软件应用与开发 – 网站设计	交大竞赛网站	大连交通大学	史翰文 钟宏远 王星哲	吕斌
3	20815	软件应用与开发 – 数据库应用	教学评价与反馈系统	沈阳城市学院	陶俊坡 洪睿 张月磊	李连德 郭鸣宇
3	20820	数媒设计普通组 – 图形图像设计	生命与未来	大连科技学院	李楠 刘玉伟	陈晨
3	20825	数媒设计中华民族文化组 – 交互媒体设计	余音袅袅	沈阳师范大学	梁雪 石维 张雪娇	刘立群 宋倬
3	20846	数媒设计专业组 – 图形图像设计	拒绝雾霾	辽宁对外经贸学院	张歆屿	翟永宏
3	20876	数媒设计普通组 – 图形图像设计	绿色呼吸 共建蓝色家园	沈阳农业大学	李森 尹译卉 赵晨曦	杨萍 李娜

续表

奖项	作品编号	作品类别	作品名称	参赛学校	作者	指导老师
3	20889	数媒设计专业组 – 游戏	异度元素	大连东软信息学院	赵薇 周昕 陈发禄	李婷婷
3	20895	数媒设计专业组 – 图形图像设计	我想要呼吸	北京邮电大学世纪学院	李晶	孙丽娜
3	20897	数媒设计中华民族文化组 – 交互媒体设计	七彩云南——图腾	北京邮电大学世纪学院	李晶	孙丽娜
3	20899	数媒设计专业组 – 游戏	空气清洁计划	北京邮电大学世纪学院	孔令枫 王璐瑶	陈薇 赵海英
3	20920	数媒设计中华民族文化组 – 交互媒体设计	蒙古之旅	东北大学	吴美凤 张爽 王子明	谢青
3	20954	数媒设计普通组 – 图形图像设计	空气的忍耐	德州学院	翟龙涛	王丽丽 杨光军
3	20955	软件应用与开发 – 虚拟实验平台	突发事件中基于Act–r模型的网民群体认知转换规则及其仿真研究	南京理工大学	蔡瑶 李昭颖 杨柳	张金柱 吴鹏
3	20958	软件服务外包 – 人机交互应用(自主命题)	基于虚拟现实技术图书馆座位预约系统设计与实现——以西北民族大学为例	西北民族大学	周瑶 李建东 朱健 韦系革 刘畅	马君
3	20988	中华优秀传统文化微电影 – 自然遗产与文化遗产	经流年，看盛京	沈阳师范大学	李欣拥 刘园园 李梦婷	石雪飞 杜娟
3	20999	计算机音乐 – 原创(普通组)	雨梦	沈阳师范大学	周孟 王光煜 袁帅	郭宇刚 任月
3	21001	计算机音乐 – 视频配乐(普通组)	往思	沈阳师范大学	黄聪 王朝相 袁帅	郭宇刚 任月
3	21006	数媒设计专业组 – 动画	循环	北京工业大学	黄飞	张岩
3	21017	微课与课件 – 计算机应用基础	计算机系统的组成与工作原理	赣南师范学院	戴恬 谢肖肖	巫华芳
3	21041	软件应用与开发 – 网站设计	计量测试所综合信息管理系统	辽宁石油化工大学	刘阔 李经伟 何顺成	石元博 黄越洋
3	21045	中华优秀传统文化微电影 – 自然遗产与文化遗产	彝族撒尼人文化的传承	云南财经大学	李星语 张文玥 周卓	冯涛
3	21054	中华优秀传统文化微电影 – 优秀的传统道德风尚	爱就要行动	大连民族大学	金月	高江龙
3	21058	软件应用与开发 – 网站设计	大连理工大学风景园林数字资源平台	大连理工大学	张萌 李明阳 李晗	霍丹
3	21077	数媒设计普通组 – 图形图像设计	霾之憾	大连理工大学	黄雪原	金博 姚翠莉
3	21099	软件服务外包 – 物联网应用(自主命题)	基于物联网的智能“种植助手”研发	韩山师范学院	李婉琳 黄冬榕 蔡吉龙	黄伟 朱映辉
3	21112	软件应用与开发 – 网站设计	瓷意唐山	唐山学院	贾保梅 夏寒 马莉	郭琳虹 张小松

续表

奖项	作品编号	作品类别	作品名称	参赛学校	作者	指导老师
3	21119	数媒设计专业组 – DV影片	一个人	兰州大学	李江波 刘鹏 刘佳雯	赵林军 曾述宾
3	21123	软件服务外包 – 移动终端应用(自主命题)	BBQ	武汉理工大学	陈振东 高文昌 宋佳欣 廖星 张政	吕曦
3	21129	数媒设计普通组 – 虚拟现实	气血	大连民族大学	王磊 张洪硕 陈祖滔	王楠楠
3	21148	中华优秀传统文化微电影 – 优秀的传统道德风尚	遇见	大连科技学院	王杰 王鹏飞 相金泽	王立娟 林波
3	21153	数媒设计普通组 – 动画	空气store	大连交通大学	刘彦男 熊钟铭 王建国	丁立佳
3	21161	软件应用与开发 – 网站设计	Torch职业生涯规划网站	大连理工大学	卢羽婷 易绍婷 黄克程	钱永胜 郑皓
3	21170	数媒设计普通组 – 图形图像设计	爱与空气	国际关系学院	孙枫 陈国良 常鑫	张逸澂
3	21175	数媒设计中华民族文化组 – 交互媒体设计	远行的锡伯魂	大连民族大学	杨钰 姜玥含 马瑶	王楠楠
3	21178	数媒设计普通组 – 游戏	小明防霾历险记	北京工业大学	姬庆庆 鄂有君 陈楠	刘波
3	21195	数媒设计专业组 – 交互媒体	净如初 纯如空	辽宁师范大学	徐慧光 梁丹露 潘星竹	王晶
3	21196	数媒设计专业组 – 动画	洁净的空气就是未来	大连理工大学	李帅 徐宝路 李福旭	都伟 陈健
3	21197	数媒设计中华民族文化组 – 交互媒体设计	建筑诗——徽派情华	辽宁大学	董丽丽 刘晓冬	王志宇 张建哲
3	21198	微课与课件 – 计算机应用基础	计算机病毒的认识与防治	辽宁师范大学	张佳慧 赵璇	张海燕
3	21208	微课与课件 – 计算机应用基础	寻址方式	沈阳大学	罗文 柯文兵 秦晨	吴琼 夏红刚
3	21216	数媒设计中华民族文化组 – 动画	苗寨	甘肃民族师范学院	仲文韬	马国俊
3	21218	数媒设计中华民族文化组 – 图形图像设计	农牧民定居青海低能耗住房及组团设计	大连理工大学	王博伦 徐佳臻 高嘉悦	都伟 陈健
3	21223	数媒设计专业组 – 动画	披萨	大连民族大学	崔雅霞 刘佳莹 王少华	张伟华 贾玉凤
3	21225	数媒设计中华民族文化组 – 图形图像设计	古建七景	大连理工大学	李帅 高嘉悦 曲明航	都伟 陈健
3	21243	微课与课件 – 数据库技术与应用	关系代数中的连接运算	大连财经学院	赵紫懿 陈婷婷 蔡雅雯	王洪艳
3	21259	数媒设计普通组 – 游戏	游戏《风之幻想》	沈阳工业大学	付萌 王行骏 宋瑞	辛义忠
3	21277	数媒设计专业组 – 动画	被烟尘吃掉的地球	辽宁大学	刘蕴慧	王志宇 姜永刚
3	21289	动漫游戏创意设计 – 数字平面与交互	中华工艺品集锦	德州学院	翟龙涛 于华成	唐延柯 杨光军
3	21291	软件应用与开发 – 虚拟实验平台	基于机器博弈的人工智能算法虚拟实验平台	东北大学	马骥 刘玥彤 王睿	王骄

续表

奖项	作品编号	作品类别	作品名称	参赛学校	作者	指导老师
3	21296	数媒设计专业组 – DV影片	当屌丝遇上雾霾	德州学院	胡锦涛 侯敬蕾	陈相霞
3	21298	数媒设计中华民族文化组 – 动画	春闺梦衣	中华女子学院	储侨 杨晶磊 张文静	刘冬懿 刘开南
3	21306	数媒设计中华民族文化组 – 交互媒体设计	瑶族风骨	大连大学	盘潋滟	张铁成
3	21321	数媒设计专业组 – 移动终端	儿童预防甲醛	大连大学	刘灵杰	张铁成
3	21322	软件应用与开发 – 数据库应用	贤达企业信息管理系统	陇东学院	张中琦 成玲玲 王东兴	吕浩音
3	21329	数媒设计专业组 – 移动终端	读懂空气质量·全球气候变暖	大连大学	谈健皓	张铁成
3	21348	软件应用与开发 – 数据库应用	印象社交应用（安卓版）	兰州大学	刘杰	李娟
3	21354	微课与课件 – 多媒体技术与应用	家庭影院的配接	河北师范大学	占静艳 白梦丹 陈珊珊	张攀峰 王润兰
3	21376	数媒设计专业组 – 动画	蒲公英漂流记	玉溪师范学院	龙海娟 王蓉	龚萍
3	21377	数媒设计中华民族文化组 – 动画	传承民族手工艺品	中国传媒大学南广学院	张翔 苏成	周灵 宋燕燕
3	21406	微课与课件 – 中、小学自然科学	牛顿第一定律	兰州大学	于娜娜 赵静宜 曹梦玲	柳春艳 王晓玲
3	21427	数媒设计专业组 – 动画	空气	大连民族大学	白书博 李爽 王景祺	张伟华 贾玉凤
3	21431	数媒设计专业组 – 图形图像设计	视野	北京邮电大学世纪学院	贾毅	陈超华
3	21432	数媒设计中华民族文化组 – 交互媒体设计	水中墨·画中国	辽宁师范大学	潘桂祯 于雪 胡延鑫	刘陶
3	21433	软件应用与开发 – 数据库应用	句酷（JuKu）搜索引擎系统	三江学院	宋健 范如晶 潘明亮	曹鹏飞 孟祥成
3	21438	软件应用与开发 – 网站设计	高校信息共享平台	沈阳农业大学	张龙军 李兴建 刘博	徐静 周云成
3	21439	软件应用与开发 – 数据库应用	基于移动云平台的大规模商店选址应用	大连大学	邵寅博 张允裕 贯艳琳	季长清 王兆东
3	21447	数媒设计普通组 – 动画	晴空一鹤	中华女子学院	张庆敏 霍召婷	乔希 宁玲
3	21467	软件应用与开发 – 网站设计	青豆阳光–大学生励志主题网站	盐城师范学院	李家兴 董慧 顾婷	徐华平 陈劲新
3	21472	微课与课件 – 汉语言文学教育	塞翁失马，焉知非福	兰州大学	董倩 陈佳琳 曹榕	王晓玲 高若宇
3	21482	计算机音乐 – 原创（普通组）	那年那事儿	大连东软信息学院	李郁蓉 张天书 门书颖	徐坤
3	21501	数媒设计普通组 – 动画	没完没了	陇东学院	尚雄强 李应国 李王峰	吕浩音 马月进
3	21509	软件应用与开发 – 虚拟实验平台	高校微生活掌上系统	沈阳工业大学	李永发 唐选 王春辉	辛义忠
3	21514	动漫游戏创意设计 – 动画	养生分子	昆明学院	蒋晓燕 黄荣怡 常典 莽春美 石小庆	蔡文忠 杨泳

续表

奖项	作品编号	作品类别	作品名称	参赛学校	作者	指导老师
3	21516	微课与课件 – 网络应用	云端上的大数据	云南财经大学	孙龙 刘益宁 丁彤彤	马冯
3	21521	软件应用与开发 – 网站设计	趣味考试系统	沈阳理工大学	张磊 张琳浩	张林丛 刘猛
3	21524	数媒设计专业组 – 图形图像设计	那一群高飞的鸟儿，你在寻找什么	兰州交通大学	李俊杰 于小飞	吴晶
3	21540	微课与课件 – 网络应用	“文献管理软件” 微课	天津中医药大学	王燕飞 闫文鑫 马振飞	李潜
3	21549	软件应用与开发 – 网站设计	学霸中国社交平台	汉口学院	余云河 马佳 欧阳平	王维虎 杨莎
3	21553	数媒设计中华民族文化组 – 动画	蓝印花布	武汉理工大学	李雅庆 章正红	罗颖 毛薇
3	21557	数媒设计普通组 – 交互媒体	如果色彩，剩下黑白	云南大学	乔流 唐铭蔚	杨俊东
3	21561	软件应用与开发 – 虚拟实验平台	智能农业虚拟平台	云南曲靖师范学院	刘世彩 魏平 郑华仙	付承彪 田安红
3	21566	数媒设计专业组 – 虚拟现实	呼吸之间	武汉理工大学	向迪雅 常畅	方兴 毛薇
3	21573	软件服务外包 – 移动终端应用(自主命题)	远程助手	云南曲靖师范学院	朱申云 骆永军 季顺波 杨丽 张树琼	付承彪 田安红
3	21578	软件应用与开发 – 网站设计	行走中国——Travel Around China	南京大学	屠梦蝶 潘建鹏 颜丽天	黄达明 张莉
3	21593	数媒设计专业组 – 游戏	Haze	盐城师范学院	徐峰 周绍阳 袁成祥	顾爱华 李树军
3	21619	数媒设计专业组 – 图形图像设计	我讨厌	兰州交通大学	阮东明	张茜
3	21639	软件应用与开发 – 虚拟实验平台	基于Delphi的仿真大学物理实验软件	无锡太湖学院	蒋宇 蔡香 卫宁	王华君 常江
3	21655	数媒设计普通组 – 交互媒体	来自空气的你	南京大学	卞凯钦 曹竞心 陈梦雪	黄达明 张洁
3	21684	微课与课件 – 计算机应用基础	计算机应用基础导论	南京审计学院	徐嘉凡 姜艺捷	周萱 崔应留
3	21686	动漫游戏创意设计 – 动画	空气惹的祸	广东药学院	杜丽媛 黄置猛	张琦
3	21694	微课与课件 – 数据库技术与应用	mongoDB的CRUD的操作	云南曲靖师范学院	赵娜	李苹 徐坚
3	21695	软件应用与开发 – 虚拟实验平台	单摆测重力加速度虚拟实验	玉溪师范学院	张佳 夏勇刚	羊波
3	21704	微课与课件 – 中、小学自然科学	超级电工	云南师范大学	曾思遥 高丽	邓鹏
3	21707	数媒设计专业组 – 移动终端	air game	武汉理工大学	梁宇杰 邵威 郭超	钟钰
3	21740	数媒设计专业组 – DV影片	空气人	怀化学院	黄敏 曹琼 张裕	卢友敏 余聂芳
3	21769	软件应用与开发 – 网站设计	噻酷啦–大学生互助交流网	汉口学院	曹石秀 刘杰 范杏妮	刘胜洪 李琼
3	21770	软件应用与开发 – 网站设计	CN校园网	山东建筑大学	邓晓 那光升 王立勇	邢国波
3	21772	计算机音乐 – 创编(普通组)	手绘动画–世界末日	常州大学	王兴晨 王泽玉 李沛然 李哲光	江兴方

续表

奖项	作品编号	作品类别	作品名称	参赛学校	作者	指导老师
3	21787	软件应用与开发－网站设计	xyz在线英语学习网	杭州师范大学	林立城 王雪娇 应怡静	詹建国 张敬礼
3	21834	中华优秀传统文化微电影－自然遗产与文化遗产	《不死的火》严复 天演论	江西师范大学	陈韦达 蓝善敏 胡超	刘一儒 喻晓琛
3	21841	软件服务外包－移动终端应用（自主命题）	会议白板	河北科技学院	贾世军 李杨 刘天宇	李爱超
3	21849	中华优秀传统文化微电影－优秀的传统道德风尚	爱与诚	山东女子学院	王嘉伦 王伟燕 王爽	庞胜楠
3	21868	数媒设计中华民族文化组－交互媒体设计	纳西族文化	玉溪师范学院	杨云飞	刘海艳
3	21887	数媒设计普通组－图形图像设计	红与灰	河北金融学院	包晓睿 李爽	许美玲 安英博
3	21891	软件应用与开发－数据库应用	旅程小助手	云南财经大学	李哲 许学谦 李小平	冯涛
3	21898	数媒设计专业组－DV影片	我想出去走走	云南曲靖师范学院	谭敏 晏彩波 杨洁	胡天文 陈永梅
3	21908	数媒设计专业组－图形图像设计	窒息	宁波大学科学技术学院	谭钊杰 温园园 王若梦	陈玲
3	21910	软件应用与开发－网站设计	参差茶铺	海南大学	雷诗谣 戴浩 诸光环	黎才茂 黄萍
3	21915	数媒设计普通组－游戏	SummerWars	江苏科技大学	刘新宇 赵一 王亚楠	张海洋 王艳
3	21929	软件应用与开发－网站设计	诚信银行	天津师范大学	张桐 杨宇昊 仇宇晨	赵川
3	21942	数媒设计中华民族文化组－交互媒体设计	客家建筑	河北大学工商学院	朱晨涛 吕硕	刘红娜
3	21946	数媒设计专业组－DV影片	尘世寻亲记	云南曲靖师范学院	段媛媛	胡天文 陈永梅
3	21966	软件服务外包－人机交互应用（自主命题）	手机PI教学互动系统	扬州大学	许晨曦 袁礼军 徐洁 石庠	陆文峰 韩玖荣
3	22037	软件应用与开发－虚拟实验平台	动起来app	北京体育大学	李昕竹 吴名 侯孟钊	刘玫瑾
3	22046	动漫游戏创意设计－动画	HEY MEN	云南民族大学	高蓉蓉 张乐 朱瑞祥	樊凯
3	22052	微课与课件－多媒体技术与应用	鸡鸣寺历史文化	南京审计学院金审学院	朱珮玥 朱圆圆 高燕丽	葛东旭 谢芳
3	22064	动漫游戏创意设计－数字平面与交互	觀·照——源自本质生活	云南民族大学	黄静逸 石彩霞 茶兴行	卢俊
3	22088	数媒设计专业组－图形图像设计	霾城	盐城师范学院	周绍阳 周炜琦 王琦蓉	贾娜 张辉
3	22094	软件应用与开发－网站设计	DS－Java论坛系统	长沙理工大学	潘海南 侯润哲 王云鹏	汤强
3	22099	微课与课件－中、小学自然科学	“海市蜃楼”现象	保定学院	徐欣 吴丽影	秦芹
3	22102	数媒设计专业组－图形图像设计	你还在思考吗！	保定学院	高晓媛 李纯	李伟 赵建军

续表

奖项	作品编号	作品类别	作品名称	参赛学校	作者	指导老师
3	22104	微课与课件 – 中、小学自然科学	燃烧和灭火	保定学院	齐旭阳 姚巧巧 宋佳琪	秦芹
3	22111	数媒设计普通组 – 动画	空气家族–碳氢氧	北京体育大学	杨东昱 梁铭 姜玥	王鹏
3	22114	微课与课件 – 计算机应用基础	Excel中IF函数的使用	南通理工学院	刘嘉露 陈克	王岩 卢曦
3	22116	微课与课件 – 多媒体技术与应用	扫描仪的基本工作原理之反射式扫描	保定学院	刘暖玉 张帆	李景丽
3	22120	数媒设计专业组 – 图形图像设计	“手”护空气	云南曲靖师范学院	邓竹 李娅 锁兵	包娜 张利明
3	22122	微课与课件 – 计算机应用基础	C语言程序设计–switch的使用	南通理工学院	周煦 陈克	王岩 卢曦
3	22134	数媒设计专业组 – 图形图像设计	“氧宝宝”	山东女子学院	祝强 李明霞	庞胜楠
3	22141	数媒设计专业组 – DV影片	空气瓶	中国传媒大学南广学院	陆佳楠 陈明辉 冼浩坚	宋燕燕 何光威
3	22176	数媒设计专业组 – DV影片	棒球·空气	北京体育大学	林君娴 魏楠 王学斌	吴垠
3	22177	数媒设计中华民族文化组 – 图形图像设计	穿越百年的街市	宁波大学科学技术学院	陈舒 董梦婕 张夏南	楼文青
3	22180	数媒设计普通组 – 图形图像设计	愤怒的重生	天津农学院	徐静	何玲 陈长喜
3	22186	数媒设计中华民族文化组 – 交互媒体设计	砚	河北大学工商学院	崔园园 白素素	刘红娜
3	22196	软件应用与开发 – 虚拟实验平台	稀疏矩阵实验与教学平台	扬州大学	景杨 余超 陈艳	吝维军
3	22202	数媒设计专业组 – 图形图像设计	空“汽”	天津师范大学津沽学院	穆浩 李秋漫	赵玉洁
3	22227	数媒设计普通组 – 游戏	净化空气	浙江师范大学行知学院	阮烨挺 濮铭丽 王燕红	吕君可 楼玉萍
3	22230	数媒设计普通组 – DV影片	息息相关	浙江师范大学行知学院	方远豪 吴赛玲 朱书亮	楼玉萍 吴建军
3	22231	数媒设计专业组 – 图形图像设计	今天我们吃什么	浙江师范大学行知学院	林桑健 沈心 陈思含	马文静 倪应华
3	22238	微课与课件 – 计算机应用基础	邮件合并	北华航天工业学院	李浩 黄霄霄 张志伟	刘玉利 崔岩
3	22245	数媒设计中华民族文化组 – 图形图像设计	中国皮影戏	浙江师范大学行知学院	王艺舟 王欧阳 金晓杰	王丽侠 吕君可
3	22256	数媒设计中华民族文化组 – 交互媒体设计	茶韵	浙江师范大学行知学院	叶莹莹 吴青倩 沈凯杰	吴建军 楼玉萍

续表

奖项	作品编号	作品类别	作品名称	参赛学校	作者	指导老师
3	22266	数媒设计普通组 – 动画	爱如空气	中央司法警官学院	陈珠洙 郭兆轩 尹泽权	寿莉 高冠东
3	22267	软件服务外包 – 大数据分析（自主命题）	竹笋–五四评优数据挖掘可视化平台	南京航空航天大学	陈裕皓 徐豪飞 朱家才	邹春然
3	22281	微课与课件 – 多媒体技术与应用	九年级数学–图形的旋转	云南曲靖师范学院	杨倩倩 杨雪婷	孔德剑 孙丹鹏
3	22306	数媒设计中华民族文化组 – 动画	民族建筑三维展示	河北金融学院	闫明君 陈琳 钱雪蒙	苗志刚 臧建莲
3	22313	软件服务外包 – 移动终端应用(自主命题)	最苏大	苏州大学	崔盼盼 徐旺 夏鸣 刘磊 李昕	韩冬 胡沁涵
3	22315	数媒设计专业组 – DV影片	向左走，向右走	云南师范大学	张海滨 龙艺 张爱甜	游昊龙
3	22328	数媒设计普通组 – 游戏	网尘之刃	云南警官学院	刘先达 罗理玲	曾志峰 陈旻
3	22345	数媒设计中华民族文化组 – 交互媒体设计	特色“彩云之家”	云南师范大学	范富云	王保云
3	22350	软件服务外包 – 移动终端应用(自主命题)	大学生学习规划助手APP	南通大学	贺成 万雨阳 管怀文 李娜 徐中彦	陈翔 徐蓓
3	22364	数媒设计普通组 – DV影片	空气人	扬州大学	宋庆坤 黄自强 吴显政	韩玖荣 陆文峰
3	22380	数媒设计中华民族文化组 – 图形图像设计	印象汉族	云南曲靖师范学院	贺如艳 胡声宇 梁春蓉	包娜 徐坚
3	22393	数媒设计专业组 – 动画	等	昆明学院	余维敏	杨泳 蔡文忠
3	22403	数媒设计中华民族文化组 – 图形图像设计	扬州剪纸	扬州大学	赵文清	陈述 高海平
3	22412	微课与课件 – 计算机应用基础	计算机病毒与防护	扬州大学	陈赐福 丁晶晶 陈扶摇	冯锐 张浩
3	22445	软件应用与开发 – 网站设计	校园论坛	南通大学	韩峰 庞浩 韩瑶	徐蓓 文万志
3	22447	数媒设计专业组 – 交互媒体	还孩子们一片天空	南开大学	张楠	高裴裴
3	22466	软件应用与开发 – 网站设计	基于.NET 4.0的水产品追溯系统	天津农学院	贡培钧 姜红 胡丽萍	余秋冬 王梅
3	22476	数媒设计普通组 – 图形图像设计	黑白红灰	云南曲靖师范学院	于东锐	包娜 徐坚
3	22483	数媒设计普通组 – 交互媒体	脸谱去哪儿	宁波大学	张芳 黄美情 宋启文	梅剑峰 黄冬明
3	22538	数媒设计专业组 – 图形图像设计	爱如空气	武汉工商学院	陈司宇	柯赟
3	22542	数媒设计普通组 – 动画	重见蔚蓝　雾霾浅析	常州大学	王浩 孔文涛 金康晟	江兴方
3	22545	数媒设计普通组 – 图形图像设计	弃吸	南京农业大学	韦鹏 孙慧宇	张亮亮
3	22549	数媒设计普通组 – 交互媒体	消逝的小白	天津农学院	王立红 刘燕 李松华	王梅 王宏坡
3	22556	数媒设计普通组 – 图形图像设计	还我一片蓝天（副标题：未闻若梦）	武警后勤学院	唐炜东 姜凯	孙纳新 杨依依

续表

奖项	作品编号	作品类别	作品名称	参赛学校	作者	指导老师
3	22560	数媒设计中华民族文化组 – 交互媒体设计	大理白族民居建筑艺术	大理学院	朱永星	肖振萍
3	22568	数媒设计普通组 – 移动终端	皮肤在呼吸	南通大学	申自强 汪璐 陈芳菲	文万志 徐蓓
3	22580	数媒设计专业组 – DV影片	看得见的“盲人”	淮阴师范学院	龚宇倩 陆富裕 吴康	周浒
3	22594	数媒设计普通组 – 图形图像设计	巢	苏州大学	丁鹏飞	邝泉声
3	22597	微课与课件 – 数据库技术与应用	数据库学习系统之数据查询语句	河北金融学院	郭峥昌 李康敏 张铁颖	曹莹 郑艳娟
3	22604	软件应用与开发 – 数据库应用	基于网络环境的通用问卷调查系统	天津科技大学	解劲 张高祯 农业裔	李伟
3	22620	数媒设计普通组 – 游戏	净化小卫士	南京审计学院金审学院	刘爽 刘倩丽	董建文 孟琪璐
3	22627	计算机音乐 – 原创（普通组）	童年の初雪	吉林大学	吴东叡 秦玥 孙重亮	徐昊 黄岚
3	22629	数媒设计普通组 – 图形图像设计	穹顶之殇	昆明医科大学	张展阁	孙晓华 刘永生
3	22647	软件应用与开发 – 网站设计	基于多平台的电子商务购车系统–PC后台管理及前端子系统	扬州大学	徐晓冬 徐宇嘉 王彬聪	徐明
3	22663	数媒设计中华民族文化组 – 交互媒体设计	衣锦	南京大学金陵学院	杨斯钧 陈媛	常宇峰
3	22665	数媒设计普通组 – 动画	致空气	文山学院	杨文会	吴保文
3	22677	数媒设计专业组 – 游戏	寻空	华侨大学	郭福眼 丁候文 王超	宋益国 郑光
3	22679	软件应用与开发 – 数据库应用	考试管理系统	南通大学	胡猛 康照玲 陈晓霞 兰德志	徐慧 徐蓓
3	22727	软件服务外包 – 移动终端应用（自主命题）	基于移动互联的图书馆APP微服务平台	东南大学成贤学院	涂心浩	操凤萍 朱林
3	22766	数媒设计普通组 – 交互媒体	再见，泡泡——by空气	天津农学院	胡丽萍 姜红 杭高森	王梅 郭世懿
3	22770	数媒设计中华民族文化组 – 图形图像设计	僮语	文山学院	杨四凤 饶涵	贯方
3	22829	数媒设计中华民族文化组 – 动画	故乡	昆明学院	杨跃飞 任志婷 耿芳	左斌
3	22851	数媒设计专业组 – 图形图像设计	现实与希望的炼狱	天津农学院	郑吉辉 田瑶	何玲
3	22854	微课与课件 – 计算机应用基础	表格和图文混排	武警后勤学院	赵彦坤 刘仟 汪勇	孙纳新 杨依依
3	22869	数媒设计专业组 – 图形图像设计	留一片天朗气清	武汉工商学院	赵玉玲	柯赟
3	22969	软件应用与开发 – 网站设计	iFootPrint	武汉体育学院	张若南 黄炎锴 张驰	黄雪娟
3	22983	数媒设计普通组 – 交互媒体	山商青年·空气	山东工商学院	温佳欣 王禹 王宇诗 曾荷 吴嘉琪	周韶梅 向敏

续表

奖项	作品编号	作品类别	作品名称	参赛学校	作者	指导老师
3	23011	软件服务外包 – 移动终端应用(企业命题)	移动输液系统	扬州大学	王峰 耿强 张成浩	徐明
3	23022	数媒设计专业组 – DV影片	圆圆	南京邮电大学	刘雅蓉 王英杰 王攸阳	卢锋 刘永贵
3	23023	软件服务外包 – 物联网应用(自主命题)	智慧校园 ——基于RFID技术的动态物联系统	南京邮电大学	陈佳星 邵家麒 周丽娟 杨泽	全仙力 何丽萍
3	23033	数媒设计专业组 – 图形图像设计	肺工厂	文山学院	符旭霞	任婵
3	23038	微课与课件 – 多媒体技术与应用	微课系列–如何拍摄微课	河北师范大学	张玉珍 孙瑞 曹鑫	白然
3	23048	数媒设计中华民族文化组 – 图形图像设计	不时不食	南京邮电大学	周子璇 李泽塁 李霜霜	霍智勇
3	23049	数媒设计专业组 – DV影片	回忆的味道	南京邮电大学	郑素凌 俞燊昊 张泽军	卢锋 季静
3	23064	软件应用与开发 – 虚拟实验平台	基于ZigBee的智能口岸物流仓储系统	云南民族大学	贺志诚 李耕文 邓兰梅	陈君华
3	23079	数媒设计专业组 – 图形图像设计	异变	文山学院	刘选锋 廖莎	任婵 晏飞
3	23089	数媒设计普通组 – 动画	AIR Store	浙江师范大学行知学院	高朵 周超琼 李亚余	于莉 马文静
3	23092	数媒设计中华民族文化组 – 图形图像设计	青花慢漫	河北大学	邢阳 杨羚曼 张云峥	王卫军 季天彤
3	23101	微课与课件 – 中、小学数学	元角分的认识	河北大学	蒙春颖 吴佳星 马慧	李亚林 邓娜
3	23111	中华优秀传统文化微电影 – 优秀的传统道德风尚	致爱	怀化学院	黄淑雯 杨花 杨颖子	高艳霞 李晓梅
3	23117	数媒设计中华民族文化组 – 图形图像设计	融合	南京师范大学	徐艺 曹卉 蒋锦秋	黄江 郑爱彬
3	23179	软件服务外包 – 移动终端应用(企业命题)	移动输液系统开发	沈阳大学	张舒鑫 许佳玉 李想 李晓琳 蒋王军	高玉潼 贾冬梅
3	23184	数媒设计普通组 – DV影片	空气质量保护卫士	昆明理工大学	孟凡博 施磊 林根令	刘泓滨 杜文方
3	23185	微课与课件 – 中、小学自然科学	走进二氧化碳	云南民族大学	范本奕 张远兰 皮洲洁	王红斌
3	23188	软件应用与开发 – 网站设计	开源地理数据的标注系统	红河学院	阮云 杨应安 熊伟	赵伶俐 刘帅
3	23195	数媒设计专业组 – 图形图像设计	十面霾伏	华北理工大学	姚萌	任文营
3	23201	软件应用与开发 – 网站设计	ZhiShiDian视频站	内蒙古大学	李久会	马学彬
3	23202	数媒设计专业组 – 图形图像设计	摘除白内障	华北理工大学	宋笑笑	任文营
3	23232	数媒设计普通组 – DV影片	容	怀化学院	周鹏飞 胡鹏 傅桂凤	李晓梅 高艳霞

续表

奖项	作品编号	作品类别	作品名称	参赛学校	作者	指导老师
3	23235	数媒设计普通组 – 交互媒体	众人皆“浊” 唯我独“清”	怀化学院	胡娇 林四香	卢友敏 余聂芳
3	23237	数媒设计中华民族文化组 – 图形图像设计	凤彝素瓷青语	淮海工学院	田园	仪秋红 胡云
3	23239	数媒设计普通组 – 动画	和而不同	怀化学院	蒋林佳 肖贝 孙倩倩	杨夷梅 杨玉军
3	23245	数媒设计专业组 – 动画	陨落	南京信息工程大学	李信融 周蔷 徐纯怡	王岩岩 孙姓
3	23252	软件应用与开发 – 数据库应用	基于OpenGL图形库的科学计算可视化软件V1.0	河海大学	胡书领 张馨元 范仕良	毛莺池
3	23256	中华优秀传统文化微电影 – 自然遗产与文化遗产	茔冢深处	河北大学	韩亚彬 石雪霏 武汶霞	朱江 刘畅
3	23258	中华优秀传统文化微电影 – 自然遗产与文化遗产	看说断颈龙	怀化学院	王聪 王惠 吕策	赵嫦花 成雪敏
3	23267	软件应用与开发 – 网站设计	同城约球吧	武汉体育学院	易玉 徐布秋 刘梦霞	茅洁
3	23270	数媒设计专业组 – 图形图像设计	“勿埋”	怀化学院	吴兴	李晓梅 高艳霞
3	23271	微课与课件 – 中、小学数学	鸡兔同笼问题	怀化学院	赵文贺 贺佐广 袁野	杨玉军 杨夷梅
3	23288	数媒设计中华民族文化组 – 交互媒体设计	唤醒沉睡的孽龙	怀化学院	李余悦 肖贝 黄莹	杨夷梅 杨玉军
3	23292	数媒设计专业组 – 动画	存在	怀化学院	杜菲菲 董丹 张杨	余聂芳 李晓梅
3	23325	软件应用与开发 – 网站设计	艺竹	浙江科技学院	华益峰 胡晓峰 金梦奇	岑岗 汪文斌
3	23329	软件服务外包 – 物联网应用（自主命题）	基于物联网技术的普洱茶制作监测与人员管理系统	云南民族大学	张微 董恩均 班超飞	陈君华
3	23357	数媒设计专业组 – 图形图像设计	呼吸	南京信息工程大学	牟永涛 刘琦 方榕妁	王岩岩
3	23358	数媒设计普通组 – 动画	爱如空气	中南财经政法大学	熊斯玥 李莹玉	阮新新
3	23360	数媒设计专业组 – 图形图像设计	环境之殇	昆明理工大学	杨瑞婷	尹睿婷 杜文方
3	23367	数媒设计中华民族文化组 – 动画	缤纷民族风	昆明理工大学	孙彦卿 梁雨婷	闵薇 陈榕
3	23385	数媒设计专业组 – 动画	你是我呼吸的痛	西华师范大学	魏利 曾杨 肖燕梅	曹蕾
3	23406	数媒设计专业组 – 动画	0至100——来自地中海的风	云南农业大学	徐瑞阳 董彦杉 余益楠	李显秋
3	23420	数媒设计普通组 – 动画	空气吸附式小车“帕克号”	昆明理工大学	黄稀荻 孙晓军	潘晟旻 吴海涛
3	23456	软件应用与开发 – 数据库应用	基于数据挖掘的钻井作业现场安全检测辅助系统	西南石油大学	敬智杰 杨肖 杨杰	王兵 汪敏

续表

奖项	作品编号	作品类别	作品名称	参赛学校	作者	指导老师
3	23475	软件应用与开发 － 网站设计	自然的孤单	湖北师范学院	韩梦云 徐思琪 高晓华	梅颖 曹双双
3	23485	软件应用与开发 － 网站设计	ys故事—哑舍	湖北师范学院	李鑫 张曼 徐洋	梅颖 曹双双
3	23486	数媒设计普通组 － DV影片	消逝的空气	浙江海洋学院	童飞波 陈凌琼 张宇青	叶其宏 陈默
3	23513	计算机音乐 － 原创(普通组)	向明天奔跑	渤海大学	张陕陕 梁浩 孙囡硕	杨军 王莉军
3	23518	微课与课件 － 多媒体技术与应用	解密3D立体电影原理	浙江海洋学院	王宁 陆秋夏 李世键	王德东 叶其宏
3	23522	微课与课件 － 汉语言文学教育	古韵魅影	北京科技大学	张茹 杨健 项雅丽	张敏
3	23530	软件应用与开发 － 网站设计	汇艺城市—中国城市公共艺术信息资源库	湖南工程学院	唐一婷 王旭 涂静静	张淞 江哲丰
3	23538	微课与课件 － 汉语言文学教育	直观汉字	成都医学院	钱琦琪	任伟
3	23544	数媒设计中华民族文化组 － 交互媒体设计	霓裳别韵	北京科技大学	文羿诗 乔津津	武航星
3	23547	动漫游戏创意设计 － 动画	乐园	乐山师范学院	吴远志 刘佳欣 赵彦缤 韩英杰	门涛
3	23549	微课与课件 － 计算机应用基础	冯·诺依曼结构	华中科技大学武昌分校	黄思远 郭自强 殷晗	刘智珺 定会
3	23550	微课与课件 － 计算机应用基础	图文混排	华中科技大学武昌分校	沈文文 董奕君 张雪纯	定会 刘智珺
3	23558	微课与课件 － 科学发明与技术成就	四大发明—火药	怀化学院	张亮 王忠骅 孙惠	彭小宁
3	23561	微课与课件 － 数据库技术与应用	如何优化阶乘	怀化学院	张兆德 范鹏彬	彭小宁
3	23564	软件服务外包 － 移动终端应用(自主命题)	普通话小助手	怀化学院	潘志仁 郑乐成 李晓岚	林晶 米春桥
3	23565	软件应用与开发 － 数据库应用	四叶草生活小管家	北京科技大学	张哲 郝语 杜赞赞	万亚东
3	23574	微课与课件 － 多媒体技术与应用	图像处理与Photoshop	北京科技大学	杨涛 林振业 杨涛	张敏
3	23602	数媒设计普通组 － 游戏	Dweller_daydream of sky	华中农业大学	张巍嘉 徐伟泽 孙承磊	章程 秦丽
3	23625	软件服务外包 － 移动终端应用(自主命题)	基于WIFI的跨平台屏幕分享软件	云南民族大学	徐建杰 王加雷 张琳	江涛
3	23631	数媒设计专业组 － 动画	清与浊	长沙理工大学	王励 李冬利	张剑
3	23641	数媒设计普通组 － 交互媒体	Air	西南民族大学	英世旺 余佩林 翟冠中	梅林
3	23651	计算机音乐 － 原创(专业组)	落地的回想	武汉音乐学院	宋赛男	李云鹏
3	23652	微课与课件 － 多媒体技术与应用	PS抠图之应用—教您变大头	浙江科技学院	吉帅 潘阳 周世瑾	刘省权 雷运发

续表

奖项	作品编号	作品类别	作品名称	参赛学校	作者	指导老师
3	23664	数媒设计专业组 – DV影片	祈球	浙江传媒学院	汤鑫鑫 林琪	周忠诚
3	23678	软件应用与开发 – 网站设计	学生公寓管理系统设计与实现	浙江传媒学院	陈汉滨 刘华军 张创通	俞定国
3	23687	软件应用与开发 – 网站设计	墨客	浙江传媒学院	黄雅楠 宋玉	周忠成
3	23697	微课与课件 – 科学发明与技术成就	针灸推拿学–拿法	长春中医药大学	于馨博 韩涛 朱敏骐	金涛伟 王金利
3	23716	数媒设计普通组 – 图形图像设计	挣扎	重庆大学	杨艳琴 马川人 曾琦淇	葛亮 李刚
3	23718	数媒设计普通组 – 图形图像设计	当地球不再……	宁波大学	徐穹	戴洪珠
3	23722	微课与课件 – 中、小学数学	勾股定理	江汉大学	黄婷 闫慧峰 向青琳	周晓春 艾地
3	23726	数媒设计普通组 – 图形图像设计	明日表情	重庆大学	马川人 杨艳琴 曾琦淇	葛亮 李刚
3	23736	数媒设计中华民族文化组 – 交互媒体设计	基于多媒体交互的朱仁民建筑与艺术网站	浙江传媒学院	顾婧 李菲菲 张创通	潘瑞芳 杨波
3	23745	数媒设计普通组 – 图形图像设计	“拒绝雾霾” 主题海报	浙江传媒学院	张翼飞 申航 刘珍珍	张宝军
3	23757	软件应用与开发 – 网站设计	唯色花开婚纱摄影	海南大学	谢添豪 赵恢强 马海军	黄萍 黎才茂
3	23790	微课与课件 – 计算机应用基础	计算机应用基础—窗口组成	湖北师范学院	刘伟玲 刘苗	向丹丹
3	23797	中华优秀传统文化微电影 – 自然遗产与文化遗产	瑶远的文化辰溪茶山号子	怀化学院	王宁 张俭龙 胡芬芳	彭小宁 何佳
3	23798	微课与课件 – 计算机应用基础	操作系统分页存储管理问题研究	江汉大学	胡凌峰 何思奇	许平 曾鹏
3	23806	数媒设计专业组 – 图形图像设计	天·地·人	江汉大学	杨婷婷 刘伊旎 程春雪	殷亚林 程锐
3	23812	数媒设计专业组 – DV影片	学生们的一份空气质量报告	湖南大学	李欣怡 赵静 赵纪钢	段伟 蔡洁
3	23815	数媒设计专业组 – 图形图像设计	空气之殇	江汉大学	高权 郑昌顺	黄卫 赵之泓
3	23818	数媒设计普通组 – 动画	一生有你	湖南大学	肖雪 牟春晓 李桂仪	陈娟 贺再红
3	23821	微课与课件 – 计算机应用基础	供应链原理与实践	北京语言大学	王涵 柏梦涵 靳晰淅	李吉梅
3	23824	微课与课件 – 数据库技术与应用	财务会计原理与实践	北京语言大学	白雪玉 董熙 李昕	李吉梅
3	23831	中华优秀传统文化微电影 – 优秀的传统道德风尚	魂系竹山	浙江海洋学院	袁帅 陈云 李世键	叶其宏 任文轩
3	23858	数媒设计中华民族文化组 – 交互媒体设计	花瑶情	湖南大学	何雨晴 冯哲荟子 朱孝楠	陈娟 蔡益红
3	23863	数媒设计普通组 – 图形图像设计	曾经·现在·我想	湖南大学	王思曼	周虎
3	23870	数媒设计专业组 – 动画	空气	湖北美术学院	张潇	赵锋

续表

奖项	作品编号	作品类别	作品名称	参赛学校	作者	指导老师
3	23871	数媒设计专业组 – 游戏	Please Breath	湖南大学	张依依 欧阳佳 杜凯	周虎
3	23873	数媒设计中华民族文化组 – 图形图像设计	民族邮票·民族走向世界	湖南大学	姜楠 徐文赋 图尔洪·艾合麦提	段伟 周虎
3	23877	中华优秀传统文化微电影 – 歌颂中华大地河山诗词散文	山河赋	北京语言大学	王晓露 余安琪 蒋卓青 叶卓然	李吉梅
3	23885	软件应用与开发 – 网站设计	北京语言大学第二届微电影大赛网站	北京语言大学	徐静文 曾森 樊迪	张忠伟
3	23892	计算机音乐 – 创编（专业组）	驱魔人：康斯坦丁	四川音乐学院	陆佩玥	李琨 韩彦敏
3	23900	数媒设计普通组 – DV影片	小镇的天空	浙江海洋学院	钟绮欢 袁帅 李世键	任文轩 叶其宏
3	23902	中华优秀传统文化微电影 – 汉语言文学教育	VERY US	北京语言大学	陈程 李天宇 杨植淇 罗晓光 林意成	王冲
3	23913	计算机音乐 – 创编（专业组）	感夙因	武汉音乐学院	向琦	冷岑松
3	23918	数媒设计专业组 – DV影片	Air and Girl	北京语言大学	胡梦非 曾文惠 张琪	张习文
3	23938	数媒设计普通组 – DV影片	“空气” ·故事	浙江科技学院	徐速阳 单傲 郭子璇	刘省权 方建国
3	23942	软件应用与开发 – 网站设计	天下书院	湖南大学	庞皓翰 李鑫悦 熊艺凡	周虎
3	23971	软件服务外包 – 移动终端应用（自主命题）	周末一起玩	武汉理工大学	李颖 崔思敏 韩梦曦	周艳
3	23986	数媒设计普通组 – 游戏	嘟嘟	重庆三峡学院	黄定兴 夏爽 朱其剑	徐兵
3	23991	微课与课件 – 计算机应用基础	Excel选定单元格及单元格区域	湖北师范学院	吴鑫 徐金阁	向丹丹
3	23996	微课与课件 – 多媒体技术与应用	flash自行车动画的制作	武汉体育学院	石净嘉 龚亚南 戴思宇	蒋立兵 李永安
3	24020	计算机音乐 – 原创（专业组）	黑洞	四川音乐学院	邓劲航	姚琦
3	24052	数媒设计中华民族文化组 – 图形图像设计	点亮民族情　情系中国梦	浙江农林大学	夏周缘 张雯	黄慧君 方善用
3	24062	微课与课件 – 自然遗产与文化遗产	鹿王本生	杭州师范大学	张田园 楼英丹	项洁 许剑春
3	24072	数媒设计专业组 – 图形图像设计	为城市拼贴绿色	桂林电子科技大学信息科技学院	徐海滨	黄晓瑜 李辉
3	24077	微课与课件 – 中、小学数学	勾股定理	吉首大学	简中慧 申思远	彭金璋 张美华
3	24085	中华优秀传统文化微电影 – 歌颂中华大地河山诗词散文	绝句	西南石油大学	范益豪 王耀 马子婷	崔炯屏 郭玉秀
3	24091	数媒设计中华民族文化组 – 动画	南北营造	湖南大学	易潇雨 徐名业 王豪	江海

续表

奖项	作品编号	作品类别	作品名称	参赛学校	作者	指导老师
3	24096	计算机音乐 – 创编（专业组）	《夜上海》新编	上海师范大学	陈皓	申林
3	24100	计算机音乐 – 原创（专业组）	机械心	上海师范大学	周智文	申林
3	24102	数媒设计专业组 – 交互媒体	留守的空气	汉口学院	张明伟 谢家慧 王璐	刘胜洪 郭浩平
3	24104	中华优秀传统文化微电影 – 歌颂中华大地河山诗词散文	《滕王阁序》选段	吉首大学	刘穗 唐嘉欣 温义佳	杨波 林磊
3	24106	软件服务外包 – 物联网应用（自主命题）	教室无线多媒体系统及智能化管理系统	北京科技大学	杨磊 廖小东 吴晨霞 刘红梅	林宇
3	24107	数媒设计普通组 – 图形图像设计	世界那么大，我却只能朦胧以对	宁波大学	方思艺	戴洪珠
3	24113	数媒设计专业组 – 动画	Thanks For Air	吉首大学	唐嘉欣 刘穗 姚佳欣	杨波 林磊
3	24126	中华优秀传统文化微电影 – 自然遗产与文化遗产	里耶秦简	吉首大学	常晓旭 姚佳欣 于扉	林磊 麻明友
3	24129	数媒设计专业组 – DV影片	我在山里	吉首大学	杜宏娜 于扉 龚琦	麻明友 杨波
3	24135	数媒设计中华民族文化组 – 图形图像设计	忆名族–朝鲜族	桂林电子科技大学信息科技学院	杨天天	李辉 黄晓瑜
3	24137	计算机音乐 – 原创（专业组）	戏	中国戏曲学院	赵连帅	田震子
3	24152	数媒设计中华民族文化组 – 图形图像设计	素白之衣	桂林电子科技大学信息科技学院	唐海伦	李辉 黄晓瑜
3	24153	数媒设计专业组 – 图形图像设计	空气需要呵护	吉首大学	龚琦 杜宏娜 彭友芬	杨波 林磊
3	24154	计算机音乐 – 视频配乐（专业组）	声色触动	四川音乐学院	李军作	李琨
3	24171	数媒设计中华民族文化组 – 动画	走进中黄村	吉首大学	王璐 陈志刚 杨权	尹鹏飞 黄炜
3	24174	数媒设计普通组 – 动画	叶子的旅程	吉首大学	史媛媛 杨玲 景雪莲	欧云 徐倩
3	24183	微课与课件 – 汉语言文学教育	《忆江南》赏析	燕山大学	王慧婷 乔静玉 战思宇	孔得伟
3	24196	数媒设计中华民族文化组 – 图形图像设计	民族文化鼎–产品设计空气净化器	南昌工程学院	缪俊 陈欣欣	段鹏程 钟丽颖
3	24197	数媒设计中华民族文化组 – 动画	孔雀衣	湖北理工学院	郑晓瑞 杨柳 沈凯丽	刘满中 杨雪梅
3	24199	中华优秀传统文化微电影 – 自然遗产与文化遗产	琼韵	海南师范大学	景豆 王晓晗 王瑜	方云端
3	24201	数媒设计专业组 – 动画	霾之殇	湖北理工学院	史乐蒙 宋湾湾	刘满中 徐庆

续表

奖项	作品编号	作品类别	作品名称	参赛学校	作者	指导老师
3	24205	数媒设计中华民族文化组 – 图形图像设计	霓裳之黎说星座	海南师范大学	彭梓涵 张晓彤 冯朝歌	冯建平
3	24206	数媒设计专业组 – DV影片	蓝	宁波大学	邱仕杰 杨越 杜世丽	王慧
3	24208	数媒设计中华民族文化组 – 图形图像设计	长城烽火台创意加湿器	南昌工程学院	孟祥云 刘源	段鹏程 李前程
3	24212	数媒设计专业组 – 动画	生活如此多“焦”	海南师范大学	冯雪晴 张雪 李兰	冯建平
3	24213	数媒设计专业组 – DV影片	你好，世界	海南师范大学	石方 姚俊文 余洲富	方云端
3	24235	数媒设计中华民族文化组 – 交互媒体设计	黎想	海南师范大学	许小柔 康丽 蔡晶晶	张清心 陈海婷
3	24238	软件应用与开发 – 数据库应用	考勤3忧	重庆文理学院	肖灿明 耿品杰 唐小燕	谭立伟
3	24240	计算机音乐 – 视频配乐（专业组）	World of warcraft	上海师范大学	王志豪	申林
3	24255	数媒设计专业组 – 图形图像设计	竹炭包空气清新剂	南昌工程学院	李明艳	段鹏程 周立堂
3	24262	软件应用与开发 – 数据库应用	宾馆智能便捷管理	西华师范大学	张冰 李一鑫 余秋萍	蒲斌
3	24264	中华优秀传统文化微电影 – 先秦主要哲学流派	中国人的一天	武汉体育学院	龚亚南 张叶 谢佼	蒋立兵
3	24269	计算机音乐 – 原创（专业组）	最后一滴泪	浙江音乐学院（筹）	肖鑫	段瑞雷 黄晓东
3	24275	数媒设计普通组 – 动画	Without Air	西华师范大学	杨旭 黄婷 姚宗沅	贺春林
3	24285	数媒设计专业组 – 动画	禁闭	宜宾学院	陈光 王双燕	曹莉兰
3	24287	数媒设计中华民族文化组 – 图形图像设计	中国校服百年演变史——从经济变迁看校服	西华师范大学	胡丽娜 罗雅琳 龙红宇	陈昱廷
3	24298	中华优秀传统文化微电影 – 优秀的传统道德风尚	远方的家	吉首大学	龙雯雯 彭忠怀 向武胜	鲁荣波 欧云
3	24303	软件服务外包 – 电子商务（自主命题）	火红到家火锅外卖平台	宜宾学院	向虎 陆祥军	曾安平
3	24307	数媒设计普通组 – DV影片	空气	西华师范大学	罗康元 何彬 宋佳怡	李艳梅
3	24337	数媒设计普通组 – DV影片	起风了	四川医科大学	彭爽 何得淮 董亚雄	曹高飞 邓欢
3	24338	数媒设计专业组 – 游戏	阿尔法的精灵森林	湖北理工学院	万聪 王秋宇 罗依玲 史乐蒙 刘伟平	吕璐 胡伶俐
3	24346	软件服务外包 – 移动终端应用（自主命题）	元芳	西南财经大学	周依琮 王玥 郭子毅	王涛
3	24347	数媒设计专业组 – 图形图像设计	空气	湖南大学	杜雨桐 游宇霞	周虎
3	24350	数媒设计专业组 – 动画	AIR	西华师范大学	陈铭 余淑惠 郭红	刘睿

续表

奖项	作品编号	作品类别	作品名称	参赛学校	作者	指导老师
3	24352	动漫游戏创意设计 – 游戏	Runing For Love	三明学院	张琳涛 宋少挺 谢松茹 涂东华	张帅 伍传敏
3	24357	动漫游戏创意设计 – 游戏	迷宫大闯关	三明学院	陈伟昌 陈惠玲 李艳萍 肖苗苗	张帅 伍传敏
3	24361	微课与课件 – 计算机应用基础	树的基本概念	西华师范大学	郭红 王香蒙 罗莎	黄斌
3	24362	软件应用与开发 – 网站设计	冷链溯源监控系统	重庆文理学院	陈德文 黄丹 林国龙	殷娇 雷丽
3	24380	数媒设计专业组 – 图形图像设计	可悬挂空气净化器	南昌工程学院	陈欣欣 缪俊	段鹏程 钟丽颖
3	24389	数媒设计中华民族文化组 – 图形图像设计	民族神兽	山东工艺美术学院	王彦霖 王玲玲	牟堂娟
3	24395	软件服务外包 – 电子商务（自主命题）	校园实习服务平台	浙江农林大学暨阳学院	高红艳 许云凤 石芳蓉 施珂	陈英 腾红艳
3	24400	中华优秀传统文化微电影 – 自然遗产与文化遗产	急程茶	杭州师范大学钱江学院	张斯楠 陈育蕊 杨旭	李继卫
3	24401	数媒设计普通组 – 动画	十面霾伏	川北医学院	隆依锈 杨鑫洋 杨苗	刘正龙
3	24402	数媒设计普通组 – 动画	雾非雾	川北医学院	段陈超 陈燕 罗宇博	罗玉军
3	24406	计算机音乐 – 创编（专业组）	一生所爱	中国戏曲学院	贾玉康	田震子
3	24419	计算机音乐 – 创编（专业组）	竹林深处	中国戏曲学院	李昊夔	田震子
3	24436	数媒设计普通组 – DV影片	时光里的尘埃	内蒙古大学创业学院	白泽宇 丁炳耀 张旭 郝帅 王江月	郝彦斌
3	24457	软件应用与开发 – 数据库应用	压裂井储层评价系统	西南石油大学	许瑾 李国冬	向海昀 李旭
3	24466	中华优秀传统文化微电影 – 优秀的传统道德风尚	戏彩娱亲	宁波大学	周晨露 张柯慧 李淤轩	黄东明 陶志琼
3	24474	数媒设计专业组 – 虚拟现实	城市之肺	宜宾学院	郑永富 黄宇 赵宜超	姚丕荣
3	24484	软件应用与开发 – 网站设计	大学生综合素质测评系统	广西大学	施基炳 易辰	赵万宗 柳永念
3	24492	软件服务外包 – 移动终端应用(自主命题)	校园垃圾大战	华中师范大学	余振 宋晨睿 李驰 陈莹部 黄圣斯	艾欢
3	24500	中华优秀传统文化微电影 – 歌颂中华大地河山诗词散文	寻·忆	四川师范大学	罗雯琳 卫悦娟 吕婷婷	胡奕颢

续表

奖项	作品编号	作品类别	作品名称	参赛学校	作者	指导老师
3	24501	中华优秀传统文化微电影 – 自然遗产与文化遗产	呀喏哒噃	华中师范大学	胡叶 王桂玉 詹雅君	魏艳涛
3	24510	中华优秀传统文化微电影 – 自然遗产与文化遗产	程氏戏台	华中师范大学	谢莹 丁妮 李莹	赵肖雄
3	24519	微课与课件 – 中、小学数学	奇妙的分形图形	华中师范大学	张璐 谭润英 黄瑞雪	胡典顺
3	24520	数媒设计普通组 – 游戏	AIR	广西大学	陆宏承 杨扩威 马升杰	姚怡 余益
3	24523	数媒设计专业组 – 游戏	空气救援——Air Rescue	四川师范大学	蔡迪玮 岳晓丽 宋蕊	何武
3	24533	数媒设计专业组 – 游戏	Running Sandy	四川师范大学	周杰 黄文 杨冯	何武
3	24536	数媒设计普通组 – 动画	梦幻的飞翔	中国民用航空飞行学院	施奇 谢明洋 张旭博	路晶
3	24539	软件应用与开发 – 网站设计	柴火——基于数据分析的校园活动发布平台	西南财经大学	赵泽清	李自力
3	24547	数媒设计中华民族文化组 – 图形图像设计	中华民族古建筑网页设计——模拟手机app交互（基于Android）	四川师范大学	李颖	霍治乾
3	24581	数媒设计专业组 – 图形图像设计	匆匆	通化师范学院	耿长宇 刘明阳	齐颖
3	24583	数媒设计专业组 – 图形图像设计	放下手机，别把亲人当做空气	宁波大学	王淑晖 吴冬冬 雷苏文	周艳
3	24613	动漫游戏创意设计 – 数字平面与交互	我该往哪飞！？	广西师范大学	黄莉萍	蒋慧
3	24623	数媒设计专业组 – 图形图像设计	空气美好，生活美好	广西师范大学	黄灵芝	左志玲
3	24629	动漫游戏创意设计 – 动画	生命“气”源	广西师范大学	李荷	朱艺华 覃丽琼
3	24641	软件应用与开发 – 数据库应用	微信餐饮排队叫号系统	广西师范大学	欧千 熊波 梁胜浴	蒋清红 梁艳
3	24643	数媒设计普通组 – 移动终端	DIY空气汇应用软件	广西师范大学	甘柱松 张明娟 申佳	蒋清红 夏海英
3	24644	软件应用与开发 – 数据库应用	二维码会议签到管理系统	广西师范大学	陈敏妮 甘志壮 陈晓飞	覃章荣
3	24664	动漫游戏创意设计 – 数字平面与交互	《呼吸》系列	广西师范大学	许俊平	李露
3	24666	动漫游戏创意设计 – 数字平面与交互	《广西12个世居民族服饰的卡通形象》系列	广西师范大学	许俊平	李茵
3	24667	数媒设计专业组 – 图形图像设计	家·空气	重庆大学城市科技学院	白雪 柯萍	王丽 李刚
3	24674	软件服务外包 – 人机交互应用（企业命题）	员工考勤系统	上海工程技术大学	秦道坤	苏前敏

续表

奖项	作品编号	作品类别	作品名称	参赛学校	作者	指导老师
3	24675	数媒设计专业组 – 图形图像设计	缺氧的人	桂林电子科技大学信息科技学院	刘登	黄晓瑜 李辉
3	24680	软件应用与开发 – 虚拟实验平台	CCPrint云打印	上海财经大学	吕天予 金成 汤殿茂	谢斐
3	24687	数媒设计普通组 – 图形图像设计	呼吸·生长·自由	后勤工程学院	孙广 李松 白金矿	李蓉
3	24694	动漫游戏创意设计 – 数字平面与交互	魅力靖江·王城	广西师范大学	周菲 林冬梅 庞春青	李茵
3	24701	数媒设计专业组 – 动画	空气罐头	上海第二工业大学	肖林霖 阙菲 刘美琪	施红
3	24706	软件应用与开发 – 网站设计	“Do Myself” 电院勤工助学管理系统	上海电力学院	康文奇 李云龙 吕昂	冷亚军
3	24713	动漫游戏创意设计 – 动画	unreachable lover	南阳师范学院	袁文 郝一斌 冯珂 张以 郏明月	张跃武 魏琪
3	24718	软件应用与开发 – 数据库应用	中药学习软件	上海中医药大学	周宽 沈君怡	车立娟
3	24721	软件应用与开发 – 网站设计	我的任性校园	上海商学院	盛杰瑜 余洲杰 李徐志	谈嵘
3	24724	计算机音乐 – 视频配乐（普通组）	光阴	重庆文理学院	吴绪华 杨少华	王月浩 姜涌
3	24727	数媒设计中华民族文化组 – 交互媒体设计	桃花深处有瑶家	广西师范大学	王娅婷 邓翠娟 邢宇航	朱艺华
3	24733	软件服务外包 – 移动终端应用（自主命题）	企业经营决策仿真系统的移动化解决方案	东华大学	王艳璐 张芷博 产斯庆 周媛媛 贾煊	董平军 宋福根
3	24737	数媒设计专业组 – 动画	吸·惜	重庆大学	严梓心 谢妮娟 周韵	夏青
3	24743	软件服务外包 – 大数据分析（自主命题）	ISearch	上海大学	张明虎 吴浩 孙佳敏 俞英 蒲娟	高洪浩 高珏
3	24747	软件服务外包 – 人机交互应用（自主命题）	给你欢乐、伴你成长的小雪人桌面宠物	上海大学	俞英 张明虎 吴浩 蔡哲 杨雪飞	邹启明 陈章进
3	24749	软件服务外包 – 物联网应用（自主命题）	基于蓝牙与移动终端的Nutlock智能锁与防盗系统	北京科技大学	刘喆 刘天昕 李威	汪红兵
3	24754	数媒设计中华民族文化组 – 动画	被“衣”忘的白裤瑶	广西师范大学	潘倩君 李荷	罗双兰
3	24759	动漫游戏创意设计 – 数字平面与交互	奶奶有话说	广西师范大学	邓婷婷 李燕华	朱艺华
3	24766	动漫游戏创意设计 – 数字平面与交互	Alice历险记	大连东软信息学院	赵玥 李灿 姚嘉	李婷婷
3	24772	微课与课件 – 中、小学自然科学	璀璨明珠	西安培华学院	凌建辉 吴勇健 周亮亮	张伟
3	24777	计算机音乐 – 原创（专业组）	穿越—为二胡而做的电子音乐	南京艺术学院	张珈瑜	庄曜

续表

奖项	作品编号	作品类别	作品名称	参赛学校	作者	指导老师
3	24782	软件应用与开发－数据库应用	人人都是营养师	华东理工大学	刘意 曹慧君 苑伟豪	文欣秀
3	24783	软件应用与开发－网站设计	i校拼	上海海关学院	徐心悦 朱洪相晗 彭胤期	曹晓洁 胡志萍
3	24786	数媒设计普通组－DV影片	寻·空气	运城学院	李可 杨晓娜 苏秋丽	赵满旭 张盼盼
3	24789	数媒设计普通组－DV影片	大美工大——Beyond Gravity	西北工业大学	王逸帆 陈勃羽 陈汎科	高逦 邓正宏
3	24795	中华优秀传统文化微电影－优秀的传统道德风尚	诚牵中国梦，信动华夏心	运城学院	祁峰各 杨婷 赵金鹏	赵满旭 张乐
3	24802	软件应用与开发－网站设计	童忆Club	上海第二工业大学	袁健 朱嘉艺	潘海兰
3	24803	数媒设计专业组－图形图像设计	保护空气拯救自己	西北工业大学明德学院	李江诚 程璇 张聚慧	舒粉利 冯强
3	24805	微课与课件－数据库技术与应用	数据库微课	上海商学院	高婕妤 杨赟晨 王奂鸥	毛一梅
3	24806	数媒设计中华民族文化组－图形图像设计	“萌”面萨满	西北工业大学明德学院	唐倩云 黄山 李芮	冯强 白珍
3	24809	软件应用与开发－网站设计	“阳光工程”志愿者服务队网站	西北工业大学	陈博闻 王昊	高逦 邓正宏
3	24813	动漫游戏创意设计－数字平面与交互	穹苍之下	运城学院	高湘丽 郭翻坐 窦北方	万小红
3	24816	数媒设计专业组－交互媒体	梦寻蓝天	长春工程学院	苗宇 严庆强 伏星 程海强 张兴宇	端文新 蒋中华
3	24818	数媒设计专业组－交互媒体	仰望天空	长春工程学院	曹宇豪 马淑娜 孙丹丹	端文新
3	24826	数媒设计普通组－动画	空气小调查	铜仁学院	吴启阳 焦威 张晨 符印 sgs	韩春霞 龚静
3	24834	数媒设计中华民族文化组－动画	你所不了解的靖江王府	广西师范大学	侯丽坤	徐晨帆 杨家明
3	24841	软件应用与开发－数据库应用	大学生毕业论文在线选题与管理系统	西藏民族学院	刘帆 陆文爽	赵尔平
3	24844	动漫游戏创意设计－动画	哭泣的地球	运城学院	王琛林 胡冰玉	杨武俊
3	24851	软件应用与开发－网站设计	植念	华东师范大学	张燕霓 刘若静 常清青	刘垚 朱晴婷
3	24852	软件应用与开发－网站设计	Ipartner	华东师范大学	罗佳 郭威	郁晓华
3	24853	软件应用与开发－数据库应用	C微学助手	华东师范大学	叶鹏飞 石林青 赵佾	朱晴婷 蒲鹏
3	24856	微课与课件－汉语言文学教育	入党之路	华东师范大学	郑琳 张安然 程洋	刘垚 陈志云
3	24859	微课与课件－计算机应用基础	“智慧生活一课通”老年人实用计算机教学微讲堂	华东师范大学	单俊豪 潘丽源 汪程程	郁晓华

续表

奖项	作品编号	作品类别	作品名称	参赛学校	作者	指导老师
3	24860	数媒设计中华民族文化组 – 交互媒体设计	上海古筝网	华东师范大学	李璟怡 罗思睿 王梦怡	刘艳
3	24861	微课与课件 – 先秦主要哲学流派	长沮桀溺耦而耕	运城学院	单瑶 赵越	李霞
3	24863	微课与课件 – 中、小学自然科学	创伤救护常识	上海杉达学院	徐雯倩 马张露	张丹珏 林莉
3	24874	计算机音乐 – 原创（普通组）	早知会被抓当初何必贪	广东外语外贸大学	林韵嘉 冯嘉怡 余曼佳	陈雪飞
3	24879	微课与课件 – 中、小学自然科学	地球公转与季节变化	运城学院	郝慧赟 麻郑慧	廉侃超 杨立
3	24881	数媒设计中华民族文化组 – 动画	剪纸——医保进山村	运城学院	姚果婷	廉侃超 卫爱良
3	24894	软件应用与开发 – 数据库应用	智能家居管理系统	陕西理工学院	李崚 刘明 赵榛	游涛 王凤全
3	24895	数媒设计普通组 – 游戏	Free The Air	陕西理工学院	易光北 赵怡忻 李雄伟	游涛
3	24898	软件应用与开发 – 网站设计	材发现	华东理工大学	徐威 张明 代承志	胡庆春
3	24905	软件应用与开发 – 网站设计	东华师生通（上海市比赛作品名为”校园卡钱包“，因上报过程作品名出现错误，申请修改）	东华大学	黄凯锋 王华钢 刘强	丁详武
3	24906	动漫游戏创意设计 – 动画	手机小子之中秋节	三明学院	董金霞 李莉	蔡亚才 张欣宇
3	24908	微课与课件 – 数据库技术与应用	MySQL一起精彩	华东理工大学	纪彦竹 陈嘉豪 王君平	胡庆春
3	24916	软件应用与开发 – 网站设计	应诚书城	上海应用技术学院	王凯 陈立翔 黎源	肖立中 倪庆萍
3	24919	软件应用与开发 – 网站设计	新社界	上海财经大学	梁钰婷 宫娴	韩冬梅
3	24922	数媒设计专业组 – 交互媒体	Angel寻韵四季	广西师范大学	覃以凤 杨鹏鸣 曾凌梅 黄明珠 李安琪	朱艺华 骆先荣
3	24926	动漫游戏创意设计 – 游戏	脑力孤岛	湖南大学	张依依 何东灵 周婷婷	周虎
3	24929	软件服务外包 – 物联网应用（自主命题）	基于单片机的宿舍饮水机过载保护和节能系统	陕西理工学院	白子健	潘继强
3	24931	动漫游戏创意设计 – 数字平面与交互	互联网君的日常	华东政法大学	王翰林 曹媛媛 戴雅妮	焦娜
3	24935	数媒设计专业组 – DV影片	味道天华	上海师范大学天华学院	王文 刘海雄 刘敏	刘恋
3	24937	数媒设计中华民族文化组 – 图形图像设计	衣韵	西安电子科技大学	翟静蕾 梅煜杰 张彬	王益锋
3	24944	微课与课件 – 汉语言文学教育	探寻中华汉字之美	西安电子科技大学	辛思杰 王运祥 唐洁	王益锋
3	24949	数媒设计普通组 – 游戏	时空寻气	吉林财经大学	吴思彤 展鑫 肖茜	毛云舸 郭淑馨

续表

奖项	作品编号	作品类别	作品名称	参赛学校	作者	指导老师
3	24964	软件应用与开发 – 数据库应用	智能课堂	西安电子科技大学	赵学兵 代一鸣 宋晓辉	李隐峰
3	24974	数媒设计普通组 – 交互媒体	解铃人之雾锁	上海对外经贸大学	赵玙璠 陈蕾 俞安琪	顾振宇 张瑞娟
3	24983	软件应用与开发 – 数据库应用	Wake健康Up	上海海洋大学	祝士强 刘思旸 陆顺	王令群 李净
3	24991	数媒设计普通组 – 图形图像设计	I WANT TO ESCAPE	中山大学	陈浩毅	阮文江 毛明志
3	24993	数媒设计专业组 – 图形图像设计	离	广州商学院	韩茂旺	李蓉 周维柏
3	24995	动漫游戏创意设计 – 动漫游戏衍生品	汪星13号	华侨大学	梅笑寒 桂尊涛	萧宗志
3	24996	动漫游戏创意设计 – 游戏	数跑星球	大连民族大学	武瑾瑜 唐灵芝 余伟利	杨玥 纪力文
3	24999	数媒设计中华民族文化组 – 图形图像设计	渭城朝雨	西安电子科技大学	梁莹 钱丽洁 田舒韵	王益锋
3	25002	动漫游戏创意设计 – 游戏	博物院之夜	大连民族大学	陈凯 吉宏祥 欧阳晗晔	杨玥 纪力文
3	25016	数媒设计专业组 – 动画	“退”变	广州商学院	莫燕清 江情情	李蓉 李天昊
3	25021	软件应用与开发 – 数据库应用	茶韵馨然	广州商学院	游雅蓝 方敏娜	庄志蕾 李蓉
3	25023	软件应用与开发 – 数据库应用	中国著名历史人物	广州商学院	林清媛 罗雄苑	庄志蕾 李蓉
3	25024	动漫游戏创意设计 – 数字平面与交互	萌贱四眉	南阳师范学院	郭琪 潘纯 曹垚甲 张春林 段晓暖	贺宝月 曾鹏
3	25026	动漫游戏创意设计 – 动画	Simple Love	怀化学院	蒋林佳 欧银申 肖贝	杨夷梅 杨玉军
3	25031	数媒设计普通组 – 动画	小小旅行家Little Traveler	华东政法大学	张枫文 王家璐 毛龙辉	唐玲
3	25032	微课与课件 – 网络应用	web应用程序开发微课的设计与制作	上海商学院	胡馨滢 王逸晨	李智敏 刘富强
3	25037	数媒设计普通组 – 图形图像设计	天之殇	西安电子科技大学	周英奥 韩鹤林 曹若茗	王益锋
3	25039	软件服务外包 – 人机交互应用（自主命题）	CBA–餐饮管理系统	商洛学院	张煌 张少勃 李荣贵	任鑫博 田祎
3	25041	软件应用与开发 – 网站设计	广东省台风灾害评估系统	广东外语外贸大学	孙雪 罗子生 陈舒扬	陈仕鸿 路美秀
3	25043	数媒设计普通组 – 动画	AIR空气	广东外语外贸大学	欧阳瀚彦 罗雯婕	陈仕鸿
3	25044	动漫游戏创意设计 – 游戏	明星连连看	怀化学院	尹稳定 杨卓 陈福海 连育珊 张愉	杨夷梅 杨玉军
3	25045	数媒设计中华民族文化组 – 图形图像设计	吉祥转笔刀	西北工业大学明德学院	舒炎昕 王勇 王浩旭	冯强 高俊杰
3	25049	软件服务外包 – 移动终端应用（自主命题）	婴儿喂奶计	广东石油化工学院	张金隆 黄奕杰 姚江涛	彭展 左利云
3	25055	软件应用与开发 – 网站设计	中国梦–大学ING	上海商学院	谢甜 华叶丹 郭千千	刘攀

续表

奖项	作品编号	作品类别	作品名称	参赛学校	作者	指导老师
3	25056	微课与课件 – 汉语言文学教育	十二生肖汉字教学	广东外语外贸大学	罗艳文 张誉文 王洁芬	陈仕鸿
3	25065	软件应用与开发 – 网站设计	云健身信息管理平台	上海师范大学天华学院	童俊 汪建峰 唐余	马伟超
3	25066	微课与课件 – 计算机应用基础	广东四季易发疾病程序设计（VB.NET综合知识的运用）	广东药学院	卢师锴 黄丽华 莫桂珍	黄国权 郭穗勋
3	25067	软件应用与开发 – 数据库应用	监理岗位胜任能力测试与评估系统	上海电力学院	许帅帅 汪翊杨 李兆斌	陆青
3	25073	数媒设计专业组 – 图形图像设计	同呼吸 共努力	广东石油化工学院	陈智煜	陈一明 战锐
3	25079	微课与课件 – 计算机应用基础	VB.NET移动的设计	广东药学院	林剑萍 黄丽华 卢师锴	黄国权 麦小梅
3	25084	微课与课件 – 网络应用	上海留学生之家（ISHS）	华东理工大学	邱俊俊 张军凯 刘晨婧	胡庆春
3	25085	软件应用与开发 – 数据库应用	E–park易停停车位预约系统	同济大学	周漪 浦雅添 吴杉	袁科萍
3	25088	软件应用与开发 – 网站设计	校园服务交换系统	上海理工大学	汪明明 何梦芸 李若舟	杨赞 柳强
3	25089	数媒设计普通组 – 动画	拯救艾尔	上海对外经贸大学	薛唯 黄瓅莹	顾振宇 孙立新
3	25091	微课与课件 – 中、小学数学	画角	陕西理工学院	申欣然 杨强强	李军
3	25093	软件应用与开发 – 网站设计	《茶·文化》响应式网站	韩山师范学院	陈安琪	韦宁彬
3	25094	中华优秀传统文化微电影 – 自然遗产与文化遗产	潮绣	韩山师范学院	王伟东 王丹冰 陈嘉婕	付道明
3	25096	微课与课件 – 汉语言文学教育	念奴娇赤壁怀古	韩山师范学院	叶子平	江玉珍 朱映辉
3	25097	数媒设计普通组 – 图形图像设计	博弈与建筑	韩山师范学院	麦韵诗 林昂群	郑耿忠
3	25098	数媒设计普通组 – 图形图像设计	净化空气——小植物的光合作用	韩山师范学院	胡超 江伟 翁琪琦	郑耿忠 朱映辉
3	25099	微课与课件 – 计算机应用基础	演示文稿的基本操作	韩山师范学院	张琪欣 王小玲 吴蜜璇	谢观平
3	25102	数媒设计中华民族文化组 – 交互媒体设计	潮州文化元素	韩山师范学院	江悦婷 郑信仪	朱映辉 郑耿忠
3	25106	数媒设计专业组 – 图形图像设计	呼吸	韩山师范学院	胡超 田伟豪 陈博文	郑耿忠 黄伟
3	25108	数媒设计专业组 – 交互媒体	十面霾伏	韩山师范学院	刘玉钿 陈振豪 仇星月	郑耿忠
3	25110	数媒设计中华民族文化组 – 图形图像设计	坊街亭韵	韩山师范学院	黄文娇 翁琪琦 胡超	郑耿忠 刘秋梅
3	25111	数媒设计中华民族文化组 – 交互媒体设计	古艺广绣	广东外语外贸大学	郑庭捷 鲍文静 朱家健	陈仕鸿 李宇耀
3	25115	数媒设计中华民族文化组 – 动画	印象 土楼	中国人民解放军后勤工程学院	龚翰源 刘子靖 张向昊	敬晓愚

续表

奖项	作品编号	作品类别	作品名称	参赛学校	作者	指导老师
3	25116	数媒设计普通组 – DV影片	爱的空气	后勤工程学院	段世浩 唐皓东 赵永强	李蓉
3	25129	软件应用与开发 – 网站设计	校园二手平台交易网站	上海海事大学	徐泽文 张翊昊 杜垣达	李吉彬
3	25130	软件服务外包 – 大数据分析（企业命题）	基于微博平台的情绪分析系统	广东外语外贸大学	蔡茂丽 黄卫坚 吴佳林 林先铭	蒋盛益
3	25134	软件应用与开发 – 数据库应用	理财工具箱	上海工程技术大学	樊君嘉 张玉希	李旭芳
3	25137	软件服务外包 – 电子商务（自主命题）	吃了么网上点餐系统	华东理工大学	翟洪毅 胡伟强	王占全
3	25140	数媒设计普通组 – 动画	一路无霾	韩山师范学院	杨晓纯 林秀妮	江玉珍 朱映辉
3	25141	中华优秀传统文化微电影 – 自然遗产与文化遗产	许驸马府	韩山师范学院	麦韵诗 黄欣怡 柯烁	郑耿忠
3	25142	微课与课件 – 中、小学自然科学	湛江红树林	岭南师范学院	周伊婷 林清花 吴晓婷	袁旭
3	25145	软件应用与开发 – 数据库应用	基于人脸识别技术的校园点餐推荐系统	上海电力学院	张俊伟 程一智 张楚央	杜海舟 毕忠勤
3	25146	软件应用与开发 – 网站设计	教学保障管理系统	空军工程大学	刘羊羊 施超 史红亮	张红梅 李辉
3	25153	动漫游戏创意设计 – 动画	手机人生	广州商学院	蔡卓成 朱楷杨 李慧兰	李天昊 周维柏
3	25154	数媒设计普通组 – 图形图像设计	air——our life	广东外语外贸大学	李艾哲 罗雯婕	刘丽玉
3	25160	动漫游戏创意设计 – 动画	家园保卫战	广州商学院	陈彦芬 林仰玲 庄伟娜 刘晓	李天昊 李蓉
3	25172	微课与课件 – 多媒体技术与应用	蒙之源	内蒙古大学	王琳博 包圆圆 沙鸥	巩政
3	25174	软件服务外包 – 人机交互应用（自主命题）	基于体感交互技术的隔空控制系统的开发	上海第二工业大学	李静 罗崧麟	蒋文蓉
3	25179	软件应用与开发 – 网站设计	供电系统网上监控平台	上海工程技术大学	周臻辉 朱相臣	向珏良
3	25185	数媒设计中华民族文化组 – 图形图像设计	雕梁画栋锦屏春——中国建筑彩画	广东外语外贸大学	胡诗敏	刘付桂兰
3	25186	微课与课件 – 多媒体技术与应用	Photoshop Cs6基础教学	广东外语外贸大学	林淑华 王秋穗 林小华	简小庆
3	25194	数媒设计普通组 – 图形图像设计	书韵留香	上海电力学院	田贝 田莉梅 黄姿铱	李春丽 潘华
3	25201	微课与课件 – 计算机应用基础	微型计算机树莓派的应用	广东海洋大学寸金学院	刘立为 李创伟 蓝俊鹏	曹敏 赵圆圆
3	25203	数媒设计专业组 – 交互媒体	a colorful world	广东技术师范学院	杨小梅 熊思咏 凌海燕	伍国华
3	25204	动漫游戏创意设计 – 数字影像	金城印象	兰州交通大学	张晨光 张建勇 曹现锋 季延嗣 张若雨	刘海 张国龙

续表

奖项	作品编号	作品类别	作品名称	参赛学校	作者	指导老师
3	25207	数媒设计专业组 – 图形图像设计	我害怕	广东技术师范学院	陈嘉莉 黄慧琪 方秀芝	李端强
3	25211	软件应用与开发 – 虚拟实验平台	物资管理系统	华南理工大学广州学院	曹梓玲 凌玉林	
3	25227	软件应用与开发 – 数据库应用	校园信息通app	广东外语外贸大学	陈晓帆 黄世豪 陈志宏	叶开 张新猛
3	25231	软件应用与开发 – 网站设计	点餐系统	华南理工大学广州学院	邱昭梅 陈穗丽 李佳琳	曾忠贤
3	25233	软件服务外包 – 移动终端应用(自主命题)	烧脑加减乘除	上海财经大学	胡清言 张姝	韩松乔
3	25237	数媒设计专业组 – DV影片	同样的空气	北华大学	李昊 刘浩东 董雪	葛涵 李敏
3	25239	软件应用与开发 – 网站设计	粤讲粤掂	广东技术师范学院	莫秋玲 骆永红 刘冰敏 朱燕南	赵剑冬
3	25247	软件应用与开发 – 数据库应用	大白爱管理	商洛学院	杜珺光 明洁	卢琮 王重英
3	25252	数媒设计专业组 – 图形图像设计	眼镜下的思考	韩山师范学院	李风远	薛胜兰
3	25255	软件服务外包 – 移动终端应用(自主命题)	示波器	上海第二工业大学	乔乙桓 何学诚 周瑾	蒋文蓉
3	25259	数媒设计普通组 – 交互媒体	味恋	西北工业大学明德学院	刘恒 孟子栋	龙昀光
3	25267	软件应用与开发 – 数据库应用	智能运动与健康管理数据库系统	第二军医大学	王传力 许名宇 张景翔	郑奋
3	25276	动漫游戏创意设计 – 动漫游戏衍生品	十二星座之土豆侠	韩山师范学院	陈晓婷 陈纯芝 郑信仪	朱映辉
3	25279	微课与课件 – 中、小学数学	平行四边形的面积计算	岭南师范学院	陈晓将 梁慧思 吴晓婷	袁旭 徐建志
3	25280	软件应用与开发 – 网站设计	陕西旅游网	渭南师范学院	王利军 艾尧 范娇婷	同晓荣
3	25281	软件应用与开发 – 网站设计	网络医生	第二军医大学	阮一鸣 孙鸿宇 王明达	郑奋
3	25283	软件应用与开发 – 网站设计	玛奇园	广东海洋大学寸金学院	钟鹏 傅世仁 黄志杰	陈金舰 赵男男
3	25292	数媒设计中华民族文化组 – 动画	围龙人家	深圳大学	何遇卿 肖旭晗 梁宝丰	田少煦 黄晓东
3	25293	数媒设计普通组 – 图形图像设计	空气色彩	深圳大学	刘威威	吴汶萱
3	25298	动漫游戏创意设计 – 动画	砍价	兰州交通大学	王明男 季延嗣 纪书杰 吴宏亮 赵绚尧	刘海 王永生
3	25299	软件应用与开发 – 网站设计	《关注濒危动物》小学生科普网站原型设计	深圳大学	王林旭 杨嘉栋	何健宁

续表

奖项	作品编号	作品类别	作品名称	参赛学校	作者	指导老师
3	25302	软件应用与开发－数据库应用	图书管理系统	吉林大学珠海学院	颜均懿 熊汉文 韦璇	李昱 罗永升
3	25304	数媒设计专业组－交互媒体	流转	深圳大学	罗子绚 杨秋怡 陈蓓莹	吴汶萱
3	25305	软件应用与开发－网站设计	移动MM报名网站	吉林大学珠海学院	王怡然	李昱 郭晓燕
3	25318	数媒设计专业组－交互媒体	空气城堡	深圳大学	陈力虎 张边缘	吴汶萱
3	25320	软件服务外包－物联网应用（自主命题）	我爱我家—“互联网+家居环境监控”系统的设计与实现	中南财经政法大学	冯浩 张佳铭 田宁梦 李媛	屈振新 阮新新
3	25321	软件服务外包－电子商务（自主命题）	校园易点	吉林大学珠海学院	陈诗烁 谢善斌 黄家明 颜均懿 戴妆	李昱 罗永升
3	25323	软件服务外包－移动终端应用（企业命题）	移动输液系统开发	徐州工程学院	朱成龙 王棵 张雁	姜代红
3	25332	动漫游戏创意设计－游戏	star护卫联盟	江苏理工学院	陈程 陈玉花 许美钰	黄昌海
3	25345	动漫游戏创意设计－数字平面与交互	土豆侠卖萌之旅	华侨大学	杨悦 黄诗琪 杨晓婕	洪欣
3	25348	动漫游戏创意设计－游戏	小朋友，你知道吗?	江苏理工学院	顾星星 张剑 倪霞	黄昌海
3	25354	数媒设计普通组－图形图像设计	我们，同在之下	华南理工大学广州学院	梁权伟	郑馥丹
3	25358	数媒设计专业组－游戏	脑氧氧	深圳大学	蔡诗毓 肖泽鹏 郭启帆	曹晓明 张永和
3	25360	软件服务外包－移动终端应用（自主命题）	注	广东海洋大学寸金学院	吴狄 彭炫豫 吴海韵	刘吉林 丁兵兵
3	25366	数媒设计中华民族文化组－动画	高山流水	西北大学	屈菁 蔡舒越 冯天	温雅 屈健
3	25369	软件服务外包－大数据分析（自主命题）	电视节目舆论监测分析系统	浙江传媒学院	黄浩明 何小露 毛金原	俞定国
3	25379	软件应用与开发－网站设计	飘	广州大学华软软件学院	蔡惠纯 陈淑倩 郑泽鹏	金晖
3	25383	软件应用与开发－网站设计	O2基金会（新氧基金会）	广州大学华软软件学院	郭锐 徐文婷 刘元翔	潘欣 张香玉
3	25385	数媒设计专业组－动画	玻璃民	广州大学华软软件学院	黄琮 刘洁 孙晓焜	金晖
3	25386	数媒设计中华民族文化组－交互媒体设计	灵动的木香	广州大学华软软件学院	许安然 苏晓燕 张妍珣	张香玉 金晖

续表

奖项	作品编号	作品类别	作品名称	参赛学校	作者	指导老师
3	25391	数媒设计中华民族文化组 – 交互媒体设计	傣	广州大学华软软件学院	郑康 罗佳娴	金晖
3	25395	数媒设计专业组 – DV影片	还我清新	广州大学华软软件学院	左建霖	曹陆军 吴晓波
3	25408	动漫游戏创意设计 – 数字平面与交互	手机小子	西京学院	吴乾丹 高榕婕	魏玉晶
3	25410	数媒设计专业组 – 图形图像设计	窒息	广州大学华软软件学院	陈诗欣 杜淑仪	张欣 杜凯
3	25411	动漫游戏创意设计 – 动画	孤单世界	黄淮学院	赵立威 龙立淦 董芳羽	韩文利
3	25412	动漫游戏创意设计 – 数字平面与交互	四眉超萌系列表情	东北大学	徐晓锦 宋梦舒 张冬辉 李泽华 王凤琦	霍楷
3	25420	动漫游戏创意设计 – 动画	纳尼兔	西京学院	许思敏 张娇 杨洁	魏玉晶
3	25425	软件应用与开发 – 网站设计	《一时一生》中式婚礼的推广与定制	西北大学	姜励立	朱琛
3	25434	微课与课件 – 多媒体技术与应用	FlashCS3 补间动画	海南师范大学	芮悦婷 叶箴言 林明	罗志刚
3	25435	软件服务外包 – 人机交互应用(自主命题)	华韵乐器网站设计	西北大学	池汉臣	周焱
3	25448	动漫游戏创意设计 – 动画	土豆侠救竹林	郑州大学	张小珍 程浩轩	夏晓东
3	25463	软件服务外包 – 人机交互应用(自主命题)	除湿储物箱的研制	安徽农业大学经济技术学院	冯红 贺正媛 王权	孟浩 许正荣
3	25474	软件服务外包 – 电子商务(企业命题)	国优特产网上商城	哈尔滨学院	赵敏 丛芳芳 张闯	王克朝
3	25483	软件服务外包 – 人机交互应用(自主命题)	智能电子飞镖的设计与制作	安徽农业大学	陈帮胜 戴璨 戴俊武	陈卫 孟浩
3	25487	动漫游戏创意设计 – 动画	小故事大道理	武汉体育学院	邵薇 钟海滨 丘亮腾 刘娜 周马丽	李晓令 周彤
3	25494	软件服务外包 – 电子商务(自主命题)	大众募资网	常熟理工学院	曹鹏程 黄友为 孙梦佳 顾焓玥	周剑
3	25497	动漫游戏创意设计 – 游戏	奔跑吧！囧爱	福州大学	洪婷婷 施思 杨柳莹 吴婷婷 卢育红	何俊 黄晓瑜
3	25503	软件服务外包 – 移动终端应用(企业命题)	个人信息管理系统	常熟理工学院	何望 龚旻 薛玥	钱振江

续表

奖项	作品编号	作品类别	作品名称	参赛学校	作者	指导老师
3	25505	软件服务外包 – 移动终端应用(企业命题)	移动输液系统	上海师范大学天华学院	寿毅宁 汪建峰 王伟波 滕欣 李俞洁	朱怀中 王艺红
3	25510	数媒设计专业组 – 游戏	争分夺秒	上海工程技术大学	王颖慧 王晨麟 沈之宇	章颖芳
3	25518	软件服务外包 – 移动终端应用(企业命题)	移动输液系统	沈阳理工大学	贯江毅 王宇 彭博文 文赵伟	刘芳 刘猛
3	25525	软件服务外包 – 移动终端应用(自主命题)	脐橙病虫害智能诊断APP	赣南师范学院	陈楷元 周运波 杨立顺 吴丽平	钟莉云 武燕
3	25527	软件服务外包 – 移动终端应用(自主命题)	Any——图文轻社交	燕山大学	王雷 王伟 王帅楠 田成龙 张子炫	赵逢达
3	25533	软件服务外包 – 电子商务(自主命题)	“照故”在线冲印管理平台	湖南大学	梁豪 邱荣基 吴红萍 熊小璇 廖广玉	周虎
3	25546	软件服务外包 – 电子商务(自主命题)	Online在线课程	中华女子学院	陈嘉欣 吴亚新 郑闲芷	刘开南 宁玲
3	25548	软件服务外包 – 移动终端应用(自主命题)	基于Android平台的微课的系统的设计与实现	赣南师范学院	项婉 彭思敏 何而恒	范林秀 刘芳
3	25549	软件服务外包 – 物联网应用(自主命题)	灵智空间探测飞行器	武汉商学院	周晓慧 陶俊杰 罗静	亓相涛 张靖
3	25557	软件服务外包 – 移动终端应用(企业命题)	医院预约挂号系统	中华女子学院	刘虹	宁玲 刘冬懿
3	25560	软件服务外包 – 电子商务(自主命题)	乐逸买	浙江传媒学院	王绿原 李菲菲 孙君铎 万萍 叶璐	杨帆 苗小雨

8.3 2015年（第8届）中国大学生计算机设计大赛获奖作品选登

01.【23599】外卖口袋

参赛学校：华中农业大学
参赛分类：软件应用与开发 | 网站设计
获得奖项：一等奖
作　　者：张德雨、王炜、陈佳琦
指导教师：田芳、章程

作品简介

外卖口袋是一套集成微信订餐系统平台的解决方案。围绕着外卖商家的需求，帮助其建立自己的外卖品牌和顾客。

目前微信订餐系统在市面上非常多，其盈利模式是通过收取系统的使用费来实现。

外卖口袋微信订餐系统是一套强大的微信订餐系统，通过微信公众平台接入，可以实现微信下单的功能，并对外卖行业深度开发了一系列非常适合外卖行业的功能和模块，如无线订单打印、配送员模块、订单自动分类功能，和一般的微信订餐系统相比具有更强的功能优势。

安装说明

在浏览器中打开即可。

访问网址：http: //www.waimaikoudai.com/

演示效果

微信端订购系统具有直接面向订餐用户的界面，这是提高商家转化率的关键。

顾客进入微信公众号后，发送1即可进入该商家店铺，在店铺内可实现在线选购、购物车、下单的功能。以下为微信订购时的店铺截图：

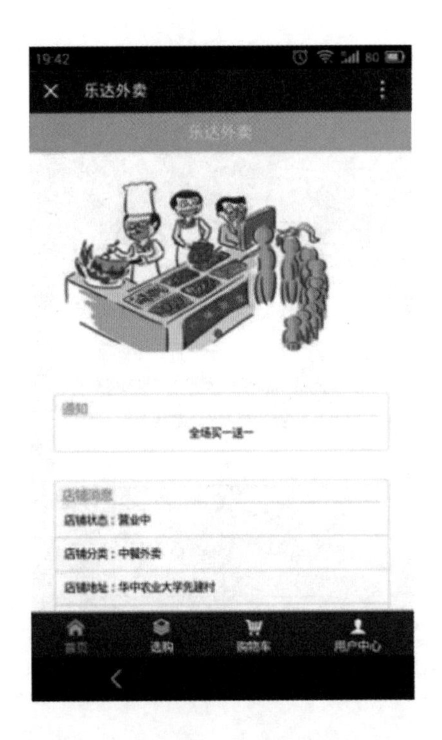

当用户下单时，商家的手机（微信）将收到订单提醒，提醒商家进行配送。

截图如下：

语音下单指的是订餐用户直接发送语音到微信公众平台即可实现下单功能，此功能为行业独创功能。

截图如下：

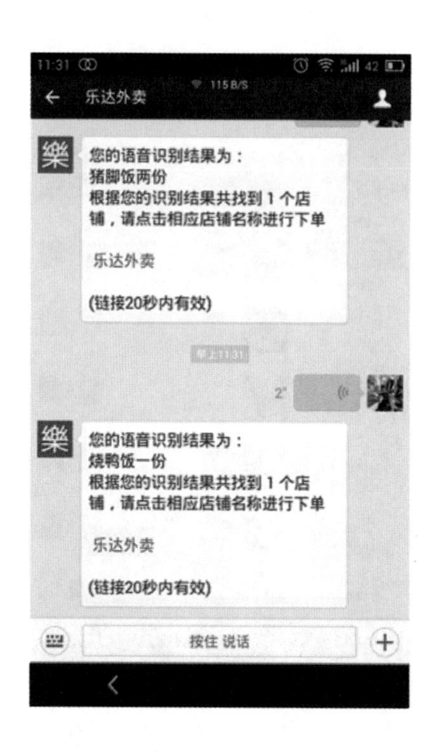

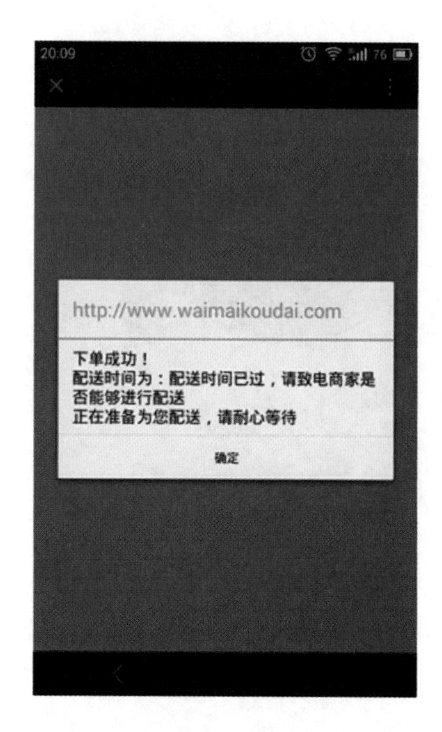

商家后台管理系统可以实现商家自助上架商品、管理订单、打印订单等各种强大的功能。部分功能截图如下：

总销量实时统计　　各配送员配送统计　　配送员模块

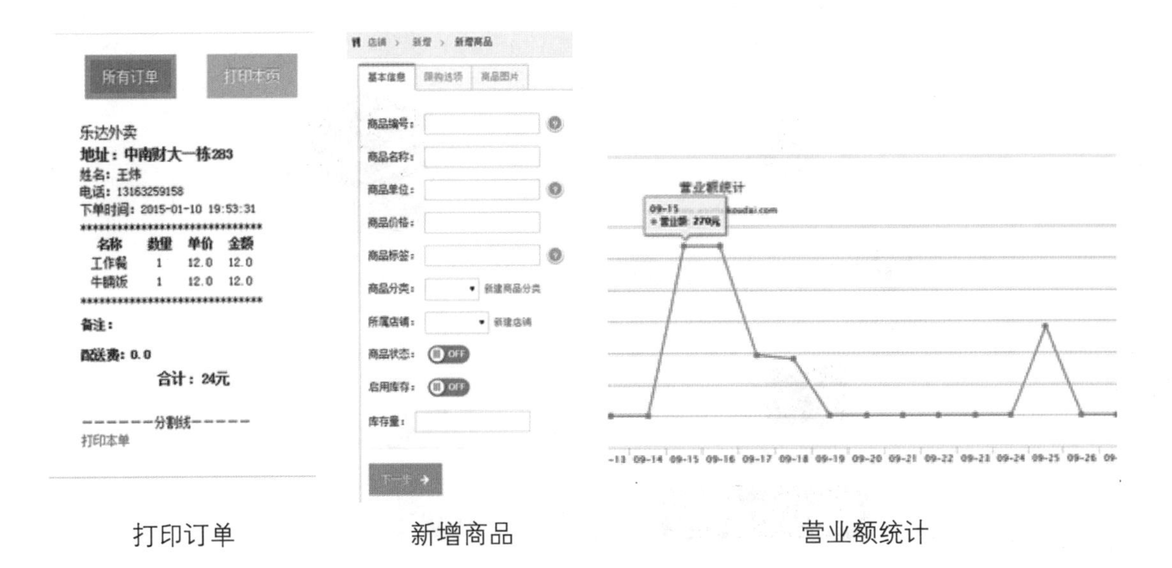

打印订单　　　　新增商品　　　　营业额统计

无线打印机是利用 GPRS 网络进行无线订单打印，用户下单后，无线打印机自动接收订单并自动打印订单小票，实现订单提醒以及方便商家配货准备的功能。

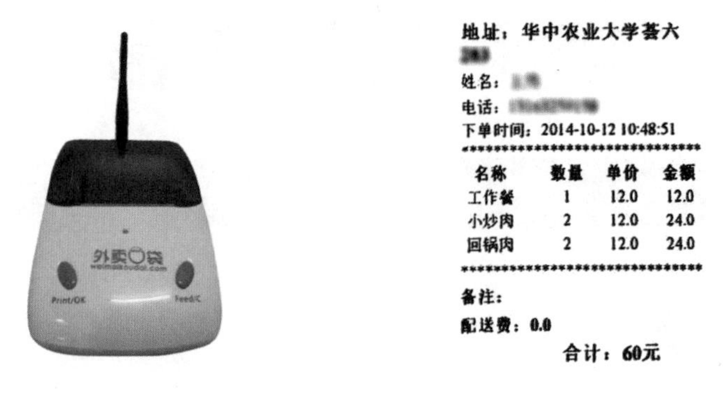

设计思路

网站架构

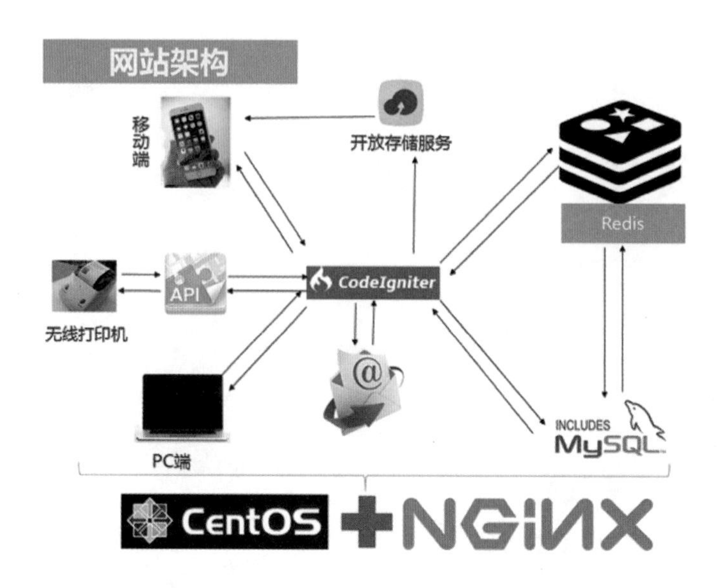
网站架构
移动端
开放存储服务
Redis
API
CodeIgniter
无线打印机
PC端
INCLUDES MySQL
CentOS
NGINX

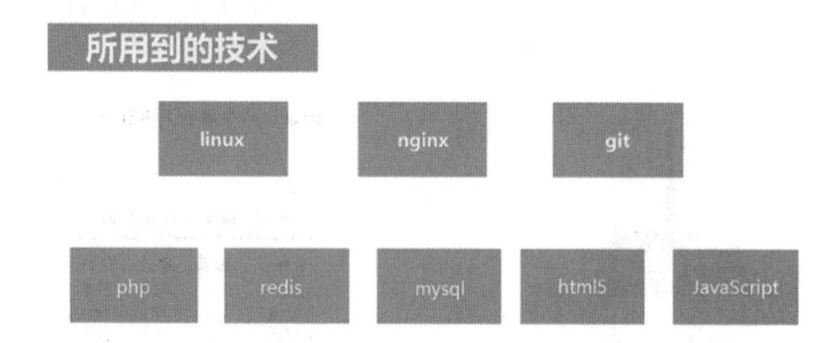
所用到的技术
linux
nginx
git
php
redis
mysql
html5
JavaScript

设计重点与难点

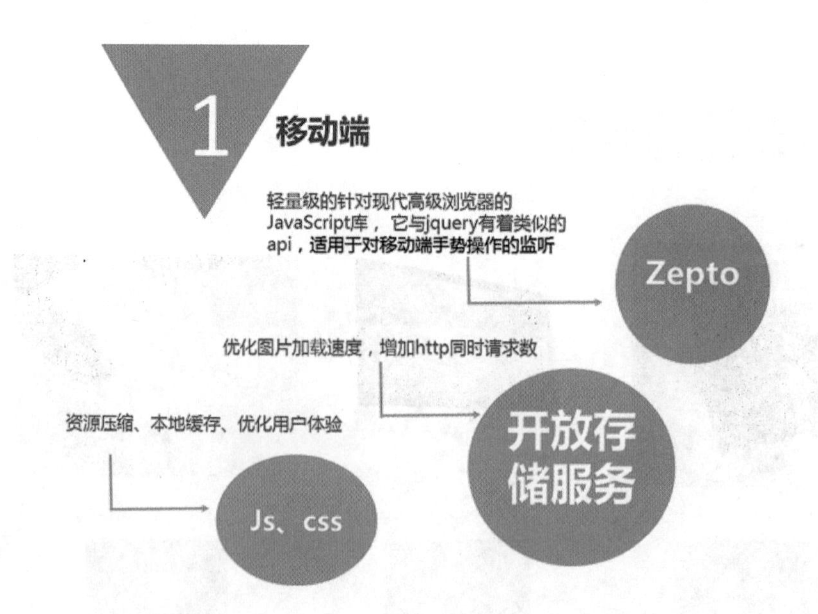
1
移动端
轻量级的针对现代高级浏览器的JavaScript库，它与jquery有着类似的api，适用于对移动端手势操作的监听
Zepto
优化图片加载速度，增加http同时请求数
开放存储服务
资源压缩、本地缓存、优化用户体验
Js、css

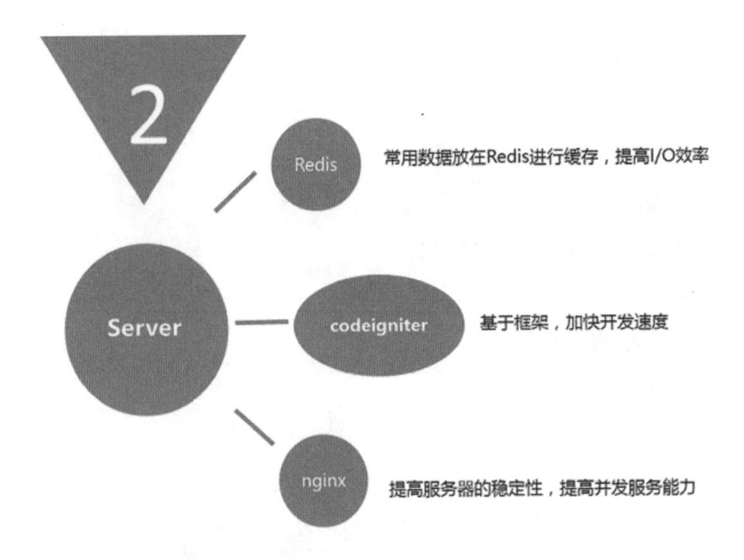
2
Redis
常用数据放在Redis进行缓存，提高I/O效率
Server
codeigniter
基于框架，加快开发速度
nginx
提高服务器的稳定性，提高并发服务能力

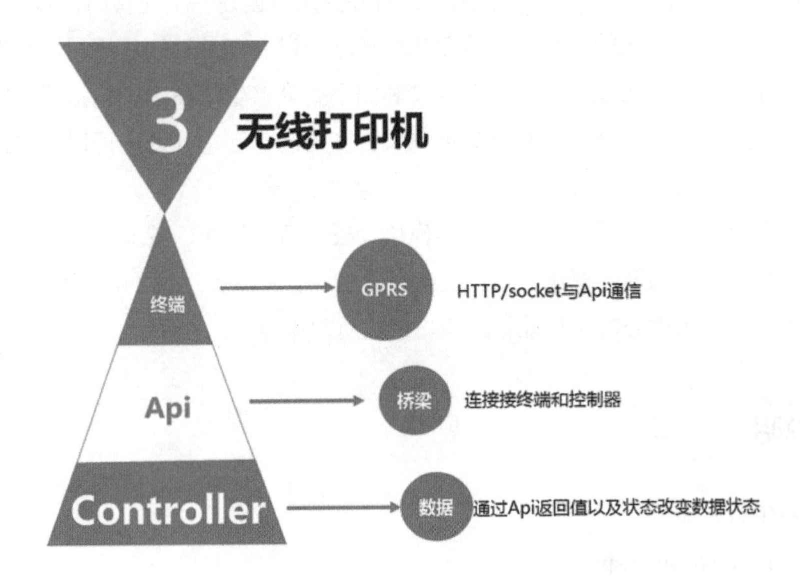
3
无线打印机
终端
GPRS
HTTP/socket与Api通信
Api
桥梁
连接接终端和控制器
Controller
数据
通过Api返回值以及状态改变数据状态

02.【23637】校园派

参赛学校：重庆大学

参赛分类：软件应用与开发 | 网站设计

获得奖项：一等奖

作　　者：罗蓉、高萌、官加文

指导教师：刘慧君

作品简介

“校园派”将微信平台和网站平台相结合，旨在为用户创建一个完善的校园信息平台。

微信平台主要包括三大模块：学习帮手、生活贴士以及互动社区。用户可在学习帮手中查看重大校历、个人课表、考试安排、学业成绩和图书查询；生活贴士中包括了一些常用链接：校车查询、在线订餐、天气查询、快递查询以及百度地图；互动社区中可以获取推送、校园新闻、校园活动、就业信息以及查看开发者信息。

网站平台包括用户登录模块、校园新闻模块、校园活动模块、就业信息模块、学业交流模块、常用连接模块、我的助手模块、站点信息查看模块、一般管理员 / 用户管理模块。

我们期待以用户为中心的设计能带给用户最优质的体验。

安装说明

在浏览器中打开即可。

访问网址：http://campuspies.com/

扫描二维码关注公众号：

第8章

演示效果

微信平台：

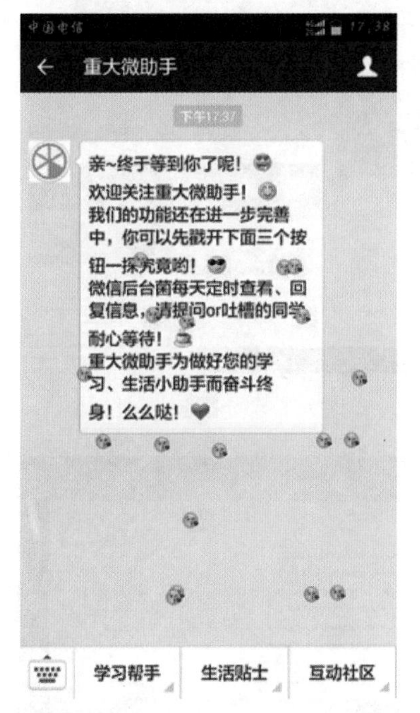
重大微助手
下午17:37
亲~终于等到你了呢！
欢迎关注重大微助手！
我们的功能还在进一步完善中，你可以先戳开下面三个按钮一探究竟哟！
微信后台菌每天定时查看、回复信息，请提问or吐槽的同学耐心等待！
重大微助手为做好您的学习、生活小助手而奋斗终身！么么哒！
学习帮手
生活贴士
互动社区

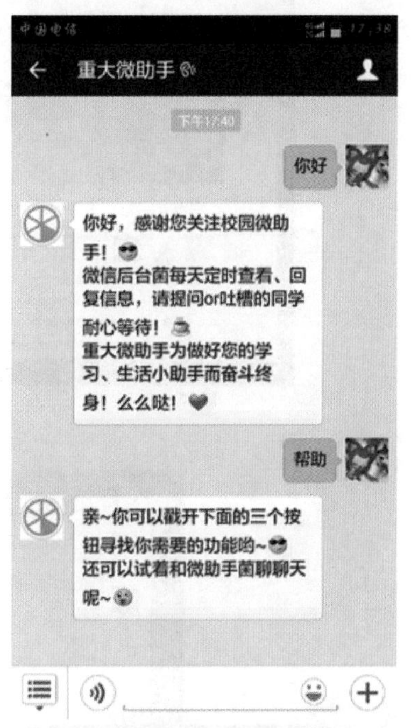
重大微助手
下午17:40
你好
你好，感谢您关注校园微助手！
微信后台菌每天定时查看、回复信息，请提问or吐槽的同学耐心等待！
重大微助手为做好您的学习、生活小助手而奋斗终身！么么哒！
帮助
亲~你可以戳开下面的三个按钮寻找你需要的功能哟~
还可以试着和微助手菌聊聊天呢~

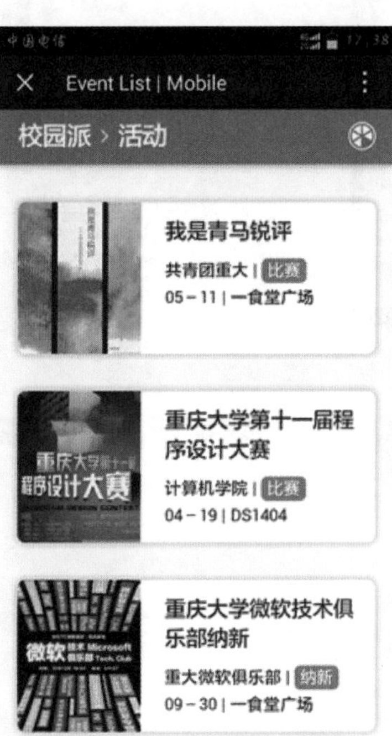
Event List | Mobile
校园派 › 活动
我是青马锐评
共青团重大 | 比赛
05－11 | 一食堂广场
重庆大学第十一届程序设计大赛
计算机学院 | 比赛
04－19 | DS1404
重庆大学微软技术俱乐部纳新
重大微软俱乐部 | 纳新
09－30 | 一食堂广场

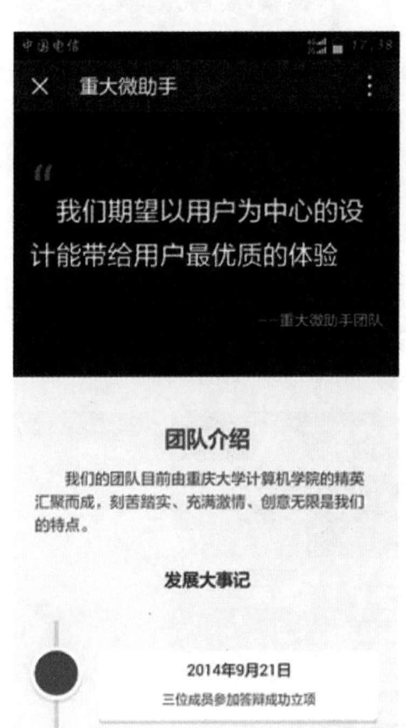
重大微助手
我们期望以用户为中心的设计能带给用户最优质的体验
——重大微助手团队
团队介绍
我们的团队目前由重庆大学计算机学院的精英汇聚而成，刻苦踏实、充满激情、创意无限是我们的特点。
发展大事记
2014年9月21日
三位成员参加答辩成功立项

网站平台：

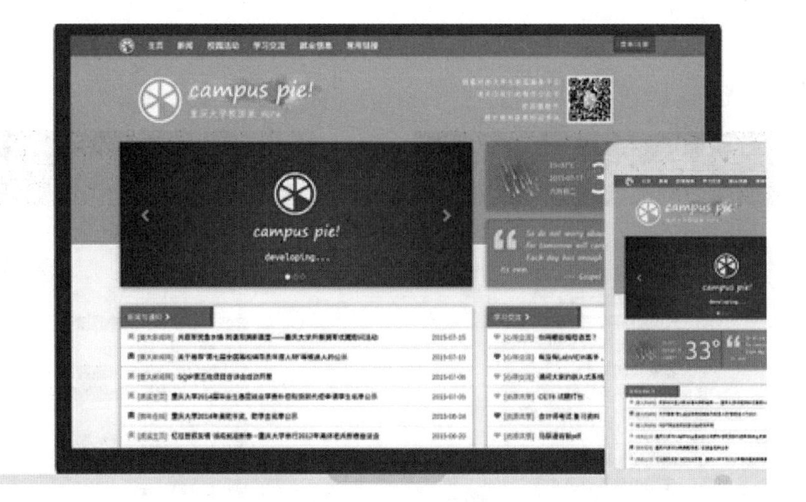
campus pie!
developing...
33°

学校召开本科教学工作审核评估动员及培训会

campus pie!
developing...
33°

主页
新闻
校园活动
学习交流
就业信息
常用链接
用户登录
用户名
密码
联系我们
邮编：400044
常用链接
重庆大学
条款
版权所有
Copyright © 2015

设计思路

（一）微信平台

微信平台分为六个模块：账号绑定、自动回复、学习帮手、生活贴士、互动社区以及后台管理。

可通过扫描二维码或搜索公众号添加关注，关注后将有欢迎词。

各模块详细功能介绍见表1，微信平台用例图见下图。

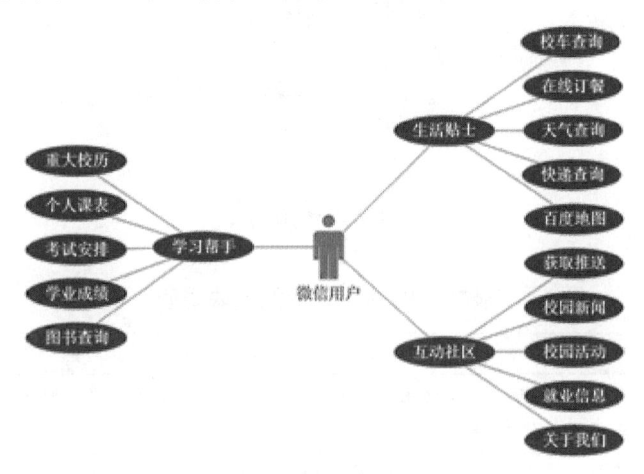

微信平台用例

表1　微信平台功能模块说明

功能名称	功能介绍
账号绑定	点击账号绑定链接，微信用户可将微信号和“校园派”账号进行绑定。绑定后，用户可在微信平台或网站平台设置关注内容，设置成功后将会根据用户需求定期推送最新校园新闻、活动、就业信息等。
自动回复	微信平台能够根据关键字自动回复，比如：“你好”、“帮助”等，还能够进行功能查询。智能化的回复为用户提供良好的体验。对于无法识别的内容将保留在后台，由管理员定期处理。
学习帮手	可以查看校历、个人课表、考试安排、学业成绩并可查询图书。
生活贴士	可以查看校车时刻表、在线订餐、查询天气 / 快递以及查看百度地图。
互动社区	可以获取推送，查看校园新闻、校园活动、就业信息以及开发信息。
后台管理	后台管理模块主要处理无法自动识别的用户回复。管理员定期对后台信息进行处理、回复。

（二）网站平台

网站平台分为九个模块：登录注册模块、网站主页、校园新闻模块、校园活动模块、就业信息模块、学业交流模块、常用链接模块、我的助手模块以及后台管理模块。各模块详细功能介绍见表 2，微信平台用例图及效果图见下图。

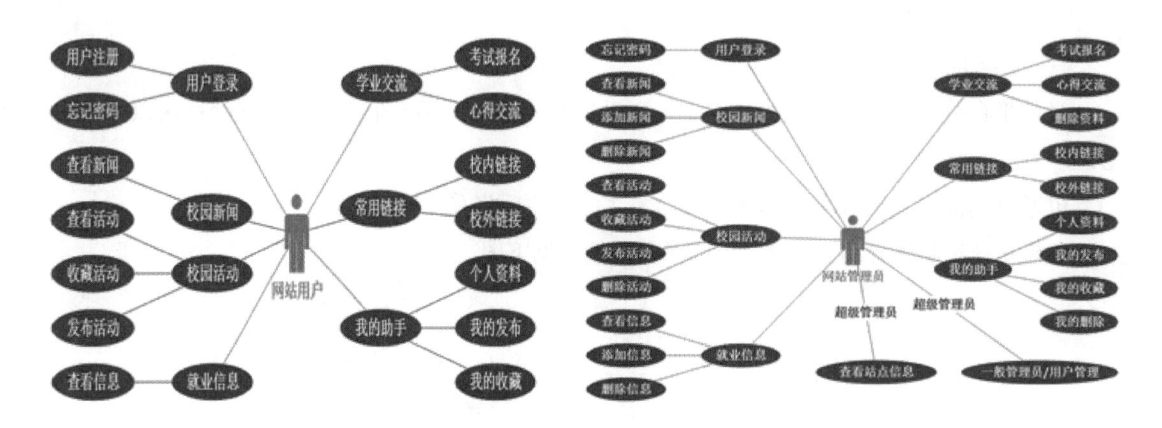

网站平台用例

表 2　网站平台功能模块说明

功能名称	功能介绍
登录注册模块	在该模块中，已注册用户可进行登录，未注册用户可注册账号。若忘记密码可联系管理员修改密码
网站主页	菜单列表包括：新闻、校园活动、学习交流、就业信息以及常用链接。新闻与通知列表展示了最新的新闻通知，学习资料列表展示了最新的学习资料，活动列表展示了最新的校园活动、商业活动以及个人活动。用户可根据个人喜好快速访问感兴趣的内容
校园新闻模块	新闻共分为七大类：教务、教学动态，学生活动、课外活动，讲座与招聘会，党团动态，社会新闻，招生工作以及其他。管理员可手动添加、删除新闻，用户则无该权限
校园活动模块	活动共分为五大类：社团活动、官方活动、个人活动、商业活动以及其他。用户可以根据自己的喜好收藏活动，可在我的收藏中查看。并且用户还可发布活动；管理员可手动添加、删除活动
就业信息模块	就业信息共分为五大类：招聘通知、招聘会、企业宣讲、相关活动以及其他。用户可以根据自己的喜好收藏信息，可在我的收藏中查看；管理员可手动添加、删除信息
学业交流模块	学习交流共分为六大类：专业课程、公共课程、课外技能、语言学习、资格认证以及其他。该模块还整理了常用考试的报名官网，方便用户报名。用户可以发布学习心得并进行讨论；管理员可手动添加、删除信息
常用链接模块	常用链接共分为四大类：校内网站、优质资源、生活常用以及娱乐站点。整理了校内外常用链接，方便用户查找
我的助手模块	我的助手中包括六个板块：用户资料、我的发布、新闻收藏、活动收藏、学习收藏以及就业收藏。用户可更改个人资料，查看发布内容以及收藏内容
后台管理模块	管理员登陆后，可对站内各模块内容进行管理，超级管理员可以对用户及一般管理员进行管理，并可查看站点访问量等其他信息

设计重点与难点

（一）数据库设计

数据库共设计九个数据表：

用户信息（user）

用户密码（password）

新闻（news）

活动（event）

学习交流（topic）

新闻回复（reply0）

活动回复（reply1）

话题回复（reply2）

用户收藏（collect）

其关系图如右图所示。

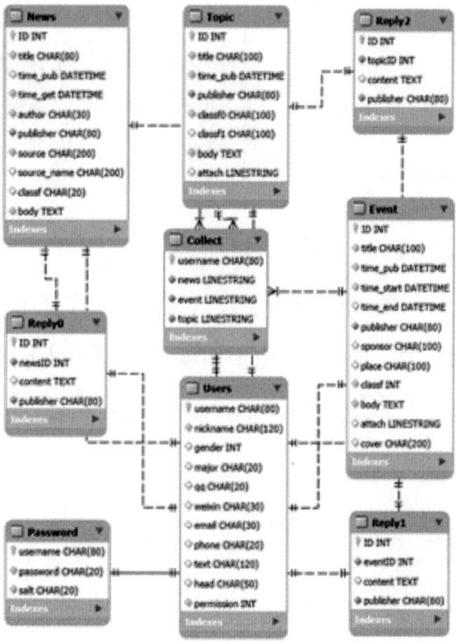

数据库关系图

（二）系统技术设计

1. 开发环境

使用 Flask 作为服务器框架，Jinja2 作为前段渲染引擎，apache2 + wsgi mod 部署。采用 Python 作为开发语言。

2. 关键技术

前端使用了 HTML5+CSS3+JS、Jinja2. Twitter Bootstrap 前端框架、Simditor 富文本编辑器、masonry.js 响应式布局插件以及 moment.js 日期处理类库。

服务器为 Linux 系统，Docker 进行辅助。采用 Python 作为开发语言。使用 Flask 作为服务器框架，apache2 + wsgi mod 部署。选用 MySQL 数据库。采用了网络爬虫、模拟登录以及图像识别技术。

3. 技术难点

实现该系统的主要技术难点有：多线程网络爬虫、图像识别技术以及课表整合。技术难点详细说明见表 3。

表 3　技术难点详细说明

技术名称	技术难点说明
多线程网络爬虫	为加快爬虫速度，采用多线程网络爬虫。首先定义 json 数组，存储所需信息，再用 pycurl 模块实现抓取函数。同时维护一个线程池，加入多个函数，实现多线程同时爬网抓取信息并解析。最后将抓取的值加入 json 数组，完成 json 数组还原。该过程中使用多线程，加快了爬虫速度

续表

技术名称	技术难点说明
图像识别技术	模拟登录中，采用 Python 的图像处理库 Image 自动识别验证码完成登录
课表整合	由于常规课、实验课和体育课分散于三个系统，因此需要将其整合。在用户登录查询时通时对三个系统进行信息抓取。这是目前唯一实现三系统统一查询的平台，能够方便查询所有课程，并可以选择日期查对应课表

（三）系统创新点

系统的创新点，包括了三个方面：界面设计、功能创新和技术特色。界面主要采用响应式设计、扁平化设计和瀑布流式布局。功能方面包括了二维码、课表查询、富文本编辑器以及一站式平台等创新点。技术特色有多线程网络爬虫和多媒体交互。

03.【24835】基于Python的专业辅助计算系统

参赛学校：华东理工大学
参赛分类：软件应用与开发 | 网站设计
获得奖项：一等奖
作　　者：王家辉、郑应豪、顾逸飞
指导教师：文欣秀

作品简介

本产品主要包含以下几个主要功能：微积分运算、矩阵运算、二维和三维函数图像的生成、大学物理实验报告的生成、最小二乘拟合、数据降维（PCA）、图论中的一些常见问题。本系统可应用于高等数学、线性代数、大学物理、统计学、数值分析、图论、运筹学等一系列专业课程的辅助计算；可用于各专业研究领域。

安装说明

在浏览器中打开 http: //webpy2015. sinaapp.com
微信关注公众号：Python2015

演示效果

主界面

微信公众平台

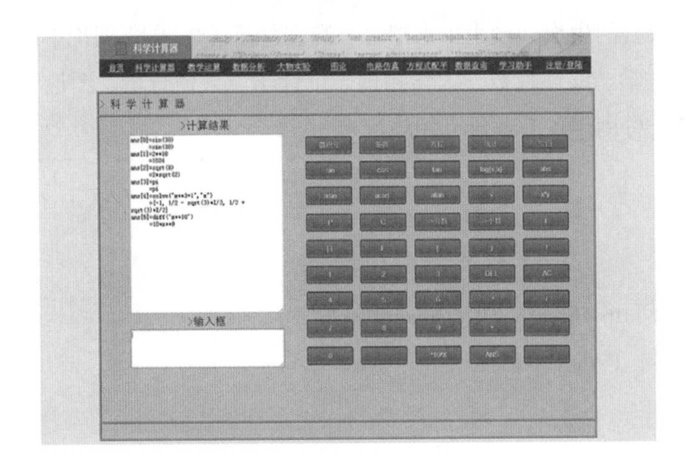

科学计算器

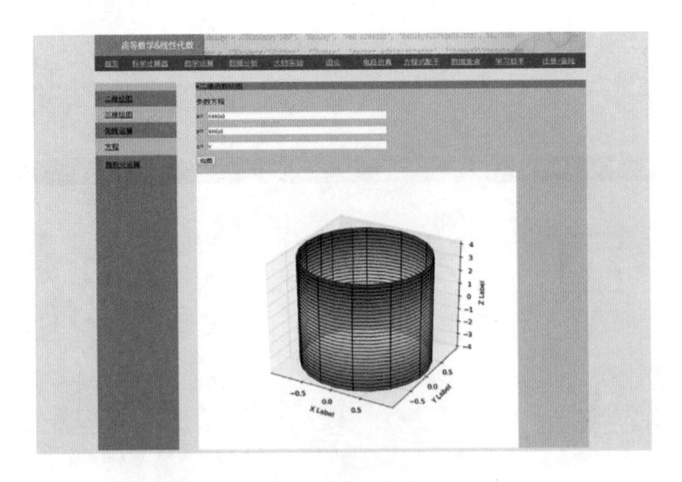

三维绘图

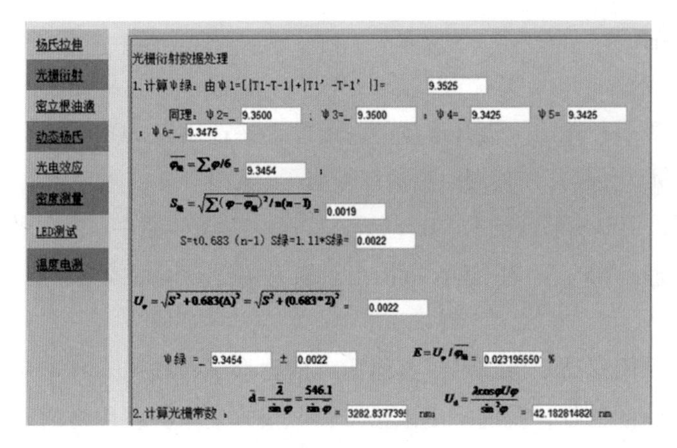

大学物理实验

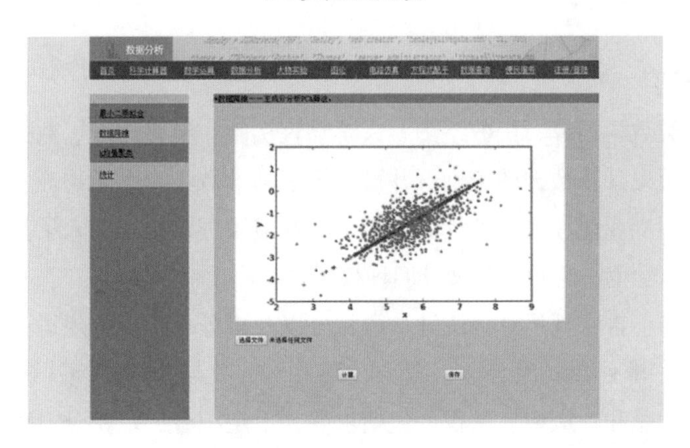

数据分析

设计思路：

（一）项目背景

作为一名理工科学生，在平时的学习中常常会遇到很多繁琐的计算，这些计算会消耗我们大量的时间和精力。普通的计算设备通常操作复杂，功能有限。纵使可以利用编程语言，但是语法复杂，操作起来极为繁琐。对于一些强大的计算软件，例如 Matlab，因为没有开源，首先需要支付昂贵的费用，其次安装时需要占用大量的内存，使用的功能却不到 1/1000。

为解决以上种种问题，本作品旨在建立一个专业辅助计算系统，从而减轻大学生和专业人员在实验学习中的计算负担，提高工作效率。利用 Python 的计算优势和其所占内存小的特点，更快地得到更准确的结果。为了让该系统可以有一个更为广泛的应用，我们制作了网页版，用户只需简单注册，就可以在任何有网络覆盖的地方，通过电脑或者移动设备快捷地进行计算分析工作。同时，本产品设有电脑版和微信版，借助微信平台使用户在手机上也能实现各类简单的运算。

（二）系统介绍

系统充分利用 Python 的计算优势，采用 Web.py 框架，将 Python 嵌入 html，同时引入了 tarjan、floyd、PCA 等多种算法来提升运算的时效性，并选用 MySQL 进行数据的存储。系统的所有输入均设有样例，使得用户使用时更加清晰明了。

系统的网页版采用 B/S 平台技术。B/S（Browser/Server）体系中，数据的储存管理功能较为透明，便于用户管理，同时系统的运行负担小，能大幅提升运行效率。我们采用 HTML5 实现了网页。

系统的微信版采用移动平台技术，具体指微信公众平台技术。鉴于系统面向的用户多为在校大学生以及微信的普及，我们采用该技术，不仅方便了许多用户的使用，还有助于系统的推广。

（三）功能介绍

系统实现了各类数学运算、函数绘图、大学物理实验、电路仿真、数据处理、图论、方程式配平，并提供了历史计算数据的查询。并可应用于高等数学、大学物理、电子技术、数值分析、运筹学等一系列专业课程的辅助计算。为了更好地管理，系统引入了基于角色的访问控制机制，设立了游客、学生、老师、管理员四种权限。

（1）科学计算器：含常规运算、统计、微积分以及矩阵运算。常规运算包括自动化简、记忆功能、复数运算、排列数、组合数、累加、累乘、小数与分数转换；统计包括平均数、方差、标准差、极差、总和、最值；微积分包括求导、不定积分、定积分、解方程以及方程组；矩阵包括矩阵运算以及矩阵性质。

（2）数学运算：含微积分运算、线性代数以及函数绘图。微积分运算包括求极限、微分、高阶微分、泰勒展开、不定积分以及定积分；线性代数包括矩阵运算、转置、矩阵的迹、行列式、范数、特征值、特征向量、条件数；函数绘图 1 包括平面直角坐标系（二维）和空间直角坐标系（三维）下的函数绘图；函数绘图 2 包括极坐标系和对数坐标系下的函数绘图；函数信息的查询。

（3）大学物理实验：含杨氏拉伸、动态杨氏、光栅衍射、密立根油滴——元电荷测定等 8 个实验的数据处理过程。仅需输入实验数据即可生成对应的数据处理过程，包含实验结果和其中不确定度等计算的中间步骤以及提供历史实验数据的查询。

（4）数据分析：含数据拟合、数据降维、K 均值聚类。数据拟合采用最小二乘法对数据进行多项式拟合；数据降维指利用 PCA 算法进行主成分分析，即从多元事物中解析出主要影响因素，并将降维后的数据存储到对应的 csv 表格中。

（5）图论：含最小生成树（Kruscal）、最短路径（floyd）、二分图匹配（hungary）、强连通图判定（tarjan）图论中的四个常规问题。

（6）电路仿真：含比例电路、求和电路、微分积分电路，输入电路的各项参数，返回这三种电路的电路波形。

（7）化学计算：化学中常见方程式的配平，元素周期表查询。

（8）学习助手：英汉互译、天气、日历、实时股价等查询功能。

（9）数据查询：历史计算数据，图像文件的查询。

（10）系统介绍：对系统进行一个简单的介绍。

设计重点与难点

作品充分利用Python在科学计算以及大数据处理方面的优势，并借助第三方模块（如Matplotlib、Numpy、Scipy、Sympy等）开发了一个专业辅助计算系统，主要用于高等数学、线性代数、大学物理、数值分析、图论等课程的辅助计算，从而帮助大学生和专业人员减轻在实验过程中的计算负担，快速地得到更加准确的计算结果，并可进行实验结果查询与分析。

系统利用了Python对于字符串的处理的优势，将字符串转换为Python表达式，进而反馈出运算结果。同时利用了其切片索引的便捷，对所得到的数据进行处理，使得反馈数据更加清晰明了。

在数据分析以及图论模块中，我们主要采用了相关算法来实现它们的功能。数据分析模块中的数据拟合基于最小二乘法，数据降维基于PCA算法。图论模块旨在处理各类经典图论问题，因此运用了很多经典算法：最小生成树问题基于贪心（Kruscal）算法，最短路径基于floyd算法，二分图匹配基于hungary算法，强连通图判定基于tarjan算法。大大优化了计算的时效性。

系统将所有的图像路径、函数、矩阵、实验数据存入数据，以便日后的查询与分析。并提供了函数、大学物理实验数据的查询功能。

系统将一部分功能移植到微信平台上面，使得用户可以在手机上即可完成微积分、统计、不确定度、二维图像、最小二乘拟合等一系列常规的专业辅助计算功能。同时提供了各类生活便民查询，包括了天气、实时股价、英汉互译、日历等。

04.【24121】基于语义的智慧校园微平台——小V

参赛学校：中南财经政法大学

参赛分类：软件应用与开发 | 数据库应用

获得奖项：一等奖

作　　者：吕涛、陈俐帆

指导教师：屈振新、余传明

作品简介

校园微平台，即由微信公众账号的形式组织起来的基于教务管理系统的移动校园信息平台。它基于当下用户数量最多、用户使用层次最为广泛的手机即时通讯软件——微信，按照微信官方提供的公众账号应用开发接口进行 Web 系统的自主开发，通过架设第三方服务器与微信官方服务器进行信息交互，集新闻聚合、消息通知、教务日程三大功能于一身，并辅以当下热门的语音操控、语义理解、大数据分析等前沿互联网技术，为师生提供细致、周到的全“心”校园信息服务。

校园微平台在学校、校园微信用户以及校园信息内容的提供者之间建立了多元化的关系，是未来数字化校园建设的一个细分方向。

安装说明

在微信中搜索公众号“校园微平台”，点击“关注”，进入校园微平台，平台使用说明可通过点击公众号下方菜单栏 “关于小 V”获取。

作品演示 PPT 在 Microsoft Office PowerPoint 中播放即可。

作品演示视频在暴风影音中播放即可。

演示效果

我的教务信息界面

我收到的通知界面

“学子家园”多图文消息

新闻聚合界面

微平台使用说明界面

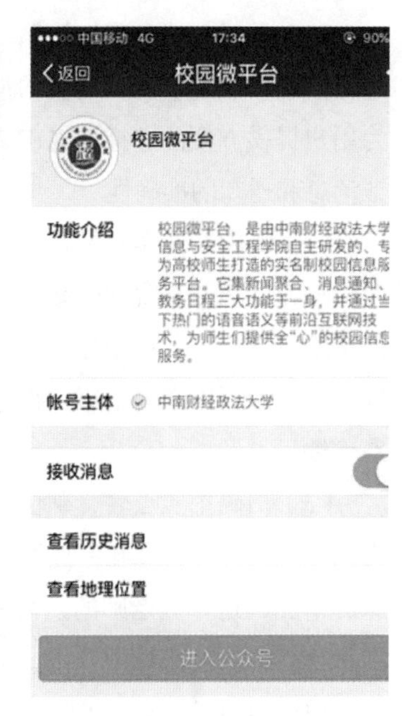

校园微平台公众号截图

设计思路

2014年9月3日，团队进行需求调研。先后在全校范围内发放了1000份需求调研问卷，回收有效问卷983份；同时，对学校两位二级部门领导、四位专职辅导员以及各级学生（干部）进行了访谈，形成了两万字的访谈记录。

2014年10月—12月，进行平台需求分析与系统设计。对调研结果进行数据分析，并参照访谈意见，形成了校园微平台需求设计文档V1.0，并确立了系统目标。

（一）系统目标

随着移动通讯技术、互联网技术的进步以及时代的发展，以网络平台和手机平台为代表的多媒体无时无刻不影响着当代“90后”大学生，与此同时我国正处于一个重大的社会转型期，伴随着高校的扩招、高校人数增多，高等教育质量受到较大冲击，同时，由于高校学生工作的文化背景，导致原有的大部分工作方式失灵，使学生工作无法真正发挥作用，无法保证学生接收到的信息都是符合社会主流价值观的正面内容。

本项目依托于微信公众号为开发平台，通过集成并添加了用户绑定、课后作业发布、学生考勤、本学期成绩查询、已修课程成绩查询、自习教室查询、课表信息查询、新闻聚合等教学过程中常用的功能，同时还将每天的日程安排、课堂信息、自习教室等集成到“我的面板”，力求给在校师生提供方便快捷的教学教务信息服务，给当前的教学教务管理系统增添新的活力。

（1）及时的消息通知机制，确保信息对称。在校师生经常需要发送各种通知，同时还需要进行消息回执的确认，传统的消息发送和确认机制比较浪费人力等资源。在本系统中，致力于为用户提供方便的选择消息确认方式，同时简化消息的发送和确认机制，节约人力等资源，保证消息和通知的准确性。

（2）校园新闻实时推送，确保内容真实准确。校园内每天都会产生很多新闻，但是这些新闻传播速度相对来说比较缓慢，新闻被学生接收时已经失去了其时效性；同时，新闻经过许多同学的口口相传，在传播的过程中可能被遗漏某些细节，同时又添加了个人的看法，失去其准确性。系统可以定时给用户推送校园实时新闻，既能保证新闻的时效性，同时也能保证新闻的准确性。

（3）扫码拍照点名，确保课堂考勤高效准确。传统的课堂点名方式主要以签到和直接点名为主，这两种方法存在一些漏洞，可能存在某些同学找人代签或者代答，而本人却没有到堂上课的情况，这样，老师的点名就不能很好地起到监督学生按时上课的作用。为解决这个问题，本系统结合当前流行的技术，提供一种“逃不掉”的课堂点名。当老师发起点名的时候，同学们就通过扫描二维码、拍照上传等一系列操作完成课堂签到，做到“逃不掉”的课堂考勤。

（4）推送每天的生活安排，提供定制服务。如何完整地安排每一天的日程，查看一整天的提醒，是用户常有的需求，同时用户还希望能够按时推送自己每天的日程安排。本系统通过将用户的消息通知、课程安排、自习教室、日程提醒、天气等集合到“我的面板”，实现为用户量身定制的日常信息服务。

（5）在线请销假，方便师生，节约资源。大部分同学都会因为某些事情而产生请销假的需求，传统的请销假主要是经过学生申请请假、老师审查、是否批准请假等的流程完成的，整个流程耗时较长，过程比较繁琐，而且还可能存在假条遗失的情况。本系统力求给用户提供在线请销假的机制，节省了人力等资源，同时又能保证整个过程的效率。

（6）使用工作流，实现业务流程信息化管理。大多数用户会有很多事情需要处理，需要按照一定的流程进行处理，与此同时，用户还存在多件事情并发处理的需求，根据用户的多件事情并发处理的需求，本系统为用户提供一种管理业务流程的方式，通过这种方式，用户可以轻松查看事情的进度，保证每一个流程都不落下，确保每件事情都能够得到及时处理。

（7）结合语音语义技术，方便操作。语音识别技术现在已经广泛应用于各个领域，智能终端也已经普遍支持语音识别，基于语音识别而发展起来的APP数不胜数，语音识别技术起到了简化操作、解放双手的作用。充分利用微信已有的语音识别功能，给用户提供方便快捷的服务。

（8）通过用户行为分析，进行舆论检测。当前新媒体迅速发展，学生获取信息的渠道广阔，发表言论的平台也纷繁复杂，学校管理学生工作的职工不能很好地获取学生的舆论，由于获取的具体的学生诉求的数据量很少，实现学生的舆论监督与分析的难度较大。本系统设想有消息通知、及时通讯等功能，能够获取大量第一手的学生舆论的信息，通过对产生的大数据进行分析，实现对学生的舆论和诉求进行有效的监督和管理。

（二）解决思路

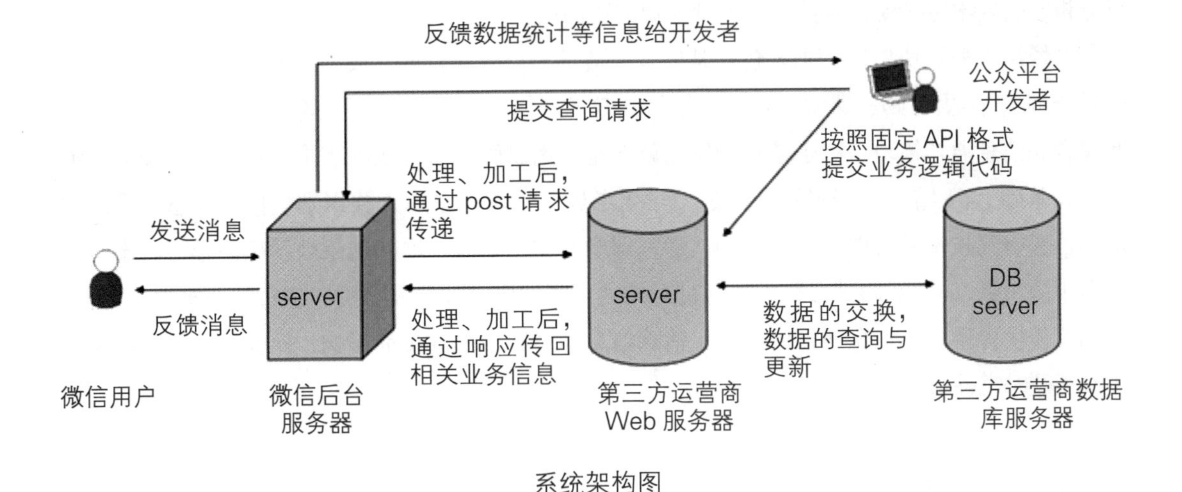

系统架构图

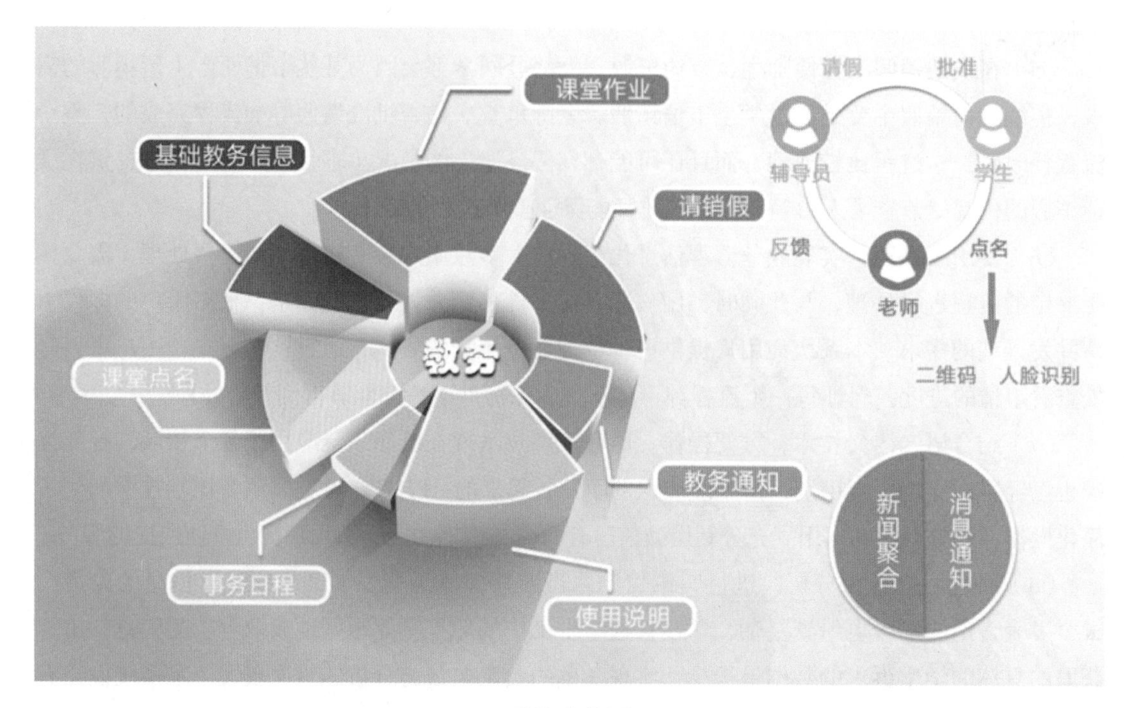

系统功能图

为实现上述目标，团队对上述系统进行了系统架构的设计。整个系统以用户为中心，通过简化日常教学信息查询和其他操作，尽可能多地给用户提供和他相关的教学和教务信息，最终实现提供专属的、便捷的、定制的信息服务。与此同时，对用户在使用平台的过程中的数据进行分析，引导学生接受符合社会主流价值观的正面内容。

系统从教务模块出发，主要包括基础教务信息（空教室查询、成绩查询、课表查询、考试安排查询）、学生考勤、课堂作业、请销假和教务通知，同时，在教务通知基础上衍生出了新闻聚合和消息通知模块，有了消息的发送就产生了消息管理与记录的需求，从而进一步地在消息通知基础上衍生出了日程管理模块。“学生考勤”板块中采用人脸识别、扫描动态二维码和地理位置检测技术进行课堂点名签到，通过课堂考勤，及时、准确地反映学生的学习状态，保证学生的出勤率。“新闻聚合”模块通过对校内新闻的实时获取及分类，进行统一推送。“消息通知”模块提供一种消息通知的闭环，消除信息不对称带来的负面影响，保证每一位在校大学生都能及时准确收到消息通知。

设计重点与难点

（一）设计重点

（1）搭建起新的学校行政、教师、学生三方的信息发布和反馈机制，改变传统的“校 - 院 - 班”层级信息发布机制，解决信息滞后、不对称的问题。

（2）“实名认证”的方式和“爬虫”技术相结合抓取成绩、课表等一系列教务信息，使微平台可移植性更强，数据信息更准确。

（3）学生考勤采用“扫码签到＋人脸识别认证＋地理位置检测”的方式，从逻辑上保证考勤结果的无误，并人性化地可一键导出考勤情况，供学工、教工参考。

（4）为用户量身定制个性化“我的面板”，每天第一时间主动推送，为用户规划学习与生活。

（5）实现智能语音控制功能，用户可用语音操控平台，使校园生活便捷高效。

（6）请销假功能使请假、销假信息同步，避免繁琐的流程。

（7）事务日程模块帮助用户进行日程管理和事务提醒，用户在收到新闻或消息后可以 “一键添加至日程”，得到及时的提醒。

“我的面板”设计图

（二）设计难点

1. 前台技术难点

（1）大数据量时手机页面的排版优化，最终能让数据一目了然。

（2）不同用户在不同状态下看到的界面存在差异，需要复杂的 js 来控制。

（3）多设备的适配花费了大量的精力。

最后，我们选择了 jquery 和 bootstrap 两个框架以提高效率。

2. 服务端技术

（1）由于该项目涉及微信公众平台开发及 Web 开发，多平台的适配问题是本项目的一个难点，所以我们选用了 JFinal 开发框架。

JFinal 遵循 COC 原则、Restful 规范，支持服务器热加载与面向切面的编程，使用插件体系机制，提供了多视图支持，因而具有配置简单、代码量少、开发方便、拦截器配置灵活、可扩展性强的特点。综上所述，JFinal 在提高开发效率、减少代码量的同时，提供了非常完备的功能，可以作为替代配置繁琐的 SSH 框架的良好选择，非常适用于面向移动端的 Web 应用开发，据此，校园微平台选择了 JFinal 框架，进行 PC 端后台管理系统及微信公众号开发。

（2）由于数据交互量大，数据库操作频繁，本项目采用了数据库连接池技术来优化数据库操作。选用了 MySQL 社区版作为平台后台的数据库管理系统（DBMS），选择了 H2 数据库作为平台 Web 服务器上的嵌入式数据库。两者均是支持 SQL 中 DDL、DML 语句操作的关系型数据库。具有轻量级、跨平台、查询效率极高、使用事务插入速度极快等优点，非常适合内存占用较少，查询速度要求较高的情况。

（3）为适应团队开发需要，该项目加入了版本控制工具（SVN）。

05.【25286】基于Win 10通用平台英语学习系统

参赛学校：深圳大学

参赛分类：软件应用与开发 | 数据库应用

获得奖项：一等奖

作　　者：魏庆文、刘丽霞、张婷婷

指导教师：程国雄、胡世清

作品简介

E 视听——基于 Win 10 通用平台英语学习系统，以 Win 10 强大的语音识别技术为基础，结合手写识别技术、TTS（文本语音转换技术），实现了听说读写的多形式学习英语的功能，不仅如此，通过 TCP SOCKET 连接的技术，在系统上搭建了学生在线实时交流平台，在平台里灵活运用语音识别技术，达到了学生在平台里练习口语的效果。除此之外，资源的动态更新功能，使线上线下同时运行，使用者可将学习资源下载至电脑或手机进行学习。系统中的学习内容按不同的标准进行分割，运用碎片化学习模式，有利于提高学生的学习效率。此外，系统运用的自适应技术，使该系统能在手机、平板、电脑上跨平台运行，有利于提高系统的利用率。

安装说明

（1）Win 10 通用平台英语学习系统的测试环境：Windows 10 10074 及以后版本及该环境下的 Hyper-V Win 10 手机虚拟机。

（2）Win 10 通用平台英语学习系统的最终发布途径：Windows 10 AppStore。

（3）Win 10 平台英语学习系统的主文件：EnglishStudy_1. 0. 0. 13_x86_Debug.appx；安装方法：以管理员身份运行 Windows PowerShell，在命令提示符下运行“平台安装文件”目录下的 Add-AppDevPackage.ps1，该主安装文件已经过数字签名。

（4）Win 10 通用平台英语学习系统的其他支持环境：

①数据库服务器 SQL Server 2012：导入“数据库文件”文件夹下的 EnglishOnline.mdf 文件。

②TCP Socket 服务器：运行“Socket 服务器”文件夹下的 SocketServer.exe 程序。

③需要安装 Windows IIS（Web 服务器），并将“测试数据文件”文件夹中的 Study 文件夹下的文件拷到 WWWroot 目录下，并建立虚拟文件夹 StudyWeb，将网站目录下的 StudyWeb 文件夹拷到该虚拟目录下。

④将“测试数据文件”文件夹中的 Study 文件夹下的文件拷到系统盘音乐（Music）文件下。

演示效果

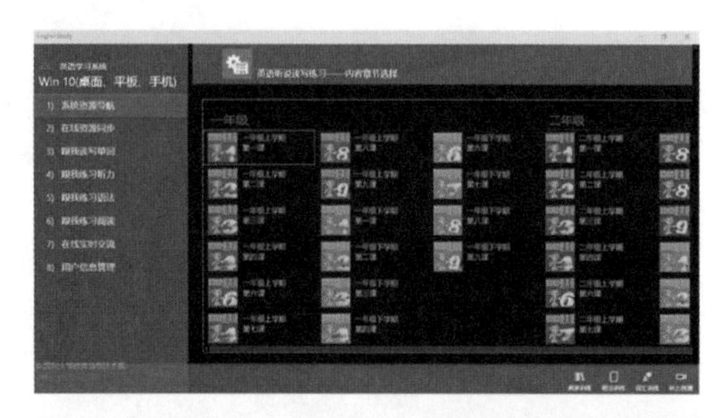

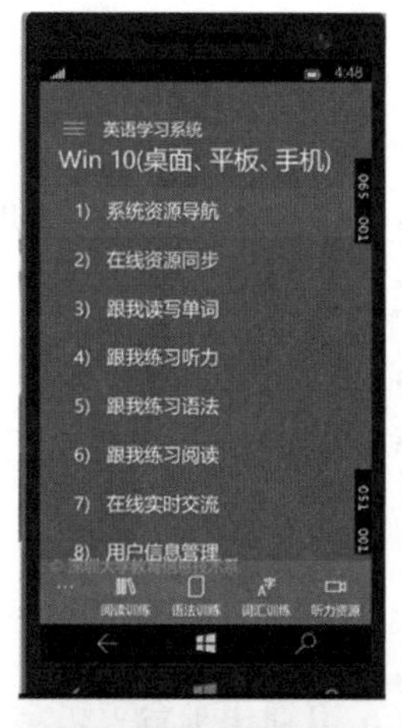

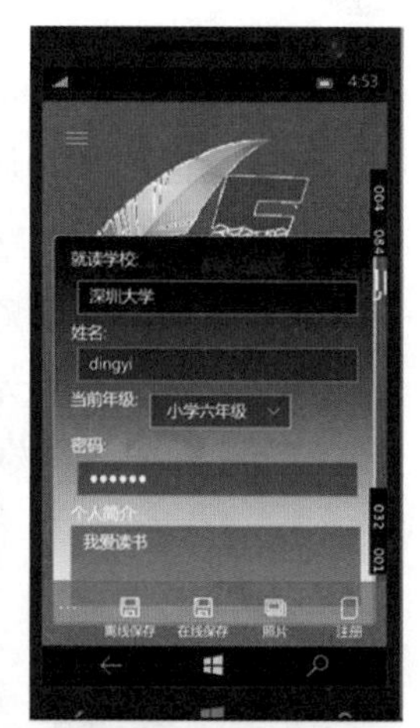

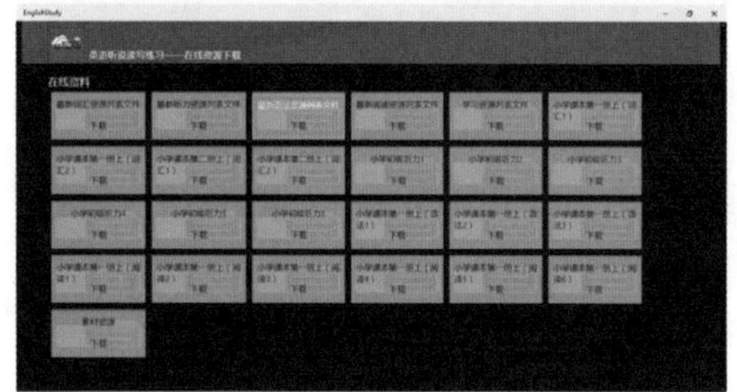

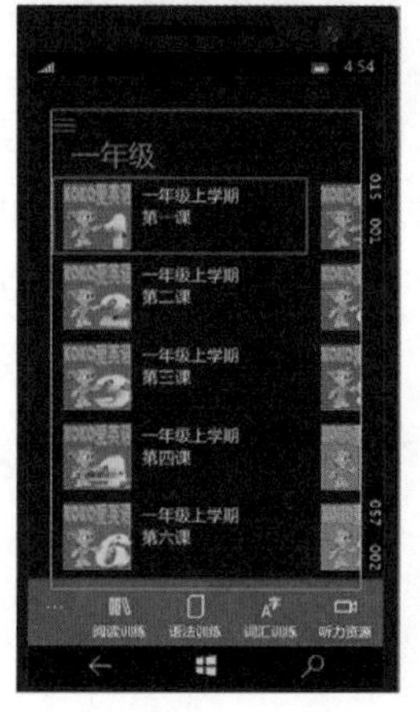

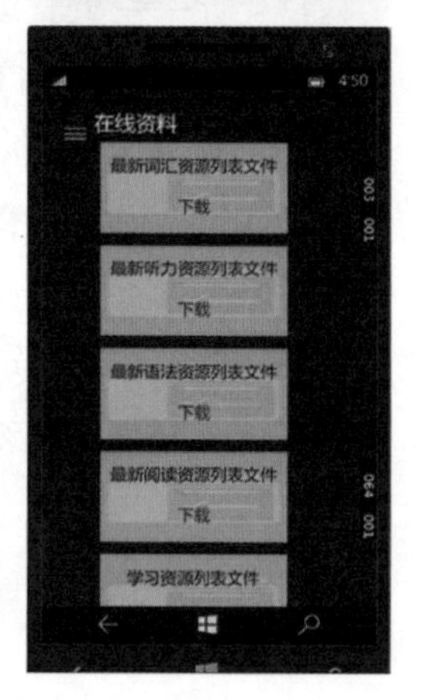

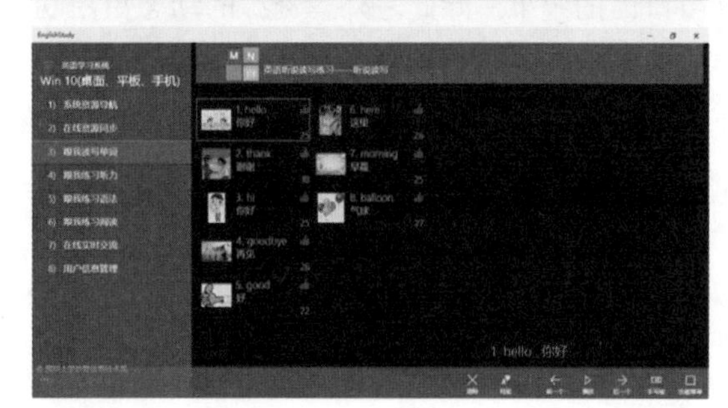

设计思路

(1)为实现学习资源碎片化下载和保存练习结果的功能。学习资源采用 XML 格式的数据文件存储，练习结果和学习资料采用 SQL Server 数据库存储。

(2)为适应系统在线或离线的移动运行特征。资料采用在线异步方式下载到本地，由本地采用 Linq to XML 技术操纵 XML 文件，读取的数据送到 XAML 界面文件的控件中显示。离线状态时，练习结果和学习资料采用 XML 文档的形式保存到本地，当在线时，由用户调用 WCF 服务与远程的服务器交互。

(3)为实现用户的交流与互动。系统运用 TCP Socket 服务器，客户端采用 Win 10 所支持的 Stream Socket 技术，实现数据流的读取（reader 方法）与发送（Writer 方法）。

(4)通过分别调用 TTS 文本到语音转换、语音识别、手写识别等技术，系统实现语音报读、语音输入及手写单词等功能。

设计重点与难点

（1）如何把英语教学资源碎片化，以及学习资料组织结构的设计。

（2）如何实现在线和离线两种保存方式共同使用、客户端资料同步（采用后台下载技术，使学习资源的动态更新）。

（3）如何实现数据库的远程调用。

（4）系统含有多种题型，需运用多种交互方式（输入 / 输出）。

（5）Window 10 自适应功能以及手机和电脑桌面的界面需保持一致。

06.【21256】科威网站保护伞

参赛学校：武汉理工大学

参赛分类：软件应用与开发 | 虚拟实验平台

获得奖项：一等奖

作　　者：张子琦、贺柔冰、冯晓荣

指导教师：段鹏飞

作品简介

科威网站保护伞专注于为中小型网站及 Web 应用系统提供专业的应用层深度防御，包括扫描查杀、威胁拦截、备份恢复三大模块。与现有安全产品相比，本产品能更有效地抵御 SQL 注入、跨站、挂马、恶意扫描等常见 Web 攻击，支持敏感信息防泄露、网页防篡改、应用层 DDoS 防护等功能，最大限度地保障网站运行安全。科威网站保护伞采用 Web 嵌入式的部署方式，在用户请求到达 Web 应用之前对其行为进行检测，通过对 HTTP/HTTPS 的流量分析，实现异常流量快速阻断，增强对 0day 漏洞的防护能力，并且对非法请求进行深度检测，实现精准过滤，整体提升 Web 安全防御能力。

安装说明

（1）双击打开科威网站保护伞安装包。

（2）选择安装路径（也可保持默认），点击“安装”按钮。

（3）等待软件安装完成即可。

（4）安装后点击桌面上的快捷方式即可进入控制台（也可直接在浏览器中输入 http://127. 0. 0. 1:8081）。

演示效果

控制台登录页面

控制台首页

木马扫描结果

文件篡改检测

数据库备份

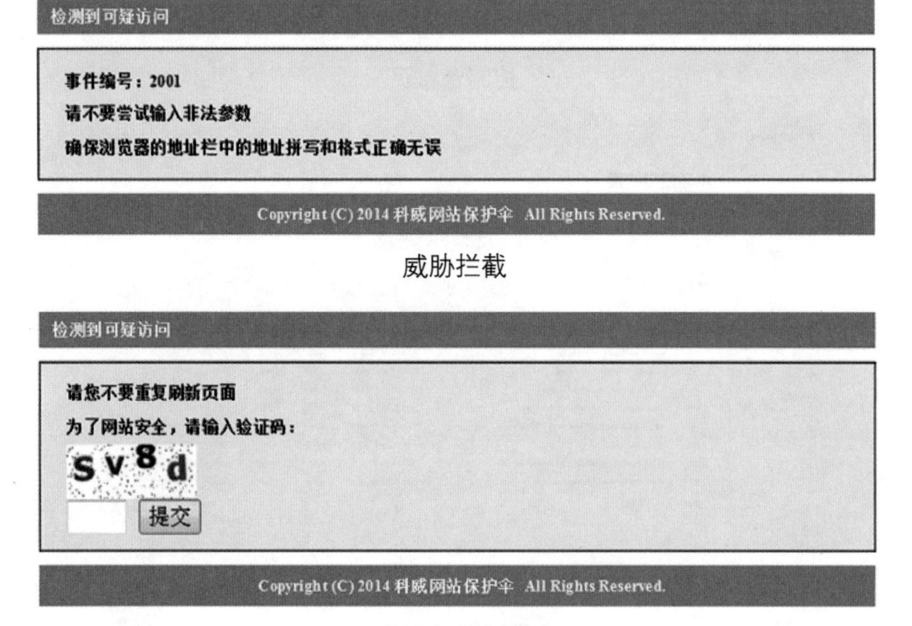

威胁拦截

非法扫描拦截

设计思路

互联网技术与应用已经深入到社会经济的各个层次，Web 服务作为政府、企事业单位的信息门户和业务平台，以其方便性、易扩展性和低成本快速发展。但 Web 服务易受到攻击、访问速度慢、审计分析能力弱等问题影响了 Web 应用的高速发展。

根据国家计算机网络应急技术处理协调中心的最新报告，2015 国内被篡改的网站总数比 2014 增加了 50% 以上，大量网站被黑客入侵和篡改，甚至被植入木马程序，攻击者利用 Web 服务程序的漏洞（如 SQL 注入漏洞、跨站脚本漏洞等），对 Web 系统进行攻击，轻则篡改网页内容，重则窃取机密数据，造成经济损失或者恶劣的影响。

传统安全设备（防火墙/IPS）解决 Web 应用安全问题存在局限性，不能有效地提供针对 Web 应用攻击完善的防御能力，而整改网站代码需要付出较高代价从而变得较难实现。

Forrester Research 研究分析，80% 以上的网站未使用访问行为审计及分析手段。技术人员无法准确追查什么时间、什么时段、什么用户访问了你的网站。这些都需要专业的访问行为审计分析工具，了解网站运行的成效，审计网站的访问用户。发现问题，立即报警、修正。

针对以上问题，我们设计了科威网站保护伞，科威网站保护伞采用 Web 嵌入式的部署方式，在用户请求到达 Web 应用之前对其行为进行检测，通过对 HTTP/HTTPS 的流量分析，为 Web 应用提供实时的防护。与传统防火墙 /IPS 设备相比较，本产品最显著的技术特性体现在：

（1）对 HTTP 协议有本质的理解：能完整地解析 HTTP 请求，包括报文头部、参数及载荷。提供严格的 HTTP 协议验证；提供 HTML 限制；支持各类字符集编码；具备 request 过滤能力。

（2）提供应用层规则：Web 应用通常是定制化的，传统的针对已知漏洞的规则往往不够有效。本产品提供专用的应用层规则，且具备检测变形攻击的能力，如检测 HTTP GET/POST 请求中的 SQL 注入代码。

（3）提供应用层 DDoS 防护：可基于请求字段细粒度检测 CC 攻击，有效应对 CC 慢速攻击，识别并拦截扫描器的扫描行为，同时还能解决密码暴力猜解和商业爬虫行为。

（4）提供多样化的辅助功能：网站管理人员可方便地对应用或数据库进行备份、恢复。同时系统还提供了完整的操作日志，供日后审计使用。

设计重点与难点

（一）木马样本更新问题

Web 木马和后门、攻击特征等变种多样，迭代周期短。如何使系统实时保持最新的特征库是系统要解决的难点问题。科威网站保护伞后台设有在线更新功能，可随时检查系统更新，使木马特征库保持最新。

（二）兼容性问题

为降低安装门槛，科威网站保护伞采用 PHP 脚本语言编写，可直接嵌入被保护的网站中，安装不需要服务器管理员权限，但这对程序的兼容性造成了巨大的挑战。科威网站保护伞本身采取严格的封闭运行机制，将系统本身封闭成沙盒运行，从而保障了与网站本身不发生冲突，提升了系统的兼容性。

07.【19599】PPT线条动画

参赛学校：江苏开放大学

参赛分类：微课与课件 | 计算机应用基础

获得奖项：一等奖

作　　者：戴欣、陈璐、袁泽豪

指导教师：范宇、赵书安

作品简介

本微课是计算机科学与技术专业中计算机应用基础课程下的演示文稿软件应用章节。运用Office PowerPoint 2013，根据分析图片进行设计线条分段，采用不同工具进行设想勾勒，最后采用添加动画效果分别制作了平面线条动画和立体线条动画。通过学习，掌握了Office PowerPoint 2013软件中相关属性的应用，例如任意多边形工具、自由曲线的使用、选择窗格工具、编辑顶点、运用线条分段来突出立体感等。

安装说明

视频播放器播放即可。

演示效果

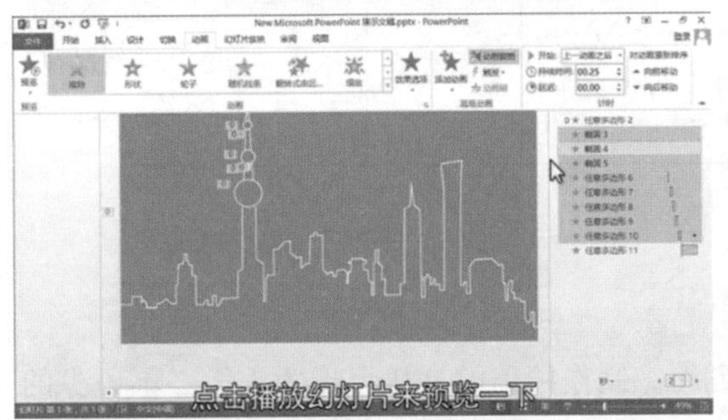

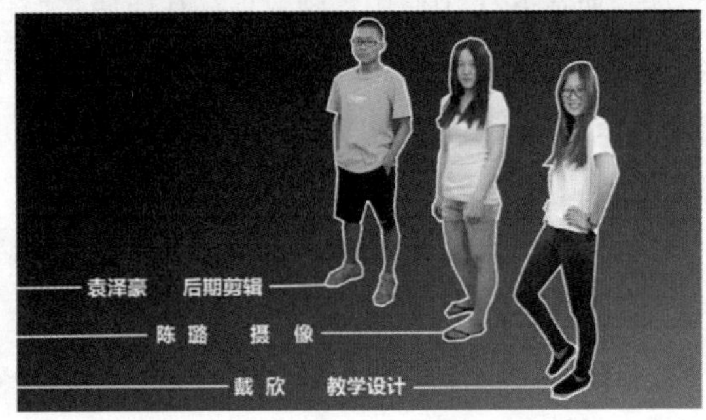

设计思路

教学环节	教学内容	教学方法	教学手段	时间分配
介绍教学内容、教学目标	（引出教学目的和任务） 教学内容：PPT 线条动画 教学目的：了解线条动画优势，要求利用本次课所学的知识和能力，在课后完成 PPT 线条动画的制作	讲授	课件演示	2 分钟
PPT 线条动画的优势	由简单的二维线条组成，给人简洁感却不乏味	讲授	课件演示	1 分钟
PPT 线条动画的流程	1. 介绍线条动画的两种基本形式 2. 介绍 PPT 线条动画的三个主要步骤	重点	课件演示	2 分钟
软件教学 1（使用 PowerPoint 2013）	1. 选择剪影图片勾勒 2. 对于不同图形采用不同工具 3. 添加并调整动画	讲授	软件操作	3 分钟

续表

教学环节	教学内容	教学方法	教学手段	时间分配
软件教学 2（使用 PowerPoint 2013）	1. 选择实物图片进行立体勾勒分析 2. 立体线条的分段勾勒 3. 设计动画方向 4. 添加并调整动画时间、方向	提问 启发法和讲授	软件操作	4 分钟
归纳和总结（知识和能力）	掌握 PPT 线条动画的主要制作步骤和方法	归纳总结	课件演示	1 分钟
课后作业	1. 了解线条动画优势 2. 掌握 PPT 线条动画的主要制作步骤和方法 3. 能够使用平面或实物照片制作 PPT 线条动画	课后作业	评价与指导	40 分钟（微课视频略过）

设计重点与难点

PPT 已经广泛应用于汇报、教学、交流等方面，制作精美的 PPT 已成为人们必不可少的技能，而在 PPT 中使用动画效果往往能使之增色。本微课运用 Office PowerPoint 2013，通过操作演示，指导学生制作一个城市剪影动画，并在此基础上加大难度，即根据立体图像制作立体线条动画。在学习 PPT 线条动画制作的同时，通过教、学互动的形式，引入讲解了教学难点与重点。

本节课运用软件操作演示教学、谈话式教学、小组讨论教学方法、操作演示法和归纳式讲授法，促进实践与理论的整合，培养学生探究、解决问题的兴趣和能力。

软件操作演示教学：教学主要使用 Office PowerPoint 2013 这个软件进行制作线条动画，过程简单易懂。

谈话式教学：软件教学环节 1 后，交流其中的难点。

小组讨论教学：软件教学环节 2 中，通过提出问题引发大家的讨论，为问题的解决提供了多种方法。

归纳式讲授法：最后总结这节课的重点，便于学生理解。

学习过程由浅及深，教学步骤简单易懂。先从简单的平面图片勾勒，介绍多种勾勒情况而采用不同工具，分析图片线条制作简单动画。在此基础上加大难度勾勒实体线段，从而更能形成对比，便于学生学习。

在学习过程中，通过对本课程不断总结，不断提高，实践内容也逐渐深化，让同学们尽可能地参与到各项环节中。同学们的学习积极性得到了提高，反响很好。教学中要注意让学生学会思考和讨论，产生更多自己的想法，形成实质性的提高，提倡自主、探究与合作的学习方式以及恰当的交流，逐步改变光讲知识、只读课本的枯燥学习，多采用实践操作，促进学生创新意识与实践能力的发展。

08.【25310】小学六年级数学微课——圆柱的体积

参赛学校：深圳大学

参赛分类：微课与课件 | 中、小学数学

获得奖项：一等奖

作　　者：李佳丽、陈文婷、麦英莹

指导教师：廖红、李文光

作品简介

授课对象为小学六年级的学生，主要让学生掌握圆柱的体积计算方法，作品从学生已学习过的长方体体积计算方法和圆的面积推导过程入手，通过明明和佳佳交换香肠的Flash小故事引入，佳佳用三根小香肠换明明的一根大香肠，提出疑问：这种交易公平吗？接着复习长方体的体积，然后用Flash演示圆切割拼合成长方形的过程，复习圆的面积推导过程，再用3Dmax演示圆柱切割拼合成长方体的过程，推导圆柱的体积公式，并且设计一个实验去证明，再用推导出的圆柱体积公式计算大小香肠的体积，解决小故事留下的疑问，最后提供两道练习题和一道思维拓展题。

安装说明

作品视频在暴风影音中播放即可。

本作品的微课视频、微教案、微课件、微习题、微反思都集成在一个基于HTML5的WebApp微课资源平台上，该WebApp能跨平台使用，适用于IOS、安卓、PC等平台，目前适应性最好的是IOS系统。学生可以通过在iPad或iPhone的Safari浏览器上输入：http：//shuxuejia.sinaapp.com网址即可访问该微课资源平台，在线观看微课视频，浏览微课课件及习题，促进移动式学习，提高学习效率。

本平台的PC端、安卓端需要Chrome、搜狗、遨游等支持HTML5的浏览器才能访问。苹果的Safari浏览器本身支持HTML5，所以访问最为流畅。

演示效果

设计思路

Flash 小故事提出问题→回顾长方体体积推导过程→ Flash 展示圆的面积推导过程→圆柱体积的推导（通过 3Dmax、ppt 和视频展示）→实验视频验证→解答小故事的问题→课后两道练习题，和一道拓展题。

设计重点与难点

设计重点：把长方体的体积、圆的面积的推导过程与圆柱体积的推导结合起来，在学生学习过的长方体体积、圆的面积与未学过的圆柱体积之间恰当地建立联系，循序渐进，从已学知识逐步向未学知识进行探索。

设计难点：需形象地展示圆柱切割拼合成长方体的过程，并要清晰地展示转化后的长方体与圆柱体各部分对应关系，设计一个恰当的实验证明圆柱与其割合后长方体体积相等。

09.【20078】矢气

参赛学校：云南师范大学

参赛分类：微课与课件 | 中、小学自然科学

获得奖项：一等奖

作　　者：沈佳怡、浦珏、冯博文

指导教师：高俊翔、刘敏昆

作品简介

本微课视频的教学内容为：对矢气的产生的原因、不同的矢气预示的身体状况、憋矢气的危害以及改善方法等。让人们对矢气有一个客观且全面的认识，该作品所运用的关键技术有：PR、AE、FL、AU、PS 等。该作品的特色是让观众从视觉、听觉、心灵等多个方面都能够轻松地认识了解矢气的概念，明白矢气对身体健康的意义，今后能从正确的客观的角度去看待矢气。

安装说明

点击即可直接播放。

演示效果

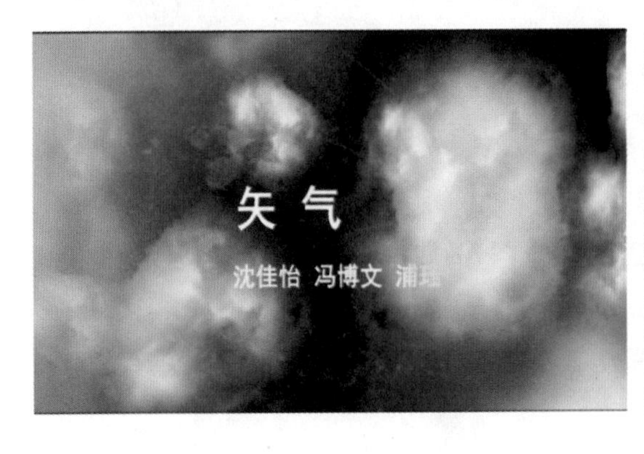

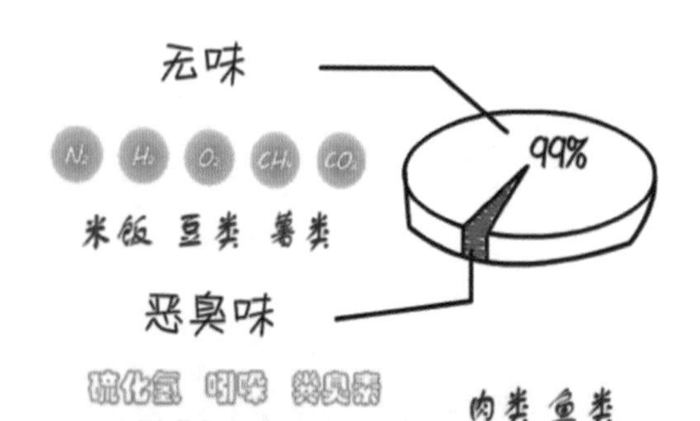

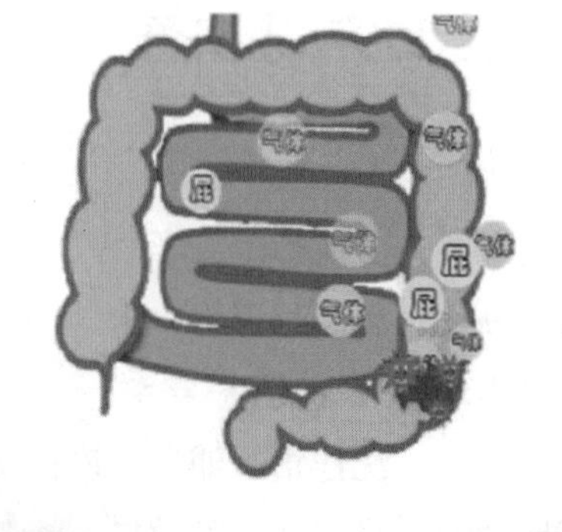

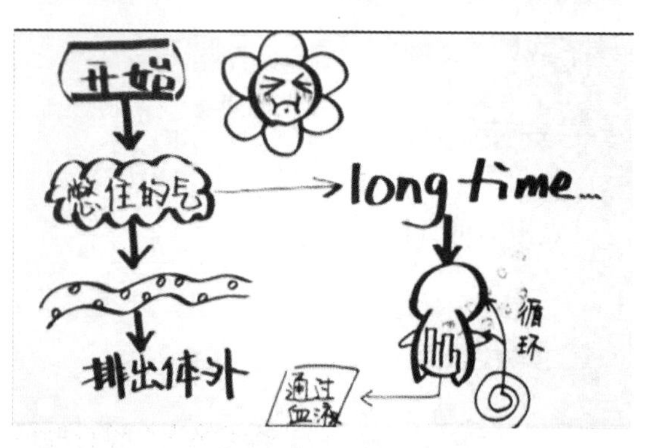

设计思路

（1）创作灵感：该作品灵感源自生活。为了让人们正视放屁这一生理现象，所以制作了这个作品。

（2）前期准备：广泛采集资料，采取校园采访等收集方式获得大量可靠数据。撰写教学设计及视频剧本。

（3）制作流程：

①作品开头，我们用空气中各种常见的形式，包括汽车尾气、空调、风车等引入矢气这个主题。

②继而介绍矢气的成分，通过制作生动形象的 Flash 动画点明本节微课的教学主题。

③手绘结合 Flash 动画讲解屁产生的原因。

④运用 AE 和 Flash 动画讲解不同的屁预示的身体状况。

⑤我们采用自己拍摄的小视频，风趣幽默地表演了人们憋屁的现象。

⑥用手绘的方式直观地表达了憋屁的危害。

设计重点与难点

（一）设计重点

我们采用这种形式是为了用一种轻松娱乐的教学手段，向中小学乃至社会大众传播这一知识，寓教于乐。

（二）设计难点

新时代新社会的发展，要求我们在课程中大量运用以多媒体计算机网络通信相结合的现代教育技术。所以对多媒体软件的熟悉程度以及操作水平有很高的要求。

在制作过程中我们致力于探索如何将信息有效地传递给同学，区别于传统教学模式，更能吸引学生们的注意力，将知识融会贯通于日常生活。

10.【24855】灰黑白 · 失色的世界

参赛学校：华东师范大学
参赛分类：微课与课件 | 中、小学自然科学
获得奖项：一等奖
作　　者：朱炎玮、徐毅鸿、纪焘
指导教师：白玥、经雨珠

作品简介

本课件名称为："灰黑白 · 失色的世界"，"灰"与"黑"代表着如今的污染现状，"白"是对于治理的期望。"失色的世界"既是我们所处的世界，也是我们需要通过实际努力来改变的事实。希望通过我们的交互式课件，以空气污染为专题整理，为中小学生树立环保意识。

"空气"一章是中小学自然科学课程中都会有的章节，而对于空气污染的介绍则往往收录在拓展内容中，不作详细讲解。当代社会的环境污染问题日益严重，雾霾、肺癌、常年灰色的天空、空气污染在当下已经成为一个不得不解决的问题。我们小组成员认为，应当从小就为学生树立起这样的环保意识。既然是作为教学中的拓展部分，我们就以趣味课件的形式呈现，以PC 版和安卓版两种界面，帮助学生随时随地地进行学习。

安装说明

系统必须安装 Visual Basic 6.0 环境才可以实现 Flash 的保存输入文本功能。
只需安装 Flash Player 即可观看课件，安装 Adobe Flash Professional CS6 可以打开源文件。
如要浏览安卓界面，请先在手机上安装 Flash Air，再将安卓 APK 导入。

演示效果

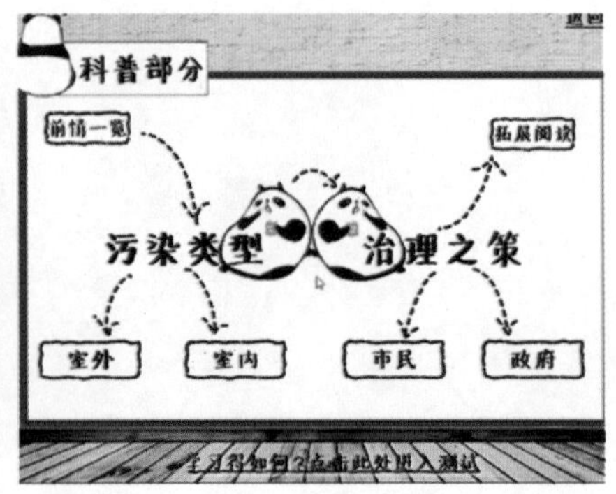

返回
室外污染
工业污染
交通运输
自然灾害
污染现状
拖动放大镜查看地图

返回
室内污染
建筑材料
人体自身
室内空气
Contimination
危险·就在身边
室内
空调
厨房
吸烟
综合
燃烧

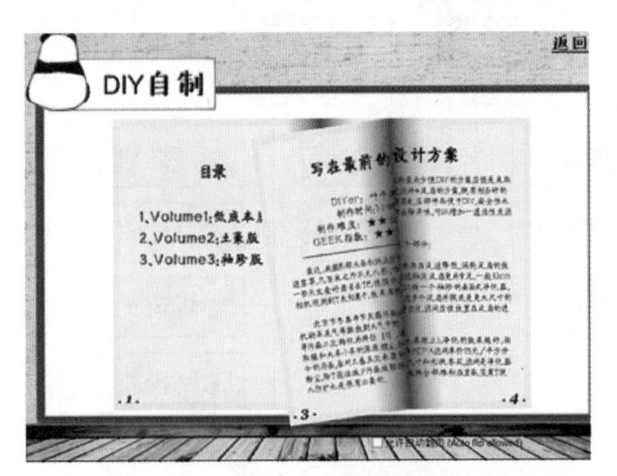
返回
DIY自制
目录
1、Volume1:
2、Volume2:
3、Volume3:
写在最前的设计方案

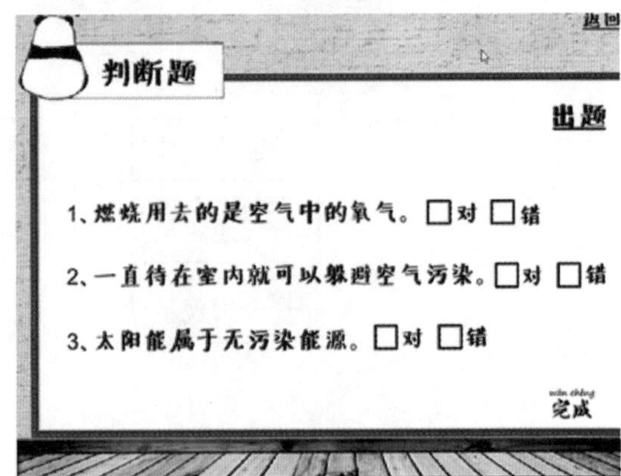
返回
判断题
出题
1、燃烧用去的是空气中的氧气。□对 □错
2、一直待在室内就可以躲避空气污染。□对 □错
3、太阳能属于无污染能源。□对 □错
完成

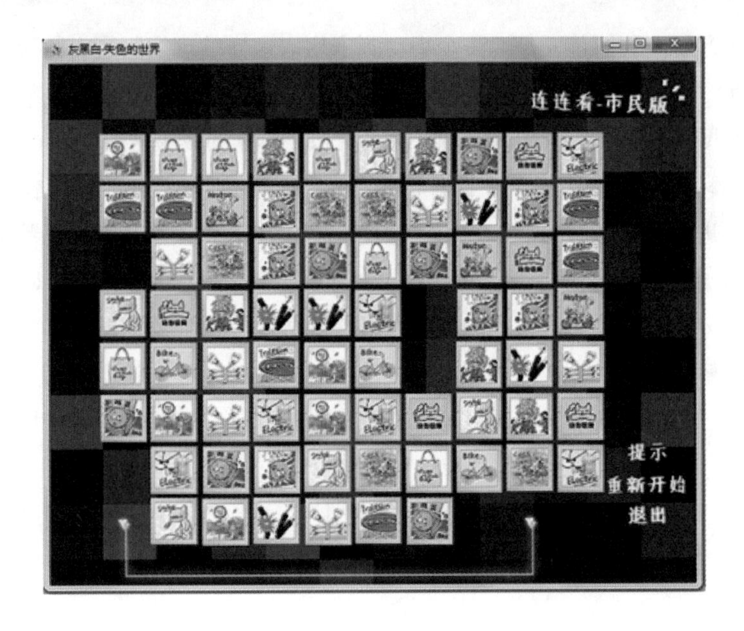
灰黑白失色的世界
连连看-市民版
提示
重新开始
退出

设计思路

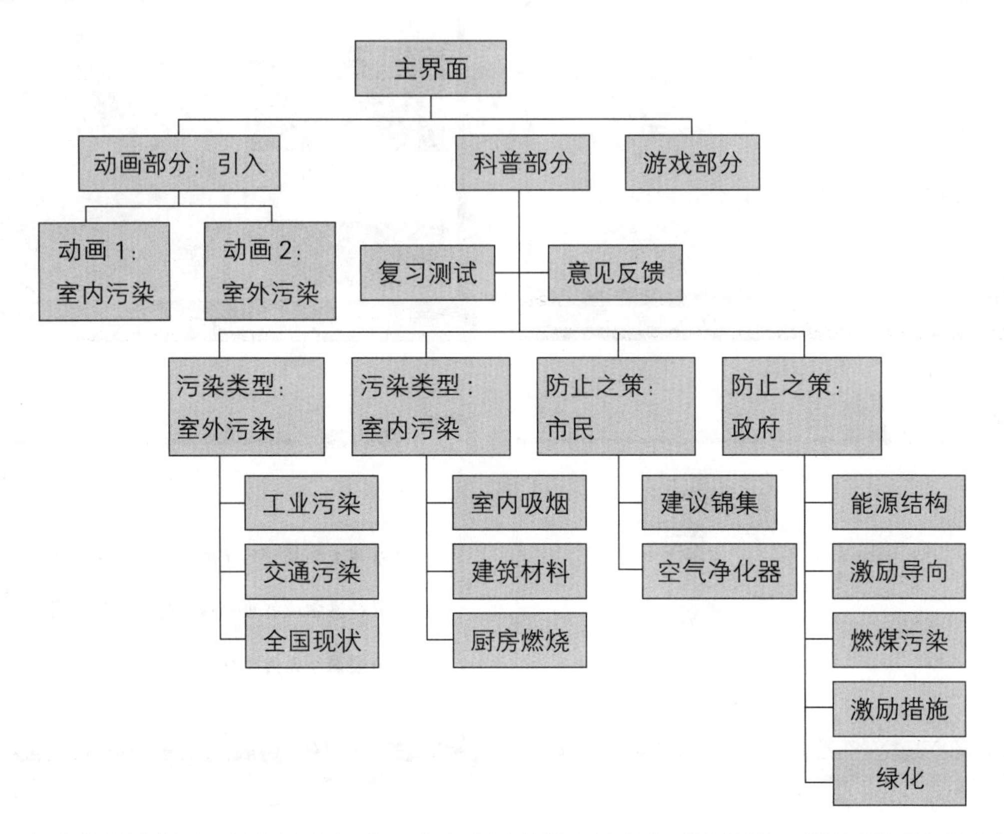

在教学设计方面，我们首先是以一个小动画来切入这样的现实问题，紧接着以代表“室内污染”和“室外污染”两个小动画来使观看者对于这两种类型的污染有一些初步的了解。以动画的形式来作为我们整个作品的开端，是希望以动态、趣味的效果来吸引观看者的兴趣。

紧接下来的科普部分是作为整个课件的主题呈现。正如在上一部分内容中所说的，我们在内容的分块上进行了一些设计，“室内”与“室外”的分类是为了让观看者不要在关注室外雾霾的同时忽略了自己身边的污染。“市民”与“政府”的分类也是希望可以明确责任，让大家知道每个人都可以为现状作出自己的贡献。科普部分的复习，我们精简了之前的所有文字内容，以最简单的替换方式，让观看者可以直观地了解到怎样才能防治空气污染。受众可以通过小测试来测试自己的学习结果，同时也可以在意见反馈部分，反馈自己对于居住城市环境问题的意见和建议。

最后的游戏部分，结合之前的科普内容，在让观看者巩固自己所掌握知识的同时，寓教于乐。

设计重点与难点

（一）关键技术

综合运用了 Flash 的 as2.0 代码进行大量交互制作；

使用 as3.0 代码进行游戏编写；

使用 VB 6.0 编写简易程序以达到保存 Flash 输入文本的功能；

采用 Flash Air 制作安卓手机的 APK;

采用多种按钮形式确保作品的交互性与趣味性；

采用逐帧动画来确保动画效果流畅。

（二）作品特色

本作品在创意上结合了现实目的、公益性以及科普性，着重于当下的空气污染现状，通过课件的形式来进行一次公益普及。对于“空气污染”这样一个宏大的内容，进行了精细的切分，以趣味的游戏来串联知识，力求达到寓教于乐的效果。尽管课件以科普部分作为主体部分，但动画和游戏都是围绕着科普主题而展开的。动画是作为污染类型的引入，游戏是作为防治方案的巩固，可以说是相辅相成。以 Flash 作为课件制作主体，我们不仅使用了 as2. 0 代码，同时也使用了 3.0 代码和 VB 代码编写程序，通过调用 as 文件在作品中实现多种功能。另外，本作品的全部界面切合“灰黑白 · 失色的世界”的标题，以黑白形式呈现，以卡通的风格来吸引中小学生的兴趣。

11.【25205】无形的伤

参赛学校：广东外语外贸大学
参赛分类：数媒设计普通组 | 图形图像设计
获得奖项：一等奖
作　　者：李碧、吴葵鹏、肖晴
指导教师：马朝晖

作品简介

在这高速发展的21世纪，人们破坏环境的行为是越来越多了，因此洁净的空气也越来越少了，等到连空气都要被定价的那一天，我们的悔恨是否会显得多余了呢？我们小组通过最有表现力且传播效果最好的海报的形式，充分利用AIR这个英文单词的变形来展示人类对空气的破坏，从室内到室外，从小到大，从个体到整体的顺序来说明人类活动对大气的污染，最终危害了人的健康。以此呼吁人类注意生产生活中对环境的保护。只要人人从自我做起，必将渲染周围人群，洁净的空气将会再次环抱我们的生活！

安装说明

使用Adobe PhotoShop CS6及CorelDRAW X4即可打开。

演示效果

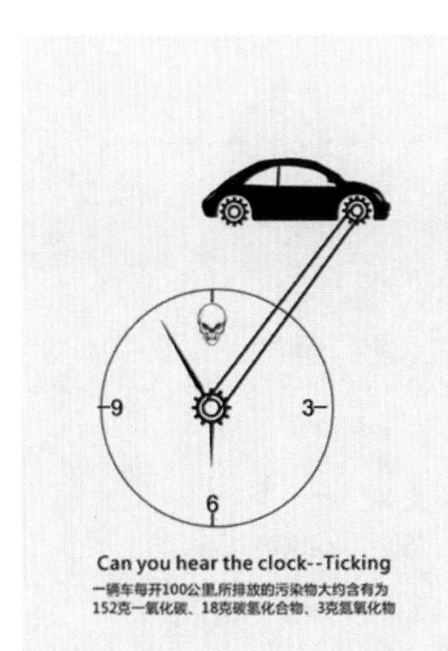

设计思路

确定空气污染作为表达主旨，运用了空气的英文单词“AIR”，通过将这三个字母的变形来分别表现空气污染的主要来源：汽车尾气、工业废气和生活二手烟，提醒人们注意到人类自身对于空气的污染行为，警醒人们应当自觉地减少对空气的污染，营造一个纯净的大气环境。

设计重点与难点

（一）海报设计的重点

海报设计的重点在于要精简地为空气污染进行分类，最终我们确定为三大类别：生活污染、工业污染以及隐形的污染，然后为这三大类别分别挑选了一个实例来展示，即汽车尾气、烟囱废气、生活二手烟。

（二）海报在设计过程中的难点

海报在设计过程中的难点主要在于字母的变形上，因为变形要能在保持原有字母的大致的形状不变的基础上融入空气污染源，特别是在字母R上的变形，其本身形状难以与其他事物进行融合。

12.【20400】AIR MG——同呼吸，共命运

参赛学校：南京理工大学
参赛分类：数媒设计普通组 | 动画
获得奖项：一等奖
作　　者：李鸣超、徐佳新、耿志卿
指导教师：陈强

作品简介

该作品以国学文化中的空气起源为引导，结合多种学科知识介绍了与空气有关的知识，并采用了国内外最新流行的 MG 动画的创作手法，综合使用了平面设计软件、音频处理软件、视频特效软件、三维建模软件等工具，融合了平面设计、动画设计和电影语言，采用扁平化的艺术手法，使艺术与技术相结合，达到更好的视觉交互效果。专业的配音设备和后期特效手法又使作品保持了很好的节奏感，直观形象简洁地表达了空气的主题。

安装说明

点击即可直接播放。

演示效果

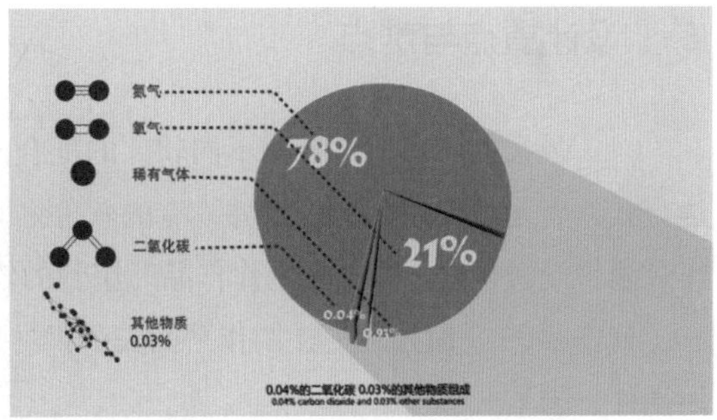

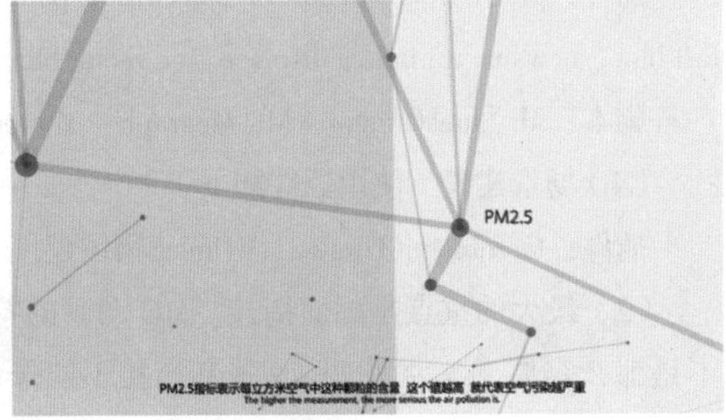

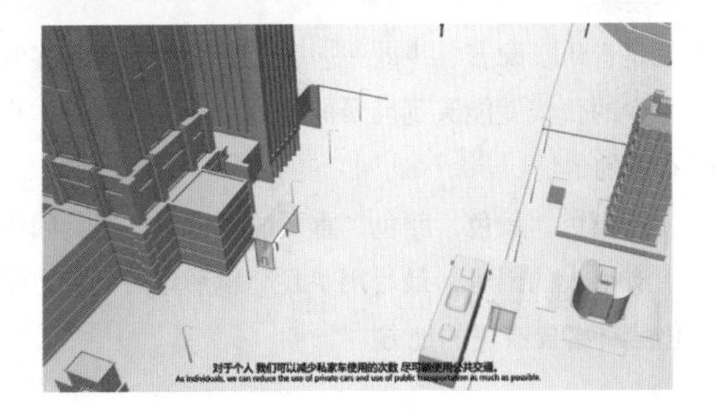

设计思路

制作作品的初稿时，将内容分为“什么是空气”“什么是PM2. 5”“同呼吸，共命运”三个部分，表现形式为MG动画，选择这一表现形式的原因，一是比较新，二是可以通过简单的图形设计表现思想，使想法表现更具艺术感。初稿完成时效果不尽人意，主要是画面质量不高，思想主题不明确。后来，经过汲取多方意见，对作品进行了完善和修改，更换了作品的配色方案，融入了国学元素，增加了趣味性元素、运用了3D效果，增强了节奏感。同时删除了一些涉及敏感问题的部分，减少了主观因素，使作品看起来更加专业。制作过程中，充分利用自己能够利用的资源，尽量使用最好的设备、最新的软件，以达到最好的效果。整个制作流程大致是这样的——写脚本、文字稿、配音、调音、特效制作、字幕、声效。每个过程重复了三到四遍，最后终于定稿。

设计重点与难点

（1）最大的难点就是各种不同软件的配合使用。设计作品时的一些想法需要用到多样的表达方式，于是就要用到很多软件，有的软件之间的接口做得很方便，有的则很麻烦，需要在制作过程中慢慢探索。以下是制作作品时用到的软件以及插件。

软件：PS 平面处理、AI 制作平面矢量素材、AU 录音处理、ED 后期剪辑、AE 特效动画（使用插件、脚本如下）。

插件：plexus、optical flares、card wipe、particular、cc particle world、drop shadow、turbulence2d、fast blur、newton、turbulent displace、cc vector blur、simple choker、cc Mr.mercury、stroke

脚本：M_LinesCreator、Mt. Mograph - Motion、MtMo-String、Paste Multiple Keyframes

C4D 场景建模（使用插件如下）

插件：Greebler、Thrausi、3Dmax 物体建模

（2）最大的重点是画面衔接。MG 动画的特点就是简单粗暴，然而要想做到简单粗暴却并不是那么容易，各种画面的切换和衔接不能像单纯的剪片子那样简单，要有一个很好的过度。不然会导致表达思想的不连续。

（3）另外一个难点就是音乐、配音、声效……手上的素材不多，多亏如今互联网技术的迅速发展，在淘宝网上用很少的价钱就能买到巨量的资源，不过从这种“大数据”中找到自己想要的资源却是一件费时费力的事情。

（4）最后一个难点就是颜色，颜色，颜色，重要的事情说三遍，因为本身不是设计专业的学生，所以在选择颜色上有很大的困难，最后用了几套扁平化的配色方案，算是投机取巧。也是我们觉得这是该作品仍然有必要改进的地方。

13.【23411】读空气

参赛学校：浙江科技学院

参赛分类：数媒设计普通组｜动画

获得奖项：一等奖

作　　者：胡中天、赵宏宇

指导教师：雷运发、林雪芬

作品简介

作品《读空气》以空气和它的颜色为线索，叙述了一个别离与相遇相交织的超现实故事。作品中构架了一个空气的颜色会随着人们的心情而改变的世界，但并非人人都能看见这种颜色，而故事便讲述了拥有能看见这种颜色能力的主角，在接连遭遇了失去母亲与城市里空气日渐灰暗的打击后，走出封闭的城市，找到爱与希望的故事。日渐发达的城市固然给人们的生活带来很多便利，但同时也带来浮躁与污染的困惑，本作品正是通过动画这样一种方式，呼吁人们行动起来。

安装说明

在媒体播放器中播放即可。

演示效果

设计思路

（一）关于作品名字与主题

首先看到空气这样一个主题的时候，我们就觉得一定会有很多人做环保方面的题材，所以想在主题上做一些突破，就如同开篇的那两句诗“午后，若阳光寂静，你是否能听；明日，若空气澄澈，你仍否能读”，阳光本不能听，空气本不能读，但这部作品中就偏偏让空气能“读”，这样一种反差会很有意思，就尝试着做了一下。

对于作品的名字，先来介绍一下我们的主角，他有着一项特别的能力——看到空气的颜色。同时，这个颜色会随着人们自身的情绪而不断变化，比如橙色代表开心，蓝色代表伤心，白色代表平静，等等。这就像是对于空气与人们本身的一种解读，于是有了这部作品的名字——读空气。

（二）整体故事剧情

故事采用一个大倒叙，主角从小便能看见因为人们不同情绪而变化颜色的空气，他自己也早早意识到自己与别人的不同，这既令他觉得开心，又令他觉得不安，开心的是因为看到这世界的五彩斑斓，不安的是因为他总能看透人心而处处受到排挤。在主角高考最后一天，他的母亲因出车祸而去世，但母亲的墓里由于沾染了太多母亲生前对于亲人的思念与爱，而得以让死后母亲的灵魂能在主角眼里具象化——主角在母亲墓前看到了母亲的身影，所以他第一次开始感谢自己这双眼睛，能让他得以与亲人重聚。但好景不长，有个雨天，主角像平常一样来到母亲墓前，却怎么也没能等到母亲出现。走出墓园的刹那，街道上的一切都变成了灰色，不论人们或喜或悲，身边的空气都只剩下灰色。最后主角决定勇敢地走出这座灰色的城市，来到海边，意外遇见了女主角，看见了她身后仍存在色彩，像彩虹一般。

在画面构成方面，我们大量采用了隐喻的表现手法，如以下几个镜头：

（1）主角在自己卧室被噩梦惊醒的一幕，房间内采用让人不太舒服的偏红配色，吊灯投射出笼子般的阴影，象征面对空气问题而不愿采取行动的人们，将自己关在了牢笼里，判了死缓。

（2）大桥上主角骑着自行车驶过的一幕，象征人们终于行动起来，直面空气问题。

（3）走出墓园时，街道上满是黑色的人群，一切都变成了黑色。人们各式各样的心情都变成了灰色，我们通过沙滩上的沙画来表现，最后海浪涌过，沙滩上什么也没有留下，这表示对空气能再次变好的美好祝愿。希望海浪打过，努力过之后，灰色和雾霾，一个也不要留下。

（4）主角的内心独白："我不知道，究竟是这城市的空气出了问题，还是我们，出了问题。但我知道，只有这件事，连医生也帮不了我。"全篇作品中都没有明确出现主角眼中空气变成灰色的原因，它可以是因为空气污染，也可能还有其他原因。所以，究竟是空气出了问题，还是"我们出了问题"，留给观众想象的空间。

（5）最后海边的一幕，女主角的出现象征面对空气问题，行动起来的不止是一个人。同时，彩虹一般的颜色象征希望，象征着只要我们行动起来，就一定能赢得胜利，解决空气问题。

（三）技术部分

制作初期对动画的画面风格作了一定的探索，其中为了节省建模时间，对人物细节作了最大程度的简化，采用了卡通风格的人物设计。城市建模部分采用 cityengine 三维城市建模软件完成，人物与局部场景建模采用 3Dmax 完成。渲染方面，最初采用卡通的渲染风格，最终采用了写实的渲染风格。

同时，部分镜头采用了 2D 手绘与 3D 渲染背景结合的方法制作，如其中街道上的空气全都变成灰色，主角撑伞站在路边看着人们走过的镜头，我们采用铅笔手绘路人的形象以突出一种灰色的质感，将手绘图像拍照并在 PhotoShop 中抠图后与渲染背景一同导入 Flash 进行动画制作。

设计重点与难点

《读空气》这部作品中，我们重点描画人们的心情与一座封闭的城市，整座城市并不大，但被设计得非常密集，给人一种快要透不过气的压抑感，以此表现出一座被污染后的城市所带给人的不愉快感；同时，本作品超现实的故事背景和带有强烈隐喻的画面也是我们所要刻画的重点，离奇却又在情理之中的剧情和画面是一大特点。

制作过程中的难点有以下几个：

第一个是在画面的表现上，要将人们的情绪与空气的颜色联系起来，在起初的设想中我们觉得很有难度，在尝试了多种诸如：直接将人物周围涂上色彩、改变人物自身颜色等的表现方式后，我们最终选择了采用从人物身上产生飘散的彩色粒子的方式。

其次是技术上，整部动画采用 vray 渲染器渲染，初期为节省渲染时间而采用了较高的噪波阈值，造成画面颗粒感较强，最后部分图像只能在 aftereffect 中作了后期消噪。

我们在部分镜头上采用 2D 手绘与 3D 渲染图的混合制作，极大地缩短了制作所需的时间，但最初在两种风格差异巨大的图像素材如何结合使用上，我们也进行了一定时间的摸索，也尝试过一帧帧逐帧手绘的方式去结合，但很难做到画面流畅，最终采用将图像导入 Flash 进行制作的方式解决了此问题。

最后是配音方面的问题，我们没有专业的录音设备，手机录音即便环境非常安静也会有一些杂音，最后采用在 CoolEdit 中消噪的方式完成配音，但部分地方声音质量仍然不是很高，是我们以后需要改进的。

14.【22300】隐默之空 | A.I.R.

参赛学校：北京大学

参赛分类：数媒设计普通组 | 游戏

获得奖项：一等奖

作　　者：徐浩川、郭文涵

指导教师：刘志敏

作品简介

本作品的设计核心是以“空气”为主题的计算机游戏。环绕在我们身边的空气过于平凡、普通，我们早已对其习以为常、“视而不见”。本作品综合运用流体模拟技术与二维、三维图形学技术，以充满趣味的游戏方式讲述虚构背景中未来空间站的故事，在玩家逐渐解开谜题的同时，展示我们所熟悉的“空气”中蕴含的丰富物理特性和流体美感。

本作品使用了基于 OpenGL 的 3D 图形学技术和基于显卡 GPU 的流体模拟技术，从零实现了一个基本的游戏引擎，同时所有美术资源（包括模型，贴图，特效等）都属原创。本作品还包括了原创的游戏音乐。

安装说明

本作品需要显卡支持 4. 3 版本或以上的 OpenGL 来正常运行。

本作品可能需要安装 Microsoft Visual C++ 2010 Redistributable Package 来正常运行。

我们的开发环境是 Visual Studio 2010，同时使用了 OpenAL 库播放音频。若遇到缺少 dll 等问题可尝试安装对应的库来解决。

运行时，直接运行 [隐默之空—AIR.exe] 即可。

演示效果

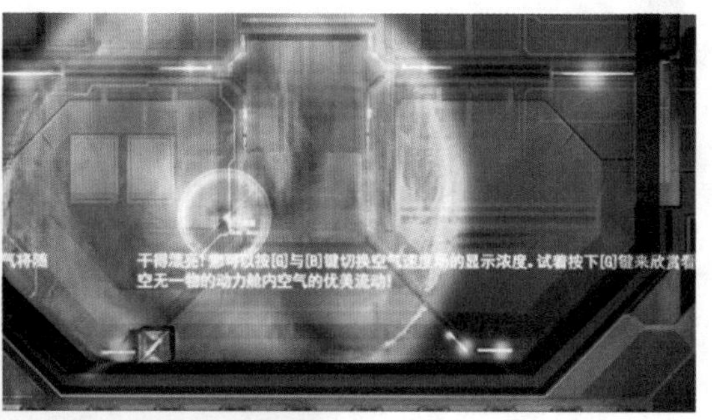

设计思路

本作品的设计制作分为多个部分。

（一）程序部分

我们使用 Visual Studio 2010 和 OpenGL 4. 3 进行开发，主要使用了以下拓展库：

OpenGL 相关：freeglut，glew 等——用于 OpenGL 拓展实现；

图像相关：FreeImage（FreeImagePlus）——用于图像资源读取；

物理引擎相关：Box2D——用于二维刚体物理解算；

OpenAL：负责音乐播放。

在此之外的程序实现（流体模拟引擎、资源结构、具体 3D 绘制、着色器、引擎逻辑等等）都是我们自己编写的。

（二）美术部分

我们主要使用 3DSmax、PS、AE 进行美术方面的制作。对于三维场景，我们首先在 max 中建模、分 UV，而后在 PS 中对应地绘制贴图。同时，每个场景还有一张二维的场景背景图，这是由我们在 PS 中绘制的。特效部分主要通过 PS 和 AE 配合制作。

（三）音乐部分

我们为本作品完全原创了三首背景音乐和两小段过关时的音乐。音乐主要在 Cakewalk Sonar 中制作。

设计重点与难点

（一）程序部分

整个游戏架构完全由我们自己编写，从最基本的资源加载、场景管理到最终的渲染与显示。我们实现了在主流游戏引擎中被广泛使用的 component 结构，从 component 基类派生出 GameObject、World 等派生类，实现了模块化的代码架构，为功能添加铺平了道路。

物理引擎部分，我们利用了 GPU 强大的浮点运算能力，在 OpenGL 着色器中使用 GLSL 语言编写了流体模拟引擎，并在运算时与 Box2D 库结合，实现了流体、固体的耦合。游戏运行过程中，一个物体将通过流体引擎与 Box2D 引擎交替解算，而我们的 component 结构也为两者之间的链接提供了保证。

在三维渲染中，我们使用了延迟渲染技术，并为模型制作了漫反射、自发光贴图层，实现了光照与阴影贴图，与美术设计进行结合之后获得了柔和而精美的场景效果。

（二）美术部分

场景和物体的建模遵循着游戏模型的惯例——使用低面数模型 + 高质量贴图表现，这样既能节省资源，也能获得很好的效果。我们为物体和场景绘制了十分精细的贴图，并制作绘制了风格相同的界面和背景。由于游戏的背景为在未来的太空中，我们始终将整体氛围的表现放在首位，无论是流体的着色、特效的设计还是场景物体的建模、绘制都保持着带有未来气息的“科技、工业感”。

（三）音乐部分

我们使用完全原创的背景音乐，在作曲、编曲阶段中都考虑到了游戏的整体背景，无论是舒缓柔和的标题音乐，还是带有电子音乐气息的关卡背景音乐与过关时的小段音乐都经过了反复的考虑和斟酌。音乐的整体配器风格以钢琴和电声合成器为主，不过分吵闹而又不失旋律性，与游戏的风格十分贴合。

15.【23517】Defend Air

参赛学校：西南石油大学
参赛分类：数媒设计普通组 | 游戏
获得奖项：一等奖
作　　者：苏梓鑫
指导教师：王杨、刘丽艳

作品简介

由于人们对工业高度发达的负面影响预料不够，预防不利，导致了全球性的环境破坏，其中空气污染尤为严重。《Defend Air》是在此背景下开发的一款以保卫空气为主题的2D横版射击类游戏。在游戏中，外来生物以地球上的污染气体为养料，并企图占领地球。玩家化身为一个拿着冲锋枪的战士，与宇宙的外来生物搏斗，击杀它们，获取空气中的有益成分并将其释放，当有益成分达到一定比例时，玩家拯救地球成功，游戏胜利。相反如果外来生物获得的有害气体达到一定比例，则表示怪物占领地球，游戏失败。

安装说明

PC平台：解压后，双击文件夹中的.exe文件即可运行。
Android平台：将APK文件拷贝至手机，安装即可运行。

演示效果

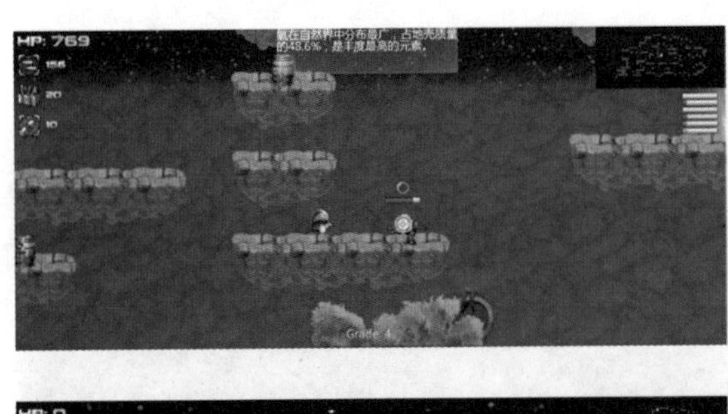

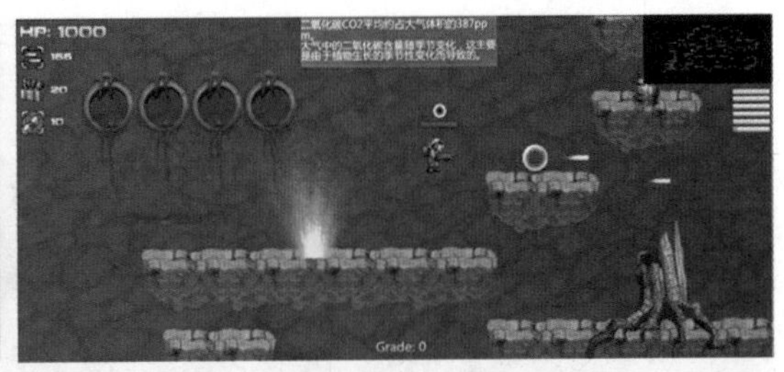

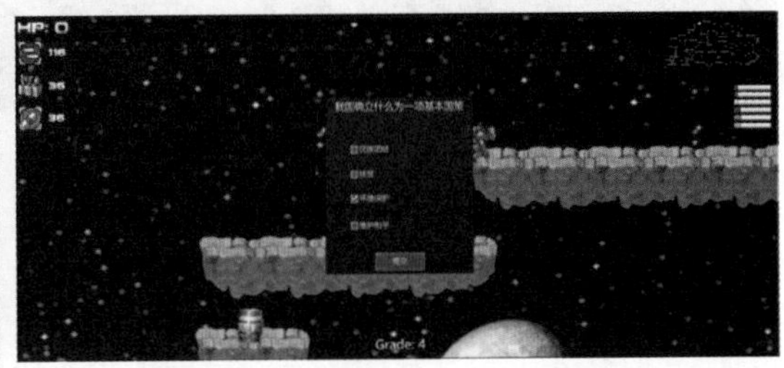

设计思路

本游戏的定义为塔防类游戏，玩家需要击杀无限出现的怪物来获得气体道具和积分。游戏主要由以下四大部分组成。

战斗系统：主要包括玩家的攻击和怪物的 AI。怪物通过射线检测当前水平方向上的单位。如果是道具（一般为有害气体）则会去获取，此时空气中的有害气体比例增加，并且不同的有害气体会给怪物提供不同的增益状态。如果检测到玩家，则会进入攻击状态，对玩家进行攻击。玩家可以通过操作，对怪物进行攻击。攻击有不同的方式，包括普通的枪射击、导弹、手榴弹、敲击。击杀怪物会有一定概率获得道具，如子弹补给、医疗包、有益气体，等等。

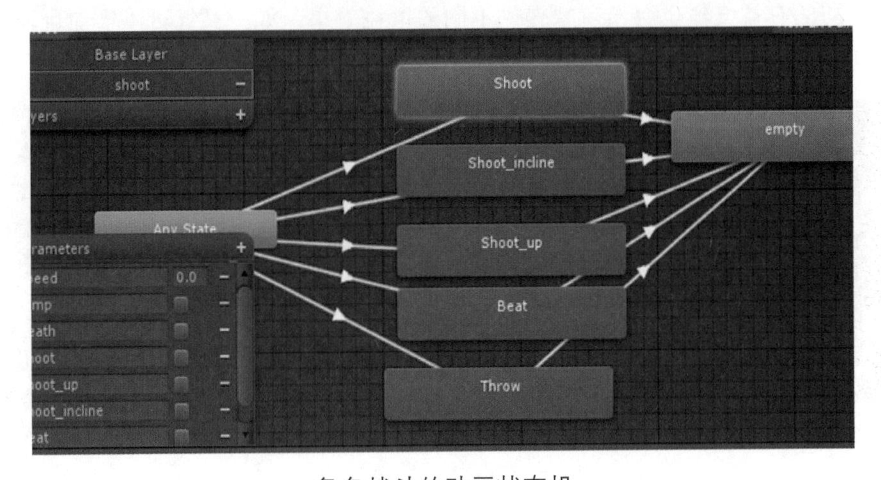

角色战斗的动画状态机

道具系统：主要包括补给道具和气体道具。补给道具主要给玩家提供弹药和生命值，气体道具则为各种气体，包括有益气体和有害气体。玩家需要获得有益气体并释放。

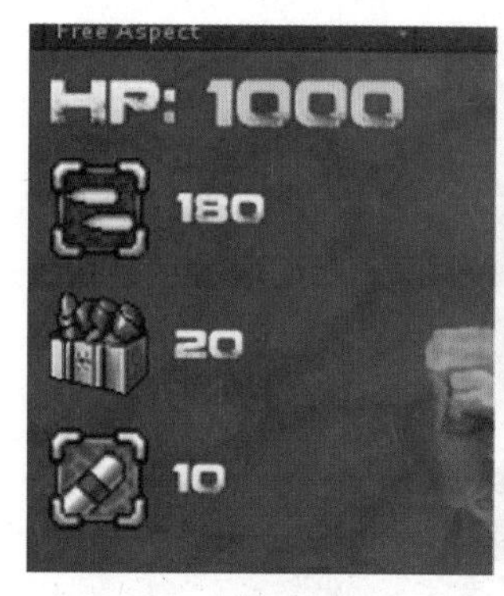

补给品列表

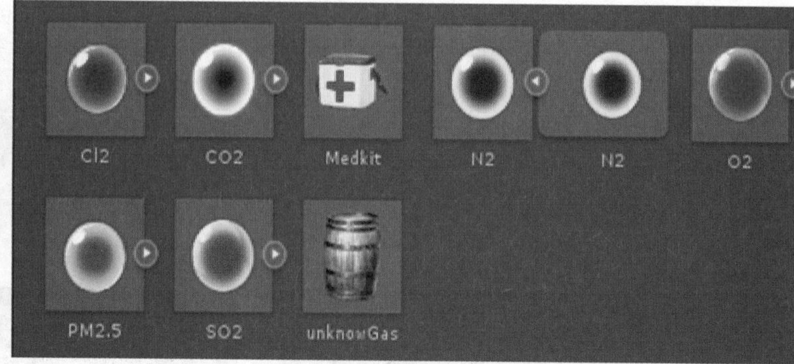

气体道具

答题系统：其主要功能是在玩家死亡的时候，可以通过消耗 30 点积分来回答与空气知识相关的题目，回答正确便可以复活并且恢复 25% 的血量。积分可以通过击杀怪物和释放有益气体获得。答题系统中的题目用 xml 文件存储，便于更新。每次答题会从中随机抽取一道题目。

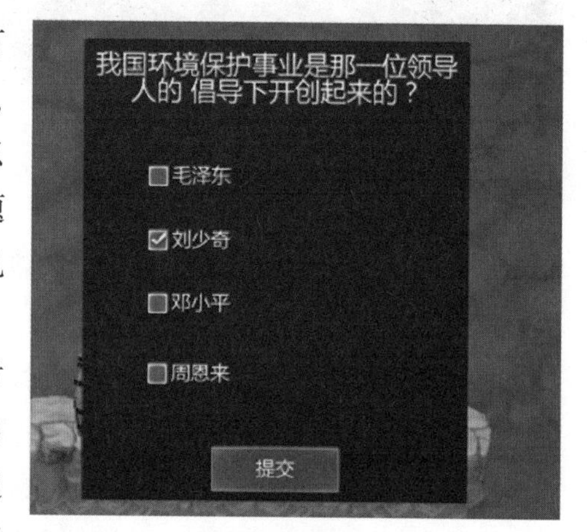

答题面板

气体系统：为游戏中最重要的系统。它包括对空气中各种气体含量的统计，并通过 UI 面板显示出来。当玩家获得一种气体时，会有 UI 提示，并且通过 UI 面板显示该气体的一些相关知识，使玩家在玩游戏的同时能学习到知识，体会到保卫空气的重要性。并且不同的有益气体也会给玩家提供不同的增益效果，如：氧气可以增加玩家的移动速度；氮气可以增加玩家的跳跃高度。当释放气体时增益效果消失。

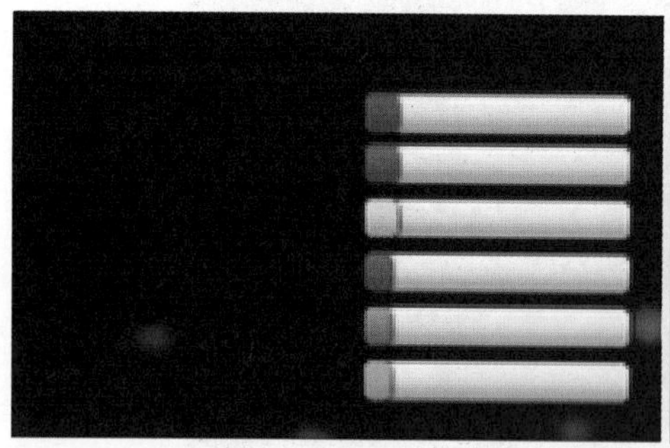

空气中各种气体含量

场景中的气体道具

为了增加游戏的趣味性和丰富性，游戏中有设定不同的怪物类型，其攻击方式也有所不同。并且每隔一定时间会刷新出 Boss，击杀 Boss 会获得大量的积分和道具奖励，这也是对玩家操作的一种考验，使游戏玩起来不会那么无味。

设计重点与难点

内存优化：由于会发布到移动平台，所以不得不考虑内存优化的问题。在这里，我采用了Unity自带的预设。它可以在运行时实例化游戏对象，大大减少了内存的开销。并且我还运用了对象池技术，把游戏中需要重复生成的对象，如怪物、子弹等通过对象池进行管理，减少内存的重新分配。

```
GameObject hit = Instantiate(bullet_hit, transform.position, Quaternion.identity ) as GameObject;
hit.transform.localScale = transform.localScale;
hit.transform.eulerAngles = transform.eulerAngles;
Destroy(gameObject);
```

通过预设创建对象

动画系统：对于游戏中的一系列动画我采用了Unity的新动画系统，即动画状态机。通过状态机控制角色、怪物的动画可以实现动画融合等功能，使动画的切换更加灵活和自然。

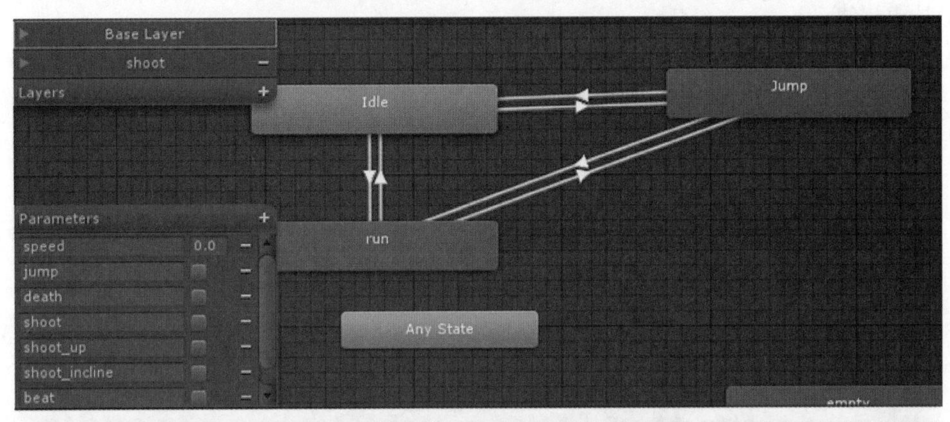

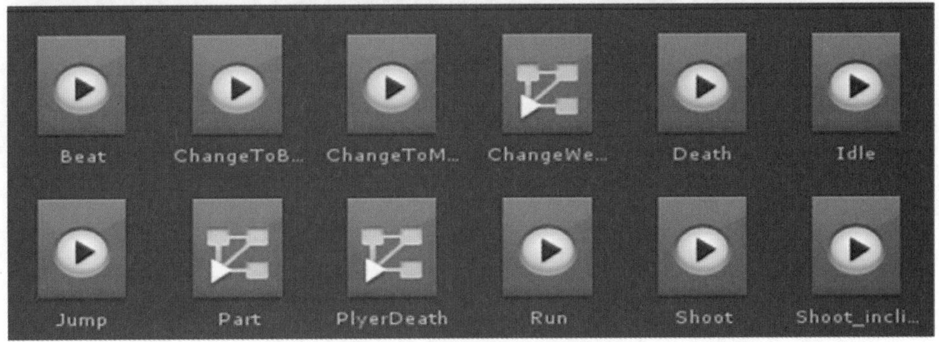

角色的动画与动画状态机

UI系统：由于Unity的OnGUI方法对内存消耗太大，UGUI技术还不太成熟。所以我选择了目前已经很成熟的第三方UI插件：NGUI。在游戏中我通过NGUI实现了一系列的UI控件，如按钮、文本框、下拉列表、单选框等，并且与游戏进行交互。

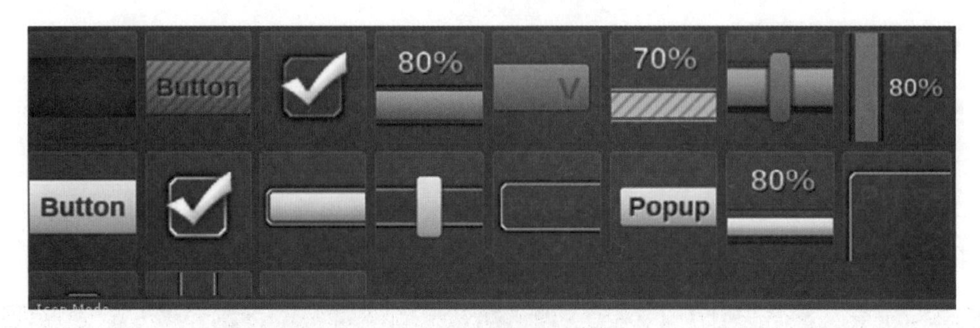

NGUI 控件预设

打包与更新：将游戏的一些数据文件、预设题放入 StreamingAssets 文件夹，以方便用于 AssetBundle 打包，方便后续更新，并且可以减少客户端的体积。

物理模拟：由于物理引擎对内存的消耗太大，这里我采用 iTween 通过一系列的插值运算来对一些物理效果，如奔跑、跳跃等进行模拟，使得对内存的消耗更小，玩家的游戏手感更好，物理效果更逼真。

```
if (h > float.Epsilon)
{
    iTween.MoveUpdate(gameObject, transform.position + Vector3.right, speed);
}
else if (h < -float.Epsilon)
{
    iTween.MoveUpdate(gameObject, transform.position + Vector3.left, speed);
}
```

角色移动方法中的一段代码

16.【20499】掩霾

参赛学校：沈阳工程学院

参赛分类：数媒设计普通组 | DV 影片

获得奖项：一等奖

作　　者：程绍博、刘昱伯、汤迅

指导教师：侯荣旭、姚文亮

作品简介

故事设定在一个虚拟的情境中：有一天，当环境持续恶化，空气污染达到失控的程度，社会的政治、经济、人们的生存状态都受到了巨大的影响。主人公是在这样的灾害环境中的一个幸存者。有一天，他遇到了一个女孩，这个女孩让他回想起了自己在空气灾害中遇难的女友，他决定兑现自己对女友未完成的承诺，让这个女孩替女友收下他的苹果，以了却他的心结。而在这个时代里，为了得到一个苹果，他付出了巨大的代价……故事在大时代背景下，聚焦了一个小人物的生活境遇，在通过环境警示人们空气灾害带来的恶劣影响的同时，也通过主人公与“黑市商人”“被抢女孩”的对话和反思揭示了本作品的主题：让我们停止过多的指责，承担起有区别但共同的责任，珍惜环境，爱护空气，将所有的悲伤“掩霾”！

安装说明

点击即可直接播放

演示效果

设计思路

本作品是一部以空气为主题，呼吁人们提高对空气保护的重视程度的DV短剧作品。近些年来，呼吁人们保护空气的作品有很多，人们总是呼吁环保，但是，如果人们不去保护空气，世界又会怎么样呢？创作者采用了较创新的视角，虚拟了一个背景时代，构建了一个空气环境恶化、人类生存条件因空气污染而被严重威胁的社会环境。通过较新颖的背景构建和富有冲击力的视觉感官，以提高作品的客观性。本作品以主人公“我”的故事为叙述主线，通过“我”的生存状态，为观众介绍了在这样的环境中人类的生存状况。在片头埋下伏笔：“有人说，每一个人都应该忏悔，可我，为什么要忏悔呢？”带着这样的疑问，“我”在“避难所”遇到了一个与已故女友长相相似的女孩。通过回忆女友遇难的过程，在展开故事叙述的同时，也为观众进一步介绍了空气灾害造成的巨大灾难。“我”因为女友的罹难而在心中留下了巨大的阴影，“我”希望能达成给女友一个苹果的心愿，而决定在这样的灾难中，为这个女孩买一个苹果，以了却自己的心结。而通过主人公“买”苹果的过程以及他与“黑市商人”的对话，讽刺了人类因利益而破坏自然，最后咎由自取的“愚蠢”行径。主人公在回程中遇到了一个“被抢”的小女孩，在对话中，小女孩说出“连空气都被人抢走了，你还在乎，是什么人抢的呢？”小女孩的话让主人公开始了反思，“到底是谁抢走了我们的空气？”主人公的思绪被触发，他把对女友的怀念转变为对整个人类境遇的惋惜，升华为对整个空气污染过程的追忆。主人公因为失去了“空气瓶”而死去，在濒死的时候，他进行了反思。最后，阳光重新普照了大地，主人公缓缓苏醒，最终发出呼唤：“如果一切可以重来，人类啊，趁一切还来得及，请慢下你匆匆的脚步，用心感受自然，让春天如约到来，将所有的悲伤……掩霾。”接下来，镜头缓缓上升，穿越到“一切都还来得及”的时候，就是我们所生活的现在，让我们趁一切还来得及，承担起我们有区别但共同的责任，保护环境，保护空气，珍爱我们赖以生存的家园，将所有悲伤，掩霾！

设计重点与难点

（1）为了实现视频预期的视觉效果，我们需要构建一个“荒芜”的世界，我们通过视频特效手段，将这个世界搭建起来，以造成足够的视觉冲击力。

（2）为了表达视频的主题，我们需要一个较完整的故事情节及较深刻的人物对白，对此，主创团队进行了长时间的商讨，并对脚本进行反复打磨，最终成型。

（3）为了在片尾实现镜头穿越的效果，我们采用了航拍手法。为此，主创团队租借了航拍器材并学习了基础的航拍技术，最终，获得了预期的航拍效果。

17.【18208】摘下口罩

参赛学校：安阳师范学院
参赛分类：数媒设计专业组 | 动画
获得奖项：一等奖
作　　者：李明阳、安玲玲、谢梦嫣
指导教师：王华威、苏静

作品简介

本片以一个上班族为例子，他长期生活在被雾霾污染的环境中，每个人都戴着口罩，彼此没有交流、表情。有一天，在他上班的路上捡到一个会发绿光的小东西，当他拿回家的时候种子却失去了亮光。于是随手把它扔在了院子里，可是奇迹发生了，这个小东西慢慢发芽长成大树，最终给世界带来了久违的绿色。

安装说明

在浏览器中打开即可。

演示效果

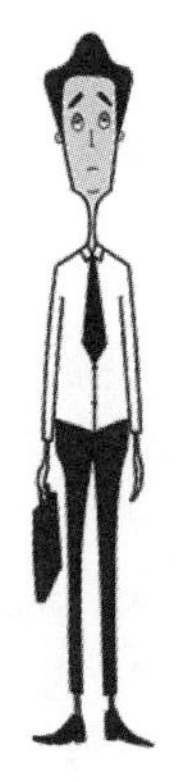

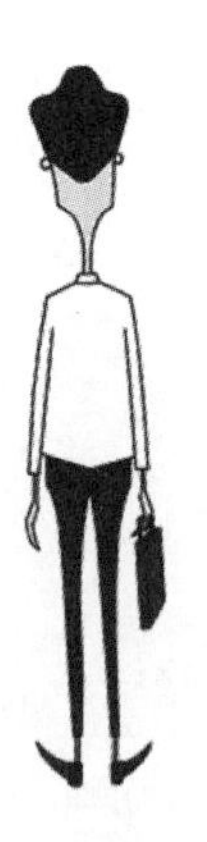

设计思路

当今社会，空气污染严重，沙尘暴、雾霾，不断地闯入我们的生活。大量的有毒气体进入我们的肺里，一系列的空气问题严重影响了我们的生存环境，影响了我们的生活质量。于是人们出门开始全副武装，我们戴上口罩，走在街上的每个人都显得行色匆匆、表情麻木，我想跟你交流去看不清你的脸。试问这样的生活是我们想要的吗？曾经的蓝天白云，清新的空气你还记得吗？

空气是我们生存的必要条件，它关系到我们每一个人的生存。于是我们团队制作了这部以空气为主题的动画短片《摘下口罩》。本片以一个上班族为例子，他长期生活在被雾霾污染的环境中，每个人都戴着口罩，彼此没有交流、表情。

我们把主人公设定成一个普通的上班族，意在表现保护空气与我们每个人息息相关。而片中的每一个人物都面戴口罩，说明环境十分恶劣。人所生存的环境已经快让大家窒息，突出环境污染危害。而片中的小狗是唯一没有戴口罩的角色，即使呼吸困难它还是努力地活着，这表明了一种反抗的精神，与那些一味顺从恶劣环境的人形成对比，同时它也是故事的引导者。而那颗种子则为世界带来了希望，种子发芽预示着世界的改变，当种子长成参天大树后，世界变成了彩色。一个新的世界展现在我们面前，与前面那种窒息气氛形成对比。而片中主人公摘下口罩不仅仅是一种动作，而是一种与过去污浊空气的告别仪式。而口罩变成白鸽飞走则表示对美好未来的一种向往。本片的片名《摘下口罩》则是想告诉大家与其被动的保护，不如用行动改变，我们每一次为环保做出的努力，都会使环境向好的方向迈进。

也许一个人力量是渺小的，但当我们每个人都开始努力时，那么我们终会摘下口罩，迎接清新的空气，蔚蓝的天空。

设计重点与难点

我们的这部短片实验性较强，我们在场景的绘制上进行了反复的实验和大量的修改。本片主色调为黑白色画面，在收集材料上比较困难。我们观看了大量优秀的短片以学习经验，比如说借鉴了《纸人》色彩表现,《回忆堆积的小木屋》的动画节奏、场景表现等。另外在后面转换成彩色时需要考虑既自然又符合整部片子的基调。

在人物设计上，要考虑主人公的性格特点和他所生存的环境。因为我们的主人公是长期生活在一个令人窒息的环境下的，所以把设计得体态佝偻、表情麻木，意在侧面告诉大家空气污染给人所带来的严重影响。

在其他角色的设计方面既要注意符合整个片子的风格，又要表现他们的特点。在情节上也要形成关联带动情节发展。

在场景的绘制上，我们先采用了水彩画法，再扫描到电脑里，进行电脑处理。因水彩不易控制，故工作量较大。

在音效的选择上，我们同样受到风格的限制，需要选取大量真实的声效素材。收集素材时，耗费了大量的时间。在使声画结合时，同样遇到了不易匹配的问题。

因为时间紧，所以后期合成的工作量较大。

18.【19077】未来水世界

参赛学校：中南民族大学

参赛分类：数媒设计专业组 | 动画

获得奖项：一等奖

作　　者：张金玉、侯亚婷、段美英

指导教师：龚唯、夏晋

作品简介

鱼人本以为他们是这世界上最高级的动物，但最后发现身为鱼人的他们只是人类早期为解决空气问题的一个实验品，最后这样一个荒唐的结局让人猝不及防，通过这样一个反讽，让观者领会到空气之于我们的意义，是现在保护并珍惜环境？还是甘愿成为试验品？是留给观者深思的问题。

安装说明

点击即可直接播放。

演示效果

设计思路

设计思路：当我们确定空气这个主题的时，于是开始萌生做未来人类生活在海底怎样解决空气与呼吸这样的片子。我们按照制作动画片的思路来制作这部片子的，因为时间紧迫，流程上略有不同。

（1）确定主题，今年大赛的主题是“空气”，所以我们确定“空气”为主题。

（2）编写剧本，主要讲述未来的某一天陆地上的各种资源被我们消耗殆尽，人类为了解决以后生活在海底呼吸空气的问题，进行了大量实验，在片中表现的是鱼人发现自己是试验品的过程。

（3）制作模型，找图片参考制作模型，包括场景的各个物件，以及角色的模型和贴图，最后搭建场景。

（4）角色绑定，角色的肢体是用 AdvancedSkeleton 绑定的，头发绑定完了以后加了动力学。

（5）做 Layout，电子分镜。

（6）渲染，先做渲染测试，在测试中模拟海底中光的焦散、海中的雾气和光照，最终批量渲染出来。

（7）合成，后期将渲染出来的图片合成视频，加一些在 MAYA 里面很难实现的特效，制作片头片尾、配乐，最终渲染输出。

设计重点与难点

（1）人物设定：我们用了很长时间斟酌。腮的位置、形状、手掌的感觉、鱼尾以及鱼鳍的模样等都用了一段时间去商讨，改了好几版最终才得以确定。

（2）场景：海底的场景的风格。我们都是第一次做类似海底的场景，最开始设定海底场景是希望模拟陆地毁灭后破旧的偏真实的风格，但到中期我们发现，真实的东西就算我们模型做出来了，贴图和材质也会把握不好，所以换成开始往卡通方向驱步前进了。

（3）城市毁灭过程：剧本有大水冲击城市，导致城市毁灭的片段，特效很早就开始做了，但遇到了在 RealFlow 高版本做好，Maya 打不开的情况，最终做出来的水因为时间太赶没有加上去，如果给我们时间修改，我们或许可以将城市部分加上。

（4）电子分镜动画：做电子分镜用了较长时间，对镜头的运用不是很熟练，出现了镜头过度过于死板，没有设计感，没有美感等种种问题，改了很多遍，最后找了一些影片的参考，电子分镜才得以确定。

（5）绑定：角色的头发是动力学，角色尾巴的摆动、肢体及表情动作都经过了2~3次的初绑才得以确定最后的绑定。

（6）因为没有经验，加上前期工作考虑欠缺周到，在做镜头摄像机时每个场景分开打摄像机，只参考了角色，没有参考场景，导致最后渲染师是需要根据每个场景单独打灯光调物体的材质和参数，为渲染工作增加了成倍的工作量。

19.【23837】天空之城

参赛学校：湖南大学
参赛分类：数媒设计专业组 | 游戏
获得奖项：一等奖
作　　者：杨晔、许静文、熊小璇
指导教师：周虎

作品简介

这是一款在安卓手机上运行的游戏。在现代社会工厂、汽车尾气、PM2.5、石燃料燃烧已经成为空气污染的四大来源，针对这种现象，我们畅想这样一座城市，人类与自然和谐共处，原先污染的源头却充满生机美感。同时五个关卡又极具中国风格和气息，并且将现代文明与古老的中国文化结合，不管是关卡的菜单——五行相生相克，还是关卡中模型的飞檐流丹，都是中华文化的体现。游戏的另一条主线是以道家文化的天地人思想来告诫人们与自然的正确关系。整个游戏通过控制人物走过一关关解谜类的场景，最后让我们可以全览整个和谐都市的面貌。最大的亮点是通过大量的视觉错觉和 3D 动画来引人入胜。

安装说明

硬件最低要求：ROM 100MB，处理器：Pentium。
操作系统要求：Android 2. 2 以上。
其他软件运行要求：无。
解说视频直接用播放器播放即可。

演示效果

（一）Logo、菜单界面

第一张是主题 logo，名字是通过 3D 动画让字体模型从上而下飞入，并旋转而成。右边是一个说明的界面，也是本作品的思想核心。左下角有闪烁的提示语。下面是 3D 的菜单选项，圆圈里的五个球分别代表已经解锁五关（采用最为常用的游戏关卡加锁模式），而与中间的圆盘组成了中国文化中的五行 logo，五个球分别代表金木水火土，并对应五关，菜单中的球是不断自旋的，在纹理下非常清楚。带旋转动画的 3D 菜单，打破了传统 GUI 菜单的窠臼，给人耳目一新的感觉。

（二）第一关（火）

工厂不再是从前那个有着高高烟囱，嘈杂厂房，排着废气废水的污染诞生之地，俨然一个小的生态系统，这里有整齐干净的厂房，优美的绿化带，别致的脚架。走进里面可以看到，工厂的内部有节奏震动的机器，旋转的齿轮，地面上偶尔泛起的水蒸气。哦，出现了一个小插曲，烟囱的过滤器突然坏了，这时我们的主人公需要到达关卡最后的开关处重启过滤器。一切又恢复了美好的景象。

（三）第二关（土）

当我们的主人公在天桥上行走，悠然漫步欣赏景色，红色的小亭子飞阁流丹，与公路两边的一抹绿色相互映衬。就在这时，突然，桥下驶过一辆带着灰色尾气的车，闲暇心情被打扰了，等他继续前行，经过了如画的美景后，重新回到了公路上方的天桥上时，他看到的是一个很干净和谐的公路。

（四）第三关（木）

主人公仿佛进入了一个梦中，行走于不断变化的空中楼阁之中，美轮美奂的天空景色和构造奇特的彭罗斯三角形非常吸引眼球，但是空中来了一些不和谐的因素——白色似雪非雪的颗粒，这里采取了夸张的手法描绘了空气中 PM2. 5 的形态，不失美感地反映了人们生活在 PM2. 5 中是什么样一种情形，最后随着渐行渐远，空中也恢复了宁静与和谐。

（五）第四关（水）

在这一关里我们将去领略环保型的发电站的面貌，与之前火力发电站制造出含有 CO_2、SO_2 的污染物大不相同，在一座大瀑布上建造起来的水力发电站气势恢宏，而且与周围的自然环境融为一体。前面的彭罗斯楼梯、无限回廊引人入胜。进入发电厂后，主角遇到一个难题，如何才能走到水边。两个不同周期的踏板交替飞行，必须在合适时机让合适的踏板在合适的地方才可以通过，最后载有 logo 的版块从水中浮起。

（六）第五关（金）

当我们把视角拉回城市，主人公出现在市中心的一座楼房脚下，他需要借助变化的楼梯和飞板到达顶端。最后到达楼顶以后，我们可以欣赏到整个和谐都市的面貌，水天相接的弧线处种植着绿树红花，大片的风力发电风车在转动。抬头一望，湛蓝的天空上一轮太阳缓缓升起。

Logo、菜单界面

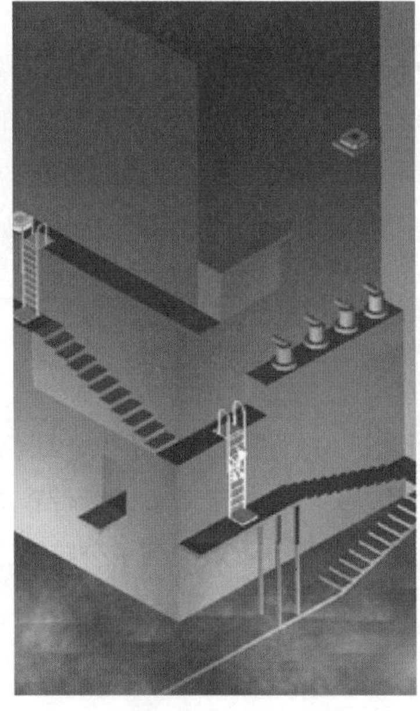

第一关（火）

第二关（土）

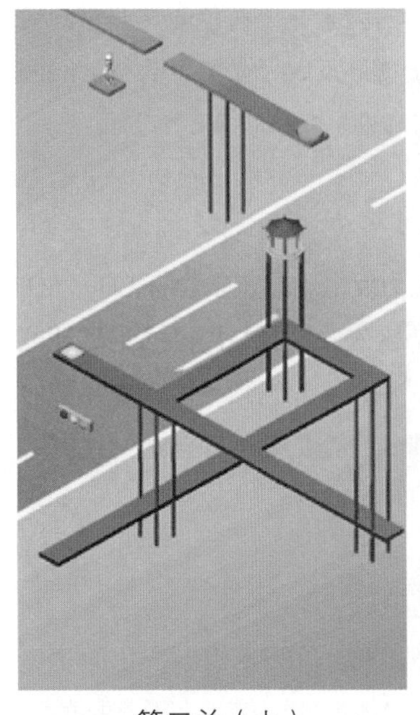

第二关（土）

第三关（木）

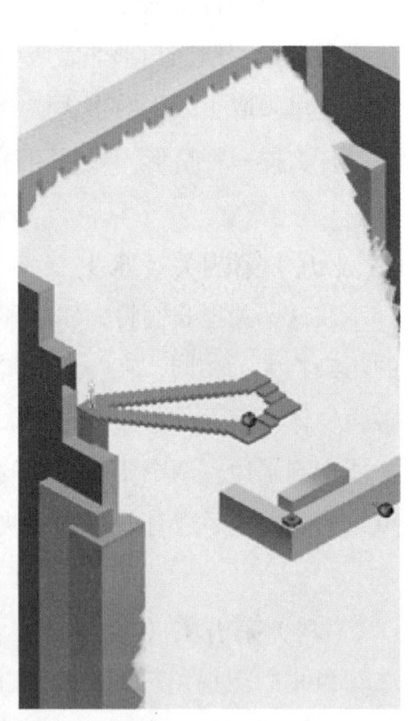

第四关（水）

设计思路

结合当下流行的安卓游戏的优点，充分发掘 3D 模型独特的美感，表达现代城市的空气污染以及对未来的美好展望的主题。

游戏分为五关，前面四关依次为工厂、汽车尾气、PM2.5、化石燃料燃烧这四个现代社会空气污染的来源，对这四个事物展望它们在一个和谐的城市中会是什么样子，以此来发展故事，到最后一关，整体勾画了和谐都市的蓝图，引人遐想。同时五关又分别对应代表中国文化中的五行，体现以空气来代表天地万物，主人公火柴人则对应于现实世界中的芸芸众生，表达了人与自然和谐的主题。

游戏中最核心的技术就是利用空间错觉来展示 3D 物体独特的美感，很多看似不可能到达的地方，却在一个简单的变换后，连接在了一起，非常引人入胜。

整个游戏风格采用的是极简的风格，利用最简单的几何图形构成极具美感的布局，而且上色也是采用简单的色彩，带来一种精致美。先在草稿纸上手绘出设计草图，而后再绘出设计图纸，再在 3Dmax 中建出模型，导 FBX 到 unity 中使用。至于贴图，要先在 max 中对模型用 UV 展开，再将 UV 贴图在 PhotoShop 中打开，并修改。最终被 unity 利用。

设计重点与难点

（一）空间错觉的实现

本游戏中最大的难点也是亮点在于匪夷所思的空间错觉，其中最有代表的就是彭罗斯三角形。

下面将为你展示，化腐朽为神奇的过程。

主要是在 3Dmax 中实现。

正面看： **侧面看：** **背面看：**

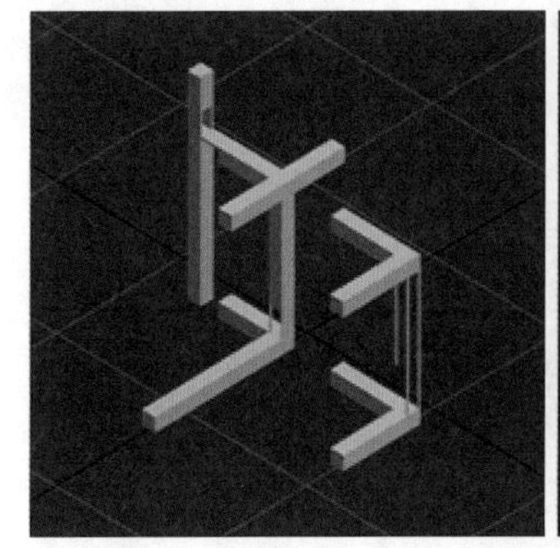

事实上，那些“连接”起来的地方并未真正在物理空间上连接，只是在透视的摄像机下，“连接”了起来。下面为你展示的是两种类型摄像机的不同效果：

Orthographic：

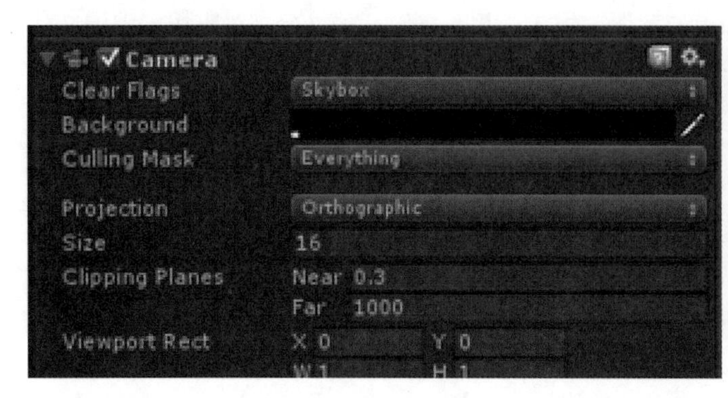

Perspective：

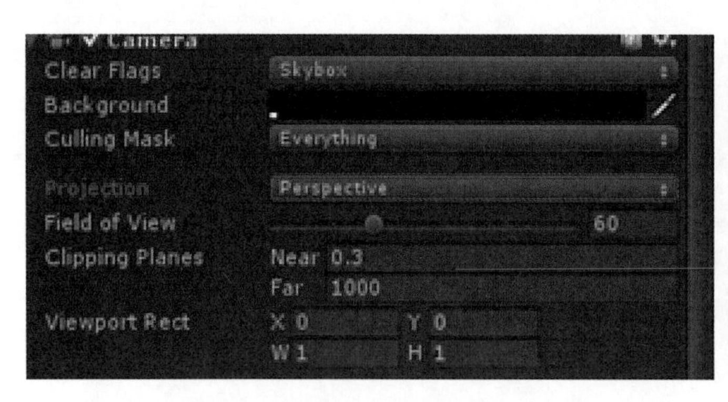

由于透视摄像机没有镜头的弧度和远小近大的效果，因而非常适合用来做视觉错觉。

另一个难题在于，人物的移动。我们采用自动寻路系统 Navmesh，这里面有一个层的概念，可以选择某一时刻主人公能否透过预定区域。

右图显示的是 unity 中设置的不同的自定义层。

而它们在真正模型中如下图所示，不同的颜色代表着不同的层。

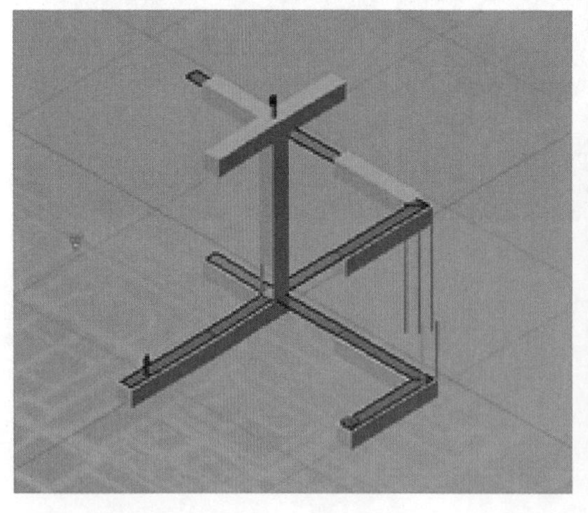

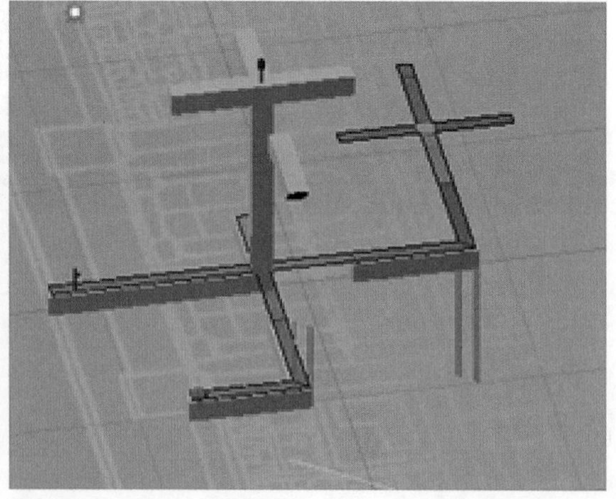

人物触发不同的机关，决定了人物可以在哪些层走过。

（二）环境渲染

对 3D 模型的渲染不同于简单的 2D 技术，需要考虑高光效应、AO 效果、景深等。

直接贴图：

Linghtingmap 烘托：

雾效景深 shader 的使用：

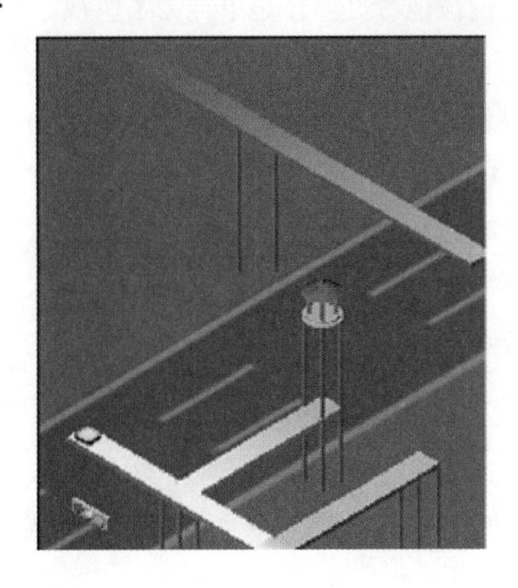

图中远处景物渐渐消隐在雾中。

（三）大量不可能结果的设计

这一过程，我们画了大量的图纸， 然后不断尝试在 3Dmax 中把它们实现出来。由于篇幅原因，不能一一列举出我们原先的手稿。

20.【22872】空气先生

参赛学校：北京大学
参赛分类：数媒设计专业组 | DV 影片
获得奖项：一等奖
作　　者：林宏伟、柳月和、伊藤雪乃
指导教师：刘志敏

作品简介

套上纸袋的时候
是不想看见这世界　还是不想让别人看见自己
为他套上纸袋的时候　是怕被他看见　还是单纯为了忽视
是什么东西
我们日日忽视　还自鸣得意
是什么东西
我们日日忽视　终于悔之晚矣
最后只能说
请你　再给他们一次机会吧
你也想看看阳光吧？

安装说明

点击即可直接播放。

演示效果

设计思路

（1）设计空气先生形象：空气先生是人类又是空气，我们本看不见，但戴上头套后就能看见。而他的头套是人类给他带上的。这是人类的魔咒，只有人类能够解除。

至于为什么穿西服，是因为其实环境污染，也是近年来经济快速发展而造成的，我们在努力赚钱的同时，也不知不觉在失去一些东西。

（2）道具准备，作为空气先生的“脸”我们尝试过这个样式。

但是，还是觉得不够给力，所以干脆自己制作一个属于原创的头套。

（3）拍摄设备，5D2. 远程麦克风、反光板、LED 小型灯光。

（4）借用场所，为了拍摄更顺畅，提前与场所管理员进行交涉。

北京大学最美时光咖啡厅（旧名：师生缘）。

（5）演员心理工作，提前联系演员安排时间，由于演员中外国人比较多，所以有时语言不太通，需要一直拍，拍到符合条件为止，其中空气先生需专门在肢体语言上下功夫，作品中的小朋友是在学校里的公园中找到的，那个时候也是凭感觉抓拍进去，因为小朋友绝对是要最自然的。

北京大学国际关系学院
日本留学生（空气先生）

北京大学语言进修生
俄罗斯（记者）

公园里玩耍的小孩

（6）剪辑软件，sonyvegas12。

设计重点与难点

（1）由于制作者大部分是外国人，在剧本上表达能力还是有限，所以很多部分我们不用文字而是用画图或者直接到拍摄现场拍图后设计画面，如下。

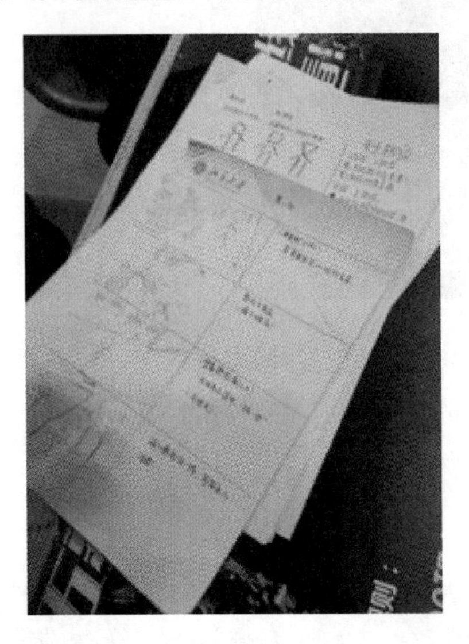

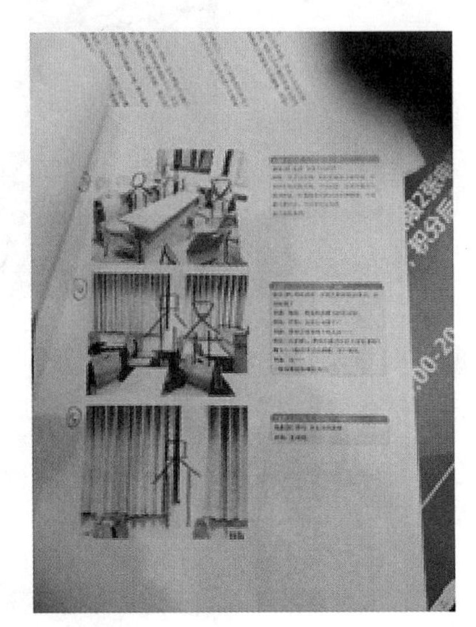

由于剧本只有一份没有办法给所有人，因此只能预演进行沟通后才开始拍摄，虽然这样很不专业，但是对于我们这些不专业的学生们来说这是最有效的方法。

（2）在录音上我们花了很大的功夫，开始我们是使用普通电话耳机的麦克风，因为我们打电话的时候不会被周围的声音所吵到，所以想了这个点子，但效果不是很好，后来好不容易借到了更好的远程麦克风。

（3）我们的硬伤还在于没有机器，后来找了北京大学电视台的老师，请求他们给予热心的赞助，由于老师们担心同学会把机器弄坏，因此我们在交涉上花了很多功夫。

（4）短时间内寻找演员，找了许多中国学生，但是难以有时间一同拍摄，最终我们人员中有会俄语的同学的朋友愿意友情演出，因此需要一边翻译一边和演员进行沟通，语言上是一个非常大的障碍，导致重拍非常多次。

（5）视频剪辑上，由于软件是网上下载的，在导出时很多画面是有 BUG 的，不是闪屏就是画质差，我们的机器也有限，经过网上各种查询，才解决了许多硬件上的问题。

（6）与演员的时间安排，学生们的空余时间也是比较少的，很难说会有义务地去对我们做出帮助，所以要在最少的拍摄次数内解决拍摄，而且因为导演的屡次重拍，偶尔会发生矛盾，所以导演既要唱黑脸也要唱白脸。

21.【25414】空气中的味道

参赛学校：安康学院

参赛分类：数媒设计专业组丨DV影片

获得奖项：一等奖

作　　者：李梦姣

指导教师：张超

作品简介

DV短片《空气中的味道》，其定位是一部纪录片。以女孩生活的一天为主线，介绍了西安不同的特色，记录西安的美丽。

安装说明

在媒体播放器中播放即可。

演示效果

（一）特写镜头一

这个是一个变焦镜头。我没有直接拍摄人物忙碌地在收拾东西，而是把焦聚在一个具体的物品上，然后进行拍摄，后期用非线性编辑软件进行速度地快放，观众通过模糊的而忙碌的身影就能看出人物的行动轨迹，并引发联想。

（二）特写镜头二

这个也是拍摄中比较出彩的一个镜头。我并没有把焦聚在离镜头最近的包子上，而是把焦聚在了后面的包子上。然后慢慢把焦再聚回到第一个包子身上。通过这样的手法更加能抓住观众的眼球，突出主题。

（三）近景镜头一

通过设置物体摆放位置来达到景物层次效果。使焦点聚在女孩身上，前景显得格外晶莹，更加衬托女孩的美丽。并进行侧位展示。

（四）近景镜头二

透过阳光拍摄树荫下星星点点的光晕，通过后期慢放处理，让阳光更加自然、美丽。拍摄的时候可以故意在镜头处撒一些水珠，通过水珠，阳光就更加缤纷、多彩。

（五）近景镜头三

整个构图就是分成前景和后景。把焦点先聚在前景的茶杯上，然后变焦，把焦点移动到后景的茶杯上，使画面看起来更灵活、更丰富。然后把主要画面集中在黄金分割点处，让整个画面看起来更舒服。

（六）中景镜头

在美丽的花丛中可以看到有西安特色的秦腔自乐班，表现西安的特色。

特写镜头一

特写镜头二

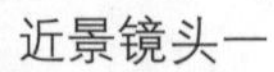

近景镜头一　　近景镜头二

近景镜头三　　中景镜头

设计思路

当拿到空气这个题目，结合当下最适合的便是雾霾，可是我没有以雾霾为角度。我希望可以有更出彩的想法，因此便想到了空气中的味道，并且结合西安当地的文化特色，把故事分为四个部分。

第一部分：小吃。食物的味道（西安是被大家为最多小吃的城市的第三名）

第二部分：文化。书墨的味道（西安是文化古城）

第三部分：现代生活。咖啡的味道（西安是一个正在迅速发展起来的经济城市）

第四部分：返璞归真。家的味道（无论这个城市怎么发展，每个人怎么发展，最后都希望可以回到最初最真实的那个港湾。）提升主题。

设计重点与难点

主要是在拍摄部分存在难点，但是真正实际多操作几遍也就游刃有余了。在后期方面主要运用的剪辑软件就是 edius。剪辑手法比较直接简单，但转场很自然。后期配音方面主要用的是 au 软件进行声音的剪辑。并对声音进行了简单的处理。总的来说，在每个环节上都下了很大的功夫，很细腻认真地进行着每一步的工作。

22.【21066】凤冠霞帔

参赛学校：东北大学
参赛分类：数媒设计中华民族文化组 | 图形图像设计
获得奖项：一等奖
作　　者：黄嘉雯、刘德馨、陈钰函
指导教师：霍楷

作品简介

凤冠霞帔指旧时富家女子出嫁时的装束，以示荣耀，也指古代贵族女子和受朝廷诰封的命妇的装束。作品以卡通手法表现画面，将凤冠霞帔赋予灵动的卡通人形象上，唯美的造型，婀娜的动势和活泼的表情给凤冠霞帔增添了色彩。用电脑绘画语言淋漓尽致地表现出凤冠霞帔的珠光宝气，互相交映，富丽堂皇。系列作品将传统文化融入生活的各个方面，将传统文化深入人心，具有很强的社会推广意义。

安装说明

在媒体播放器中播放即可。

演示效果

凤冠霞帔系列插画

凤冠霞帔系列表情（选取其中 8 个）

设计思路

作品的创意来源于传统服饰凤冠霞帔及其相关衍生的创意文化产品，多样化的媒体传播渠道掀起凤冠霞帔这一传统文化的热潮。在新时代，优秀的传统文化需要传承和发展，更需要在传承和发展传统文化精髓的基础上进行创新，重新赋予其内涵与外延新的定义。作品以卡通画手法表现画面，将凤冠霞帔赋予灵动的卡通人物形象上，唯美的造型，婀娜的动势，活泼的表情给凤冠霞帔增添了色彩。

最后，系列插画增加了背景渲染因素，采用写意的花卉背景烘托主题人物形象，形成写实与写意的对比，具体与抽象的对比。

设计重点与难点

凤冠霞帔的设计重点是对传统服饰中花纹的描绘，在明朝不同等级的女子的凤冠霞帔的款式和花纹都有着区别，而我们在遵循传统文化精髓的基础上进行创新，重新赋予其内涵与外延新的定义。让观者能更多地了解凤冠霞帔的文化和中国传统的风俗美丽。

设计的难点便是凤冠霞帔的资料并不多，许多花纹是在0结合史实记载的基础上进行创造的，给设计带来一定的难度。繁复华丽的凤冠也给创作带来一定的难度，上面的装饰需要大量时间去描绘，因此我们参考了一些有关传统服饰的书籍。

（附图）

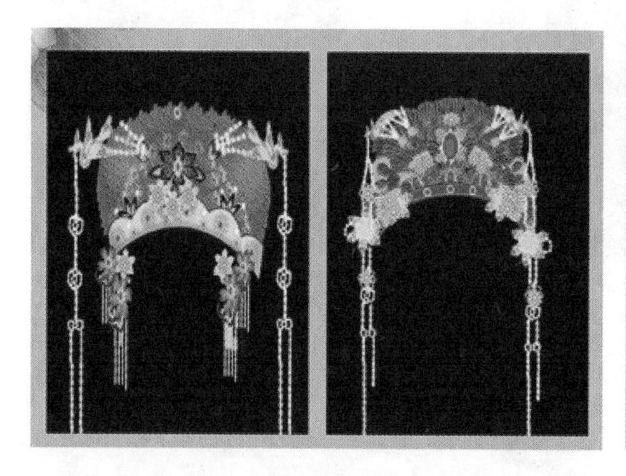

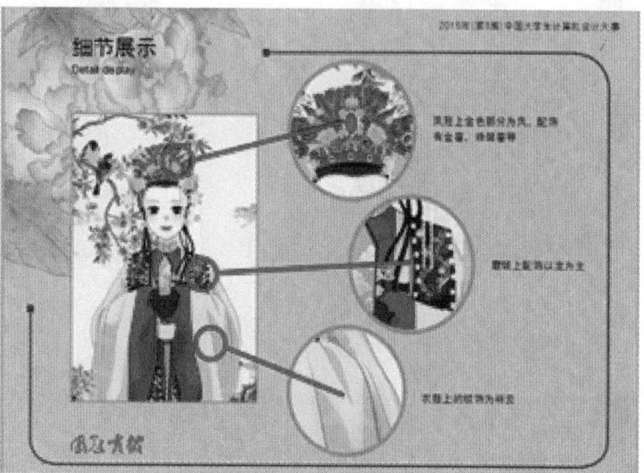

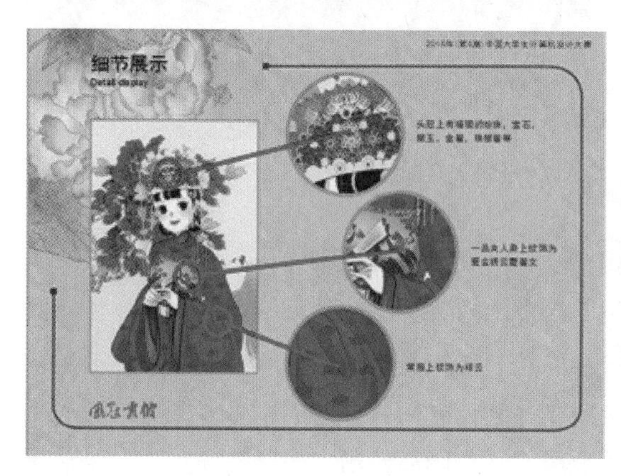

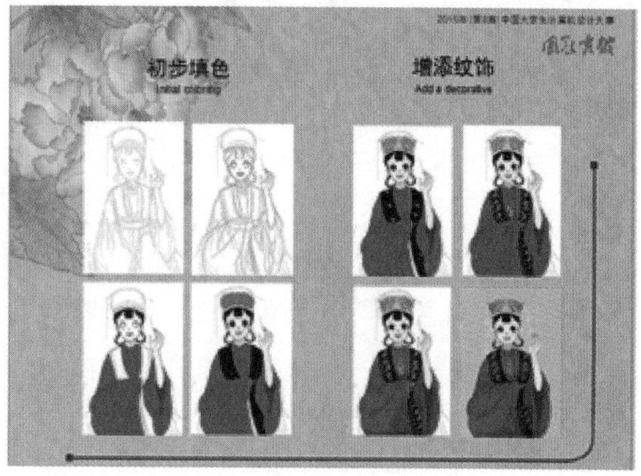

23.【25297】掌上围屋APP

参赛学校：深圳大学

参赛分类：数媒设计中华民族文化组｜交互媒体设计

获得奖项：一等奖

作　　者：薛锡雅、乔钰涵、郑琳怡

指导教师：曹晓明、文冰

作品简介

我们的作品是一个围绕围屋主题，体现中华客家文化特色的交互性APP。我们主要运用Unity3D，3DSmax以及数据库来制作的，内容分为五个版块：走近围屋、漫游围屋、分享交流、住在围屋以及玩转围屋版块。走近围屋版块主要介绍了围屋的起源、发展、简介、结构；漫游围屋版块主要是运用3DSmax做的围屋模型，通过按钮控制来实现漫游，更能身临其境地体验客家围屋的特色；玩转围屋版块主要分为梅州围屋的地图、美食、酒店、交通、摄影作品浏览这几个内容；住在围屋版块是关于预订酒店的，你可以查看酒店的信息，进而预订自己的喜欢的酒店；分享交流版块是大家通过发表内容评论或者浏览别人发表的内容来交流关于对围屋的认识以及感想的一个平台，在分享交流这个版块中，需要注册并且登录以后才可以发表内容。在登录以后，也可以浏览自己发的内容和别人发的内容。

我们的作品的目标是为了更好地体现交互性、实用性，使体验者与APP之间能更好的交流，达到宣扬客家围屋文化的目的。

安装说明

演示视频点击即可直接播放。

掌上围屋的apk文件需要安装在800×1280分辨率的安卓手机上运行。

演示效果

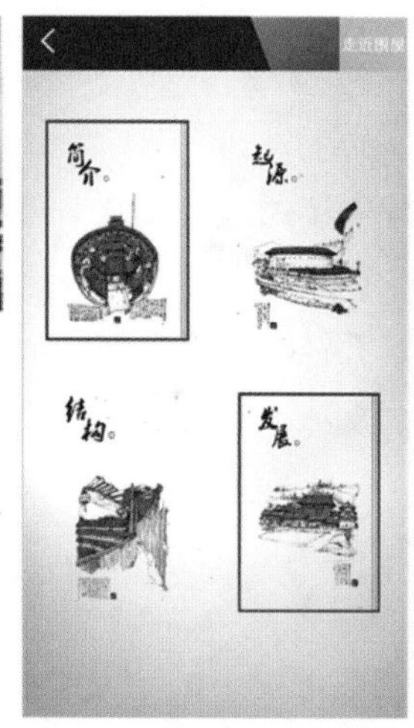

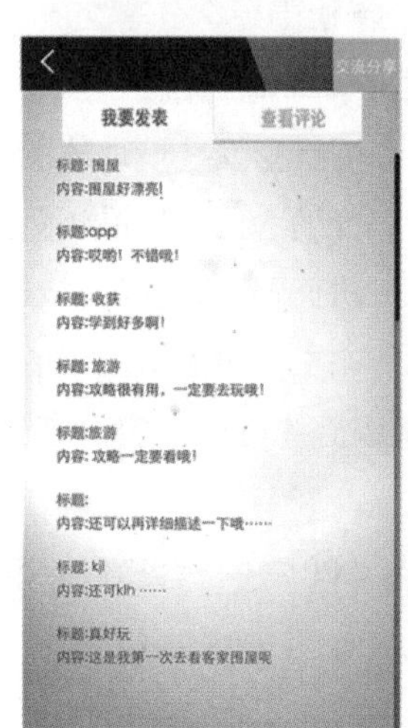

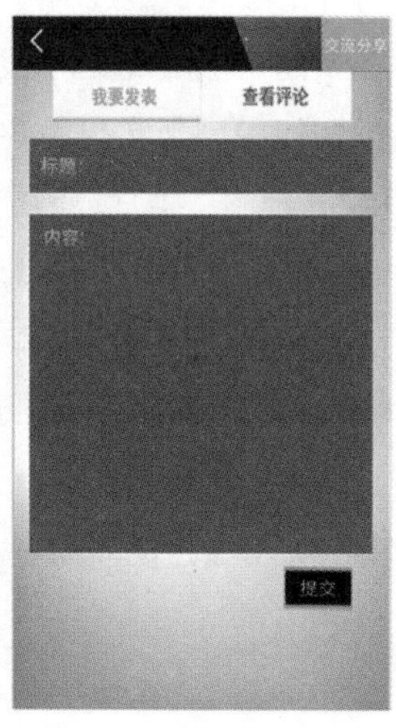

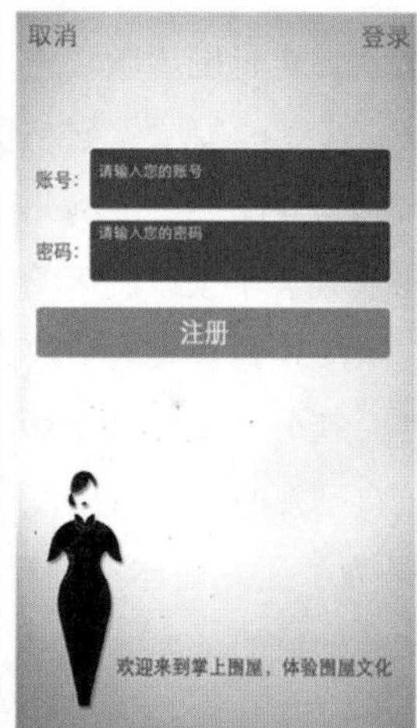

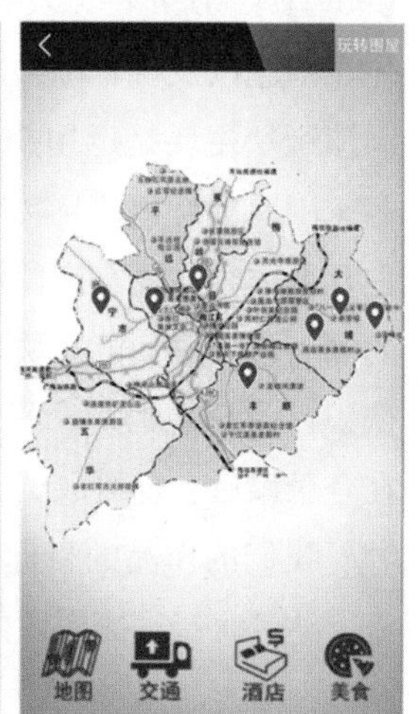

设计思路

我们设计这个作品的原因有三个：首先是客家围屋是汉族客家文化中典型的特色民居建筑，它可追溯至唐代，有着悠久的历史，我们希望我们的APP能够让更多的人了解围屋文化，其次在经济高速发展的今天，围屋由于居住环境的弱化，经受着存续的挑战，我们希望为围屋文化的保护出一份力。最后在新媒体时代，我们想要探索如何有效利用新媒体、自媒体的手段传播传统文化，我们觉得APP是一个很好的可推动围屋文化的传播与保护的载体。

我们采用了Unity引擎设计了这款APP，它是围绕四个方面来设计的：了解围屋、体验围屋、分享围屋、玩转围屋。由以上几个方面，我们的主界面分为走近围屋、漫游围屋、分享交流、住在围屋以及玩转围屋五个版块。

其中走近围屋又细分为起源、发展、结构、简介四个小版块，我们对其做了详细的资料整合，点击简介按钮，通过上下滑动屏幕可以浏览围屋的简单介绍，在简介里我们还介绍了部分典型的客家围屋，加深用户对围屋的了解；起源板块是对围屋历史的介绍；在结构板块，我们通过围屋的平面图、剖面图以及围屋的材料来展现围屋构造。其中，通过点击剖面图上的红色圆点可以了解各个结构的特点，达到交互的目的；发展界面讲述了围屋的历史变迁。

围屋漫游版块：我们原创设计了 3D 场景和模型，它分为自动模式以及手动模式，在自动模式下，用户不需动手操作，摄像机按预定路径拍摄，向用户展现围屋的大致外形，还配有解说词，达到视听结合的效果。手动模式包括飞行模式和行走模式。在飞行模式中，用户可以以任意视角全方位观察围屋；在行走模式中，用户以第一人称视角漫游。我们把屏幕分为两部分：左边的方向键控制行走方向，右边通过手指上下左右滑动屏幕，可控制视线方向。通过虚拟漫游，可以给用户更加身临其境之感。这一部分我们是用 3DSmax 建模然后导入 Unity 实现漫游效果。

分享交流版块：有“我要发表”和“查看评论”按钮。用户可以发表或浏览别人发表的评论来达到交流的目的，但是只有在登陆注册后才能发表评论。

玩转围屋板块主要是攻略的分享，为了让更多人不仅仅停留在看，激发他们想要去旅行的想法，我们想到了做广东梅州的围屋旅游攻略。我们为地图、美食、交通、住宿做了详细的介绍。地图版块介绍了著名围屋的分布地；美食版块做了当地特色美食的简介、制作方法、功效、推荐，等等；交通以及住宿版块都可以根据自己的需要作为参考。

预订版块主要是关于住宿预订，点击预订版块按钮可以浏览酒店的信息进而进行酒店的相关预订，我们联系了一些梅州围屋附近有微信公众号的特色农家乐以及酒店，用户不仅可以在这里浏览预订酒店，也可以通过扫描二维码了解更多详细信息，这里用到了 Unity 数据库建表来实现数据存储。

设计重点与难点

我们设计这个作品的重点与难点主要有三个：一是通过 Unity3d 来实现 APP 作为媒介的传播方式；二是基于虚拟漫游技术的情境化体验；三是基于数据库的动态交互技术。

24.【20180】秀水明山　文笔园林

参赛学校：东北大学

参赛分类：数媒设计中华民族文化组 | 动画

获得奖项：一等奖

作　　者：颜晓雯、原艺玮、程思雨

指导教师：霍楷

作品简介

作品主要是对中国四大名著之一《红楼梦》中曹雪芹所描写的建筑园林进行研究，并利用漫游动画的形式虚拟再现笔者所描绘的恢宏场面。整个动画共由四部分组成，包括建筑群整体鸟瞰图，大观园，荣国府，宁国府。动画时长为 4 分 32 秒，利用 lumion，cad，sketch up，3Dmax，PhotoShop，VideoStudio Pro X6 等相关专业软件，虚拟再现了红楼梦故事发生的主要建筑群。

现在，对于红楼梦建筑园林的研究，大多以论文 / 效果图的形式进行展现，而本次作品，则采用了更加形象化的方式——漫游动画，来表现当时红楼梦所描述的“一园两府”的雄伟壮阔景象。使人们更加形象地去了解《红楼梦》园林的建筑布局与园林艺术，体会那种“虽由人作，宛自天开”的中国古典造景手法。

安装说明

在媒体播放器中播放即可。

演示效果

设计思路

《红楼梦》成书于18世纪中叶的乾隆时代。被誉为“中国封建社会的百科全书”。贾府以及宁国府不仅是中国封建社会贵族府邸的典型代表，更集中体现了中国古典园林建筑设计的原理和手法。

《红楼梦》中所描绘的大观园、荣国府与宁国府并非真实存在，笔者间接反映着当时建筑的一些基本形式与建制。为保证可以尽量做到与原著所描绘的建筑群的一致性，参赛者在制作前期进行了充分的准备工作，包括重新认真详细地阅读原著，查阅大量对于《红楼梦》建筑群的研究资料，查看明清时期典型中国建筑的尺寸、布局形式、材质选用、颜色配置等相关资料，观看关于《红楼梦》的相关视频资料以及拍摄成型的电视剧。尊重传统文化，不臆造建筑形态与布局，充分还原其所描绘的盛大场景。还原了当时《红楼梦》中所描绘的建筑关系与建筑形态。

在制作中，参赛者希望作品的呈现不仅具有较强的视觉效果，而且可以对作品本身更具有一定的研究价值与教育推广意义。通过绚丽的漫游场景，让大家了解《红楼梦》所描绘的盛大场面，呼吁大家学习红学，了解名著，关注中国传统文化。

整个漫游动画设计主要分为以下几个部分：

（1）调查研究，参考《红楼梦》原著、相关研究文献等资料，进行整合总结。

（2）使用CAD，根据原著描绘、文献概述等，确立红楼梦中宁国府、荣国府及大观园平面图。

（3）通过软件3Dmax，sketch up进行单体与建筑群模型的建立工作。

（4）导入模型至 lumion，进行漫游动画的制作与渲染。

（5）利用 Corel VideoStudio Pro Multilingual，进行后期视频的处理与合成、添加字幕、配音、音乐等。

（6）制作过程中，使用 PhotoShop 对建筑模型贴图进行调整工作。

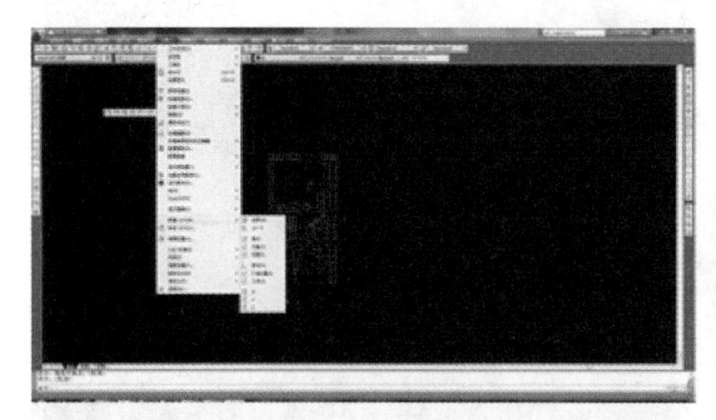

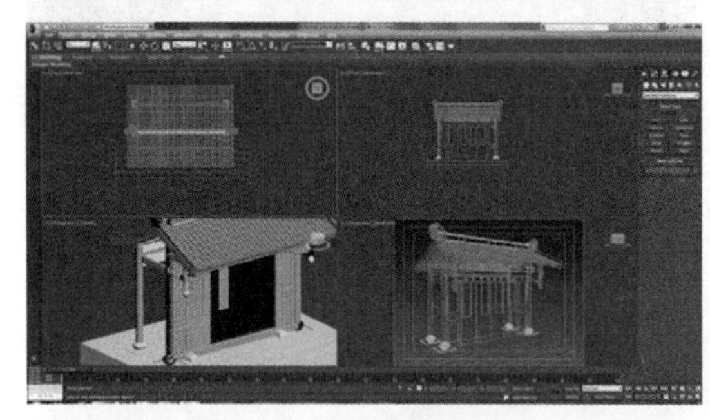

设计重点与难点

漫游动画很讲究制作思路和制作方向，在构思过程中需要至少两种思路的存在：理想与实现的配合，若想要场景更加真实细致，就意味着需要制作更精细的模型，更真实的灯光，更复杂的材质，更逼真的特效，更精确的运动等等。这不仅仅是简单的环环相加，而是会成倍增长项目的制作周期和渲染输出的时间。并且场景的面数超出计算机的承受的范围，还会造成死机、文件破坏等严重情况。《红楼梦》建筑群的复原，不仅仅是对单体建筑的制作与渲染，而是对多个建筑的组合与渲染，所以制作过程中如何利用现有条件，制作精良的动画效果十分重要。

在漫游动画制作之前，组内成员须深入分析理解脚本，最终统一思路，确定最终方案。然后绘制草图将构思先简单地表现出来，这样才可以一起完成一些较大的、需要多领域合作的模型建设制作与动画漫游渲染，完成复杂的建筑动画制作。

准备工作完成之后，就可以开始准备建模工作，通过CAD软件进行平面图的绘制，然后再将文件导入到三维动画制作软件中，通过参数化编辑器生成三维模型，以确保模型科学、准确地反映目标实体。因为《红楼梦》只有文字上的描述，如何更加准确将其展示出来也是制作过程中的难点，为此，小组成员查阅了大量的相关资料，结合时代建筑特点、描述情况等多方面整合，进行还原与再现。

建筑漫游动画中材质与灯光对整个动画的效果至关重要，会直接影响到整个动画的真实效果和视觉效果，这是一个相当复杂的制作和调整过程。赋予材质时，组员之间进行协调，尽量不要出现相同命名的材质球，不出现相同属性和相同参数等不同命名材质球，如遇到必需重新命名。贴图大小需限制在1024×1024像素之内，尽量使用无缝、用占用空间小的格式，如JPG、TGA等。灯光部分，一般先分别建立日光下的远景、中景、近景灯光，夜景的远景、中景、近景。再分别按每个镜头的实际情况细调灯光，远景需考虑光线来源方向，中景、近景则不需考虑，将调好的灯光调入场景，渲染测试灯光效果，进行细调。

经过建立模型、动画制作、材质灯光调整后，还要通过渲染才能把场景模型转化为视频或图像，一般建筑动画渲染为PAL制720×576或720×404分辨率，高清画面为1920×1080分辨率，比例为1.067。根据不同的需求选择不同的渲染器，一般选用VRAY渲染器。渲染出序列帧后，我们需要导入到后期软件里面调色以及增加特效，使画面更有冲击力。后期编辑合成并不是单纯地把不用的部分剪去，或是把要用的部分连接起来的单纯作业。特效软件可以实现三维软件中无法实现或者难以实现的视觉效果。整个漫游动画设计，组员之间的默契配合，软件之间相互切换与熟练使用等，都是在制作本次作品中遇到的问题。

25.【25014】情系华夏魂

参赛学校：上海商学院
参赛分类：数媒设计中华民族文化组 | 动画
获得奖项：一等奖
作　　者：刘俊廷、丁菁春、王艳艳
指导教师：李智敏、王明佳

作品简介

“情系华夏魂”是一个展示陶瓷魅力的3D动画作品，借助“穿越”这一流行题材，把场景以梦境形式设定到陶瓷艺术巅峰的古代中国，运用网络3D游戏的人物动作、场景设计技巧，把陶瓷制作的主题故事与美工艺术结合起来。画面比较精美，立体效果比较生动，人物动作比较丰富。

安装说明

在媒体播放器中播放即可。

演示效果

设计思路

作品主要体现的是中国最具有代表性的手工艺品陶瓷。正如标题——情系华夏魂，这个魂就是陶瓷，而且陶瓷的英文名为 China，也是中国的英文名，可以说陶瓷是中华手工艺品最精华之所在。

故事内容是，喜欢中国的洋学生来到中国。某天晚上在寝室整理资料时，睡着了。然后她穿越到了古代，在古城溜达了一圈，发现小陶瓷坊，她被制作陶瓷的过程吸引，正对成型的陶瓷如醉如痴时，场景一换，她赫然发现那陶瓷只不过是电脑中的照片，回梦古城不过是一场梦，至于是梦还是穿越，就见仁见智了。然后洋学生迷上了陶瓷……

至于创意，眼下很流行“穿越”，洋学生穿越到古代并且并被陶瓷折服，以此证明中国手工艺品的魅力之大。

设计重点与难点

本作品的设计重点主要是考验对 3D 建模、贴图、绑定骨骼 / 蒙皮等技术的熟练掌握与运用能力。

有些模型需要反复修改完善，而且随着场景细化，面的数量增多，渲染导出也变得十分困难，某些场景一个帧渲染出来差不多需要几分钟，而这些场景共有上万帧，所以只能每个场景再分段渲染。快交作品的那几天，通过电脑不眠不休几天几夜地渲染，才把几个片段渲染出来。

26.【18878】中国病人

参赛学校：武汉理工大学

参赛分类：动漫游戏创意设计 | 动画

获得奖项：一等奖

作　　者：贺思敏、祝梦颖、曹宇

指导教师：粟丹倪、李宁

作品简介

动画故事讲述的是在大气环境恶化的时代与环境背景下，一个患有肺癌的病人在接受医院治疗期间，站在医院窗前看着窗外充满现代化的楼房的世界，陷入以自己回忆为基础的幻想，它荒诞而真实，反映出由于身处当前这个独具时代特色的环境中，国人表现出的病态，对现实形成一种讽刺。

但动画的立意不止于讽刺，在动画的后半部分，主人公的母亲出现，面对如今身患肺癌的孩子不禁痛心，但始终用笑脸和关怀来面对他，在亲情的激励下，主人公心境逐渐由绝望转为乐观豁达。

更可贵的是，这个因雾霾患上肺癌的病人，做了一件简单而又容易让人忽略其意义的小事——他种下了一棵小树，表现出高度的社会责任感，正是在这种灾难性的背景下，人性的光辉才会越发耀眼。

安装说明

在媒体播放器中播放即可。

演示效果

设计思路

2015年比赛的主题是“空气”。自然而然，我们就想到了环保的主题了，因为近几年的雾霾问题很严重。雾霾形成的主要原因有工业废气、汽车尾气等。提倡环保的广告和海报很多很多，空调度数开高一些，能不开车就不开车等等日常的小知识，人们都知道。但是在我们身边能去注意并实施的人却太少，并且有人选择逃离，去环境更好的地方去生活。我们想，环保意识的存在归根结底还是在于人心，并不是要外界的高声呼吁影响你，而是自己愿意去把自己的家园保护得更好。

柴静的雾霾调查最开始的根本原因和信念是因为她的女儿，人的强大往往不是为了自己，而是为了家人甚至整个国家社会。由此我们想通过本作品传达给人们的是社会责任感。

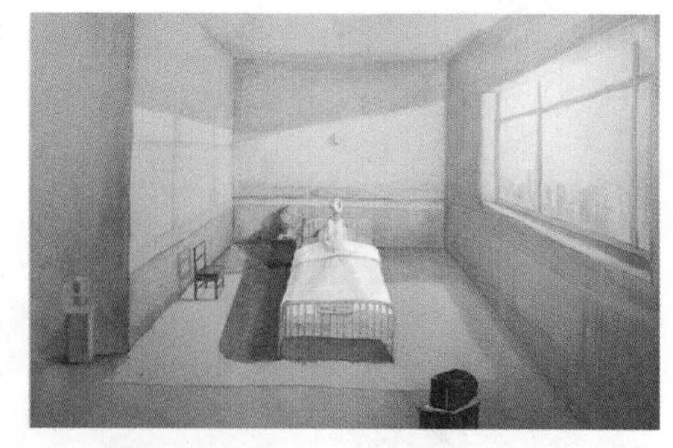

以上就是剧本的主题来源。

我们最终决定以动画的形式表现，在动画中我们可以把情感和环境更自由化地展现出来，而手绘会使动画看起来更有质感。

设计重点与难点

动画的制作要比其他影视的制作的工程量都要大一些，在比赛主题出来后一定要早做准备。由于作者本科不是专业学习影视动画的，在一些镜头的语言和画面帧数的把握上都缺少经验，必须做大量的功课。

动画中人物动作的手绘是动画中最重要的部分，每一个人物的动作都需要大量的手稿来完成并且不出偏差。

场景的绘制是整体动画风格的关键，场景必须要耐看、和谐。

后期合成一样也需要大量的时间，一个一个镜头要踏踏实实地做好。越往下做，片子的完成度越高，自己就会越有信心。

配乐和音效有些需要自己原创，音乐需要有平缓和高潮的节奏感。

最终最重要的是团队协作，团队之间一定要互相信任帮助！这是所有作品精彩的根本原因！

27.【24601】坐落在瑶乡的儒家建筑——恭城文庙

参赛学校：广西师范大学
参赛分类：动漫游戏创意设计 | 动画
获得奖项：一等奖
作　　者：颜越
指导教师：杨家明、徐晨帆

作品简介

世人有云：山水秀美在桂林，古建精华在恭城。因此，这个三维动画作品是围绕位于桂林的恭城瑶族自治县明清古建筑群中的经典建筑“恭城文庙”展开的。

动画，不仅具有娱乐意义，还承担着传播中华文化的责任。作者从 2014 年 12 月开始策划制作，历经半年时间完成这个三维动画，题为《坐落在瑶乡的儒家建筑——恭城文庙》。为了使观众更直观地了解恭城文庙，作者使用动画纪录片的方式，介绍了恭城文庙的基本布局与部分历史故事。

目前，各地文物古迹、民族历史建筑可以利用计算机技术使文物保护上升到一个数字化保护的阶段，作者认为这是广大计算机技术学习者都值得去奋斗、去努力的一个方向。结合计算机技术、互联网技术可以使民族历史建筑突破地域性的限制，富有实际的教育意义与推广意义。

安装说明

在媒体播放器中播放即可。

演示效果

设计思路

（一）软件应用简介

此次创作所需要的软件有 Autodesk 3D Studio Max，Adobe PhotoShop，Adobe Premiere Pro。作者使用 3DSmax 来进行三维建模、贴图等工作，使用 PhotoShop 来进行贴图的优化。而 Premiere 是作者这次创作所选用的视频编辑软件，在三维建模、贴图、渲染完成后，就依靠 Premiere 来合成最后的作品。

（二）工作流程

1. 工作主要流程

此次创作的工作流程是首先进行前期分析、软件安装，然后对恭城文庙的文史材料、图纸资料等进行全面的收集与整合，根据需求到实地去对其进行全方位的拍摄和考察。收集资料的工作结束后，就可以确定好所需的动画剧本。

待资料齐全后在3DSmax内进行系统地建立模型。完成模型后，再使用PhotoShop将所拍摄的照片资料转化为贴图，赋予到3DSmax中的三维模型上。

将贴图工作完成后，根据剧本需要，在3DSmax中有计划性地对模型进行渲染，然后将渲染好的序列导入Premiere，在Premiere中经过剪辑、后期制作后导出，完成此次创作。

2. 创作前期准备

开始此次创作前，首先作者与指导老师沟通好相应问题，分析了所需的资料、软件、工作流程。

（1）软件安装：在硬件方面，对电脑的操作系统进行了重新安装，把制作必须使用的3DSmax、PhotoShop、Premiere等软件进行了有效安装。

（2）收集文史资料：收集恭城文庙的历史资料是非常重要的环节，首先作者在图书馆以及网络寻找了一些有关恭城文庙的资料。

（3）收集图纸资料：作者去到了恭城文庙所属的管理单位——恭城瑶族自治县文物管理所，收集到了一些关于恭城文庙的资料，如Auto Computer Aided Design图纸和解说词资料等。

（4）实地考察：接下来作者进行必要的步骤——到恭城文庙去实地考察。

乍一看恭城文庙，华丽复杂的装饰会使人们眼花缭乱。但是在作者眼里，又必须将这些种类繁多、琳琅满目的装饰进行分析、归类、整合，用作者手中的相机尽可能地进行全方位的拍摄，记录下它们各自的形态。

除了实地拍摄图片资料外，作者还对部分建筑的门窗、支柱数量以及建筑周围的地形地势作了笔记。

照片资料将是之后建模的主要参考对象，因此，为了使图片资料更丰富、全面，作者在创作前后共进行了8次实地考察取材。

（5）确定剧本：

①文学剧本：因为动画短片的时间限制，此次文学剧本的确立是在收集了多方资料后提取的精华部分，主要是对恭城文庙进行一个最基础的介绍，包括历史、建筑、文化等方面的简介。

②镜头剧本：对于后面的建模、渲染都有着极大的指导作用，因此，作者利用文学剧本来为此次的建筑漫游短片进行一个镜头运用的初步计划。

（三）创作前期——进行系统建模

作者是使用逐步推进的办法来进行整体的建模。首先对平面图进行划分，将其分为六个区域，基本完成1部分再向2部分推进，依次向后建模。

在建模中对于CAD图纸的利用方面，作者先使用恭城文庙的平面图以及正面图纸为基础来开始建模工作，再使用照片资料作为必要的参考进行比对、细化，开始进行第一部分的建模。之后有其他的需要，再把相应的图纸提取出来，作为参考辅助。

（四）创作中期——材质的应用

关于材质素材的收集，作者全部都使用实地拍摄的图片素材，然后把图片素材放进PhotoShop中转换成贴图素材，然后导入3DSmax，贴到对应的模型上。制作过程中，作者发现之前为了建模而拍摄的部分图片，无法适用于材质贴图的制作，所以作者做好了相应的记录，马上进行素材的补拍。

由于贴图素材都是由作者实地拍摄的，所以比较完整。而在模型的建立过程中，为了节省使用的面数，作者会简化造型，因此在给模型赋予材质的时候，要以贴图的形式来适应模型中边数较少的几何多边形。

调整贴图的方法大致使用“UVW变换”“UVW贴图”“UVW展开”等优化贴图效果的软件功能。

（五）创作后期——渲染合成

1. 渲染动画

在整体建模和模型贴图工作都基本完成后，要对模型和贴图进行一个详细的检查，看看有无破面和相临的面太近的情况，然后进行修正。

检查工作结束后，就要开始着手一个一个镜头地来对三维动画进行分阶段性的渲染工作。

（1）灯光：为了使模型整体效果更好，在3DSmax中作者为模型添加了灯光。因为模型的总面数较多，软件运行较为吃力，所以只选用了一个“天光”来作为场景的主要光源，并开启光线追踪，以使渲染出来的光线效果更好。

（2）摄像机：3DSmax中的摄像机是渲染过程中最重要的一个工具，它可以仿真地划分机位，并且不限制使用的数量。结合之前所准备的镜头剧本，就可以在相应的位置进行摄像机的摆放与调试。

2. 后期合成

渲染完成后，就可以将序列文件导入Premiere中进行合成。

（1）音频：将所渲染的序列文件导入Premiere后，就自然形成了视频中图像的部分。而在视频中必不可缺的另一元素就是音频。在这次制作中，作者所需要的音频分为背景音乐与旁白两个部分。

①背景音乐：背景音乐的选择是非常关键的，因为背景音乐可以带领观众更快地进入视频的氛围中去。为了配合视频的整体风格，作者选用的是古典、舒缓的轻音乐来作为背景音乐。

②旁白：可以起到为观众进行引导与讲解的作用，因此在古代建筑的建筑漫游中，加入旁白可以使作品的文化氛围更浓厚，观众也能更好地理解建筑、感受建筑。

作者使用的旁白是来自中年男子的声音，中年男子浑厚、成熟的音色较为匹配片中古代建筑的历史感。

（2）后期制作：之前提到了视频中需要旁白来进行讲解，之后就需要为视频在相应的发展部分添加字幕。在Premiere中，作者将文学剧本中的台词转换成字幕使用。

为了使动画更加整体、流畅，在添加了背景音乐之后，需要调节图像或者音乐，使短片的整体更加和谐，这也是丰富细节的一个方法。在调试完成后，就可以将视频导出，至此，此次的作品就全部完成了。

设计重点与难点

为了弘扬中华民族文化，更好地宣传民族历史建筑，作者希望能给家乡有着 600 多年历史的恭城文庙进行一个数字化保护的工作。恭城文庙占地 3600 平方米，建筑面积 1300 平方米。作者经过多次实地考察，拍摄了大量的图片资料。最终的建筑模型是由这些参考资料一砖一瓦地建造出来的，所用到的贴图材质都为作者本人一一拍摄、制作、整合。

在对于古迹建模的仿真上，遇到了很多的难题，但是在指导老师的悉心指导下，作者用长达半年的时间逐一解决，独立完成了一个民族建筑景点——恭城文庙模型的建立。按照 Autodesk 3DSmax 软件的四角面计算方法，整个三维模型有 71610 个面数与 153613 个顶点。

为了使观看者更直观地了解恭城文庙，作者使用动画纪录片的方式，介绍了恭城文庙的基本布局与部分历史故事。在三维动画的渲染方面，作者以 25 帧每秒的形式来渲染，因此，即便是一个短短 3 秒的镜头，也需要渲染 75 张序列图片。在使用许多电脑设备和花费大量时间的艰难情况下，才得以渲染出 6 分钟的珍贵的三维动画。

渲染工作结束后，作者利用所学的影视编辑的技术，对片子进行了后期剪辑，并且请专业的配音老师为片子进行旁白配音，才完成了这个计算机动画作品。作者对于这个方向的追求不仅止步于此，附件中还结合建筑漫游交互的形式，让观看者可以自主地、全面地了解恭城文庙。

整个作品涉及的软件有 Autodesk 3DSmax、Adobe PhotoShop、Adobe Premiere Pro、VRP 虚拟现实平台等，作者能够使用计算机技术，结合动画形式，实现一个民族建筑的数字化保存，具有极大的现实意义。利用计算机技术的多样表现形式来体现中华民族传统文化的博大精深，具有创新性、实用性和实践性，而这个作品在这个边远的瑶族地区也是一个史无前例的创作。

动画，不仅具有娱乐意义，也承担着中华民族文化发扬与传承的责任。作者以民族历史建筑为基础，将民族文化与现代计算机技术有机结合起来进行创作，不仅丰富了三维动画的表现形式，也是现代人用现代方式与过去时代的一次对话。

28.【25499】100秒爱上武汉

参赛学校：华中师范大学

参赛分类：动漫游戏创意设计 | 数字影像

获得奖项：一等奖

作　　者：刘怡林、肖汝容、程洁、李春竹

指导教师：陈科、范炀

作品简介

武汉，一样的城市，却走着不可思议的亲民路线。清晨的武汉，手捧一碗热干面，在江滩看看早锻炼的人们，感受着滚滚长江的豪迈，夜晚也可以游走在光谷世界看夜景，感受现代都市的繁华。饿了，就去户部巷品味琳琅满目的地道风味小吃。文艺就去昙华林，感受不一样的文化气息。看历史就去黄鹤楼、龟北路。武汉，一座来了就想停留的城市。这个城市忙碌中带着闲暇，有每天与时间赛跑的人，也有静静坐在东湖边喝茶，笑看美景的人。100 秒的作品用与众不同的视角，带你走进最真实的武汉，一座有味道的城市。

安装说明

在媒体播放器中播放即可。

演示效果

设计思路

身处武汉这座城市，用生活在这的点滴体会描绘心中的武汉的模样。让观众也有种身临其境的感觉。而不单是一些唯美、炫酷的镜头组成这 100 秒，我们增强了故事性和原创性，像是城市的微电影，也像是在讲故事，这里有我们的创新，这不仅是城市的宣传片，也不仅是微视频，更像是一个城市在诉说着她与他的故事。

我们开始拍摄武汉这座城市，从踩点到拍摄剪辑都用心制作完成，实拍时也遇到很多问题，有些计划没考虑到的，也一一克服了，走访了武汉许多有意思的景点，比如：汉口江滩，昙华林，光谷世界……让人们通过这 100 秒所见，感受最真实的武汉。

因为是用 100 秒的时间来呈现武汉这座城市，因此既要做到形式多样化，也要包含情怀与内涵。

首先，我们将这 100 秒分为 3 个版块，分别为“舌尖上的武汉”“好莱坞大片般的武汉”“文艺范的武汉”。力求将信息量多元化和有限时间最大化传达给观众。

其次，我们让视频风格多样化。其中包含动画、间隔拍摄、延时镜头、记录拍摄和剧情拍摄，这些我们都做了大量工作来实现它，走访了武汉的大多数风景名胜，标志性景观等。

最后，我们设计了很多独特的场景和镜头，包括在小清新的昙华林取景，体现武汉的文艺气息。也在武汉的实体独立书店取景，展现武汉的人文情怀。用与众不同的角度让观众感受到武汉的城市文化。

设计重点与难点

有设备与环境的限制，还有成本预算的限制，作为学生的我们开支全部都由自己负担，以及与拍摄地工作人员沟通，要他们允许我们拍摄。另外拍摄会遇到很多的阻拦，我们在拍城市夜景时，为了使空镜头更加壮阔和大气，我们爬到了武汉某大厦 25 层，但是却遭到了保安的阻拦。原因是担心我们安全问题。当然，我们也非常理解工作人员的做法。所以我们只有重复地更换地点。

29.【23905】一顾倾城

参赛学校：北京语言大学

参赛分类：中华优秀传统文化微电影 | 优秀的传统道德风尚

获得奖项：一等奖

作　　者：游爽、陈慧玲、江伊丽

指导教师：徐征

作品简介

昙花，刹那间的美丽，一瞬间的永恒。

作为一部古装影视作品，本作品围绕舍身报恩、舍己为国的传统民族精神，塑造了一个艳冠群芳的舞姬形象和一场华丽的殒身。

影片情节梗概：玲珑花界第一舞姬名曰倾昙，在一次演出中，倾昙偶然认出了当朝将军白辰也，此人正是倾昙当年的救命恩人，在他被魏延霆陷害致死后，倾昙以自身为饵引诱魏延霆喝下毒酒，与他同归于尽。在影片的最后，倾昙跳完了她人生中最后一支舞。

安装说明

在媒体播放器中播放即可。

演示效果

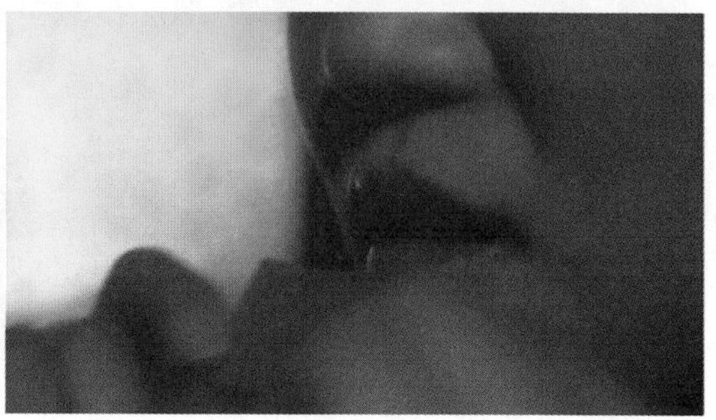

设计思路

作为一部古装影视作品，本作品围绕舍身报恩、舍己为国的传统民族精神，塑造了一个艳冠群芳的舞姬形象和一场华丽的殒身，通过这样一个具有民族大义又知恩图报的弱女子形象来折射传统民族精神这样一个大命题。

玲珑花界第一舞姬名曰倾昙，在一次演出中，倾昙偶然认出了当朝将军白辰也。白将军骁勇善战，赤胆忠心，此番来玲珑花界亦是任务在身——为抓捕一名逃犯。然倾昙在见到白将军的一刹那却流露出片刻的惊慌失措，眼前不断浮现出幼年时父亲惨死，以及白辰也拔剑后的景象。这之后，倾昙便暗自派人留意白辰也的行踪。

当朝局势动荡，以魏宰相为首的一派佞臣勾结外贼，祸国殃民。而魏宰相之子魏延霆对倾昙一见倾心，日日驻足玲珑花界。为谋取更多利益，魏延霆设法谋害了白辰也，并盗得本国边境地图，欲献与敌国换取财富。白辰也死后，倾昙转变了素日里对魏延霆冷淡的态度，反而主动献起殷勤来。魏延霆大喜，对倾昙更加百依百顺。

魏延霆奉魏宰相之命，欲暗自将边境地图送往敌国。离开前夜，倾昙突然邀魏延霆来玲珑花界一聚。魏延霆心念美色，答应赴约。席上，倾昙身着华服，为魏延霆斟酒夹菜，令魏延霆欢喜不已。然杯酒下肚，魏延霆却突然毒发身亡。倾昙从魏延霆怀中搜出了边境地图，此时，倾昙的贴身婢女桐香来报，魏延霆的部下见其久去不归，此刻已在前往玲珑花界的路上，片刻便到。倾昙面色沉静，立刻将边境地图交给桐香，吩咐其叫上玲珑花界的众姐妹速速离开，去找漠北将军，将边境地图交付于他，请他告发魏宰相的罪行以还白将军的清白，并求他保住玲珑花界众姐妹的性命。桐香含泪告别倾昙。桐香众人走后，倾昙卸下一身华服，点燃了屋子，慢慢走下楼，感念着已故白将军昔日的救命之恩，最后一次站上舞台，舞出了她一生中最美的一曲。

顾倾昙用她短暂却无悔的一生诠释了“滴水之恩涌泉报”的小家之义，更展现了“国家兴亡，匹夫有责”的民族大义，一曲倾城之舞，为临安第一舞姬的生命画上了句点，曲终无悔。

设计重点与难点

（一）设计重点

影片的服饰设计是一大亮点。在本作品中，根据主演出场的四种场合：登台献艺、日常出行、出席晚宴及临终之舞，为女主角量身定制了四套服饰，以烘托渲染影片不同时刻的氛围和基调。尤其在情节发展至最后，女主角卸下周身的华服，只着一身素白长裙，用最后剩余的蜡烛一把火燃尽房内一切浮华饰物，不仅为女主角香消玉殒的结局埋下伏笔，也从侧面烘托出女主角不为浮华名利所动，甘愿舍弃一切包括她的性命，只为报恩、只为国家的坚韧品格。

此外，影片中主角的两段舞蹈也设计得别出心裁。女主角顾倾昙出场时的群舞营造出一种众星捧月的氛围，这一段舞蹈节奏明快，在动作设计上重点突出华丽、惊艳之感，同时也与影片最后凄美的独舞形成强烈的反差。与之相反，最后的独舞采用了许多亮相与定格的姿势，以慢节奏为主，动作设计上重点在于表现临终之舞的沉重感与曲终无悔之意。

最后，影片的多处剪辑和后期处理也很巧妙。影片开头部分应用声音、画面的平行蒙太奇的剪辑手法，将迎宾、化妆、宾客交谈等画面进行合理的组接，烘托出玲珑花界的热闹氛围，也为顾倾昙的出场埋下伏笔。而后，通过巧妙剪辑回忆片段，为顾倾昙和白辰也的关系设下迷局，在最后才揭示出二人真正的关系以及顾倾昙转变的缘由。对于后期处理方面，影片最后的舞蹈部分，为了渲染出“黑夜绽放的昙花”的意境，本作品设计了通过舞蹈动作的特写镜头，从现实场景淡入黑色背景的特殊效果，在全黑的背景中，只加入些许光晕，更加突出刻画了身着白衣的女主角的清冷、凄美的形象，更加贴合“昙花一现”的设定。

（二）技术手段

1. 摄影器材及灯光

本作品使用佳能 EOS700D 和 EOS650D 进行拍摄，镜头为变焦 18-55mm、变焦 18-135mm、定焦 40mm。多使用视频三脚架固定机位拍摄，搭配视频套件（包括遮光板、变焦器、怪手等）对于一些特殊镜头，也穿插采用手持拍摄的方法，例如舞蹈动作的拍摄。由于摄影器材有限，在拍摄时多采取同一镜头分不同角度多次拍摄的方法。灯光器材使用了四盏灯人工布光，并灵活运用身边的一些小道具制造柔和光晕、改变光照方向、角度等效果。

2. 剪辑

本作品使用 Premiere CC 和 Audition CC 进行影片剪辑及音频处理。在 Premiere 中，使用了自带的视频过渡效果及外部加载的插件 Neat Video、Cineplus、Digital Anarchy 进行视频转场、降噪、调色、人像美化等处理。另一方面，在 Audition 中对原始音频素材进行降噪、电平、相位的普遍适应性调节。再对相应素材进行一些特殊处理，如混响、人声加强等。最后将画面和音频组合起来，根据情节推动的节奏需求，对部分影片素材进行适当的变速操作。

3. 后期特效

本作品使用 After Effects CC 和 PhotoShop CC 制作影片后期特效。

（1）结尾的舞蹈部分，采用绿幕技术拍摄，对人物抠像后与背景进行合成，再利用 After Effects 中的光晕效果营造出凄美的意境。

（2）对剧中的穿帮镜头，先选取出适合的场景，利用运动跟踪技术进行遮盖。

（3）大火的实现，利用蒙版，采用粒子效果与已有燃烧的火焰素材结合，并用粒子效果作出烟雾，使大火尽可能逼真。

（4）为了制作玲珑花界的牌匾，本作品采用在 PhotoShop 中对原始牌匾的照片进行涂抹处理，去除原始字符图案，再制作出具有三维效果的字符图案的方法。

30.【24043】茶韵

参赛学校：武汉体育学院

参赛分类：中华优秀传统文化微电影 | 自然遗产与文化遗产

获得奖项：一等奖

作　　者：李蓓、韦俏丽、谢欣

指导教师：蒋立兵、彭李明

作品简介

每一杯茶都经历了或长或短的等待，茶等的是一个懂它的人。你若用心泡茶，茶自然会把你的心境传递给他人。

《茶韵》以爱情为线索，讲述孙玮梓（男主）为高文乐（女主）学茶的故事。女主是一个非常爱茶的女孩，她能够品出茶的不同韵味，但是男主却大大咧咧不懂茶。有一次，男主打完篮球去茶室，又热又渴，不禁拿茶当水喝，发出咕咚咕咚的声音，一系列不雅的行为引来周围人的嘲笑与议论。女主见此觉得羞耻，愤怒离开。为了挽回女主，男主决心去学习茶艺，此后每天去茶馆学习，通过一番努力，最终泡出让女主满意的茶。

此文选择优秀的传统文化——茶，以爱情为线索，突出男主对女主的真情，表现出茶文化优秀而深邃的待客之道，体现出中华民族热情好客，坦诚待人的品质。

安装说明

在媒体播放器中播放即可。

演示效果

设计思路

（一）前期

从前期的拍摄阶段来说，制作需要大量的筹备工作，需要计划、场景、资金和设备的支持。

剧本：选择《茶韵》为主题，巧妙地设计情节发展，通过青年人对茶韵的感悟，进一步表现茶的韵味，表现新一代年轻人对茶的喜爱。通过小组讨论细节部分，对剧本进行深加工，使它更具逻辑性和观赏性，用微电影这种艺术手段表现出来。

演员选定：首先演员的气质要接近所要饰演的角色，其次就是演员本身对剧本和角色的理解与把握，一个出色的演员就在于他能把最平凡、最不起眼的角色演绎得生动形象。

场景选择：根据剧情需要，主要选择茶室为环境背景，中间穿插着校园的湖边、图书馆、宿舍楼前等小场景，使整个微电影情节紧凑、不枯燥。

（二）中期

拍摄技法设定：拍摄前，剧组人员商讨具体拍摄的角度和具体机位的摆放。

拍摄：拍摄技法采用的是“推、拉、摇、移、俯、仰、跟、追”，几乎都可以互用的，摄影机拍摄，使用两个机位，更多地采用固定镜头，穿插一些移动镜头。拍摄过程中，导演为演员讲解角色，场记装饰场景，减少穿帮镜头，或有广告无意插入。

（三）后期

后期的制作主要是指对样片的剪辑、声画合成等工序。

视频剪辑：运用 PowerPoint 环境进行视频剪辑，通过对镜头的选择，特效处理，高度还原剧本，对不同拍摄角度的展现，让视频流畅，情节展现完美。微电影制作需要存精去粗的艺术，将影响内容的不必要的东西剪辑掉。

配音：通过演员亲自配音，减少实际拍摄过程中的噪音和忽略的部分。

背景音效：通过添加相应氛围的背景音乐，烘托气氛，让视频更具活力。

设计重点与难点

（一）设计重点

通过简短的情节深刻地表现出茶的真正的韵味，情节设计合理，整部影片紧紧围绕茶韵主题展现。

（二）设计难点

1. 剧本编写

需了解茶韵的真正的含义，韵者味也。茶韵即各种茶的独特的韵味或风韵。善于品茶的人，都讲究欣赏茶韵，特别是名茶的独特韵味。如“铁观音”有香高而秀、蜜底兰香的“观音韵”；武夷“岩茶”有岩骨花香的“岩韵”；台湾“冻顶乌龙”有味浓甘润的“喉韵”；“凤凰单枞”有天然花香的“山韵”；“龙井茶”的香气清鲜而持久，有滋味甘美醇厚的“风韵”……品味和鉴赏名茶的这些独特的韵味，是一种美的艺术享受。

通过严密的逻辑思维、简单的情节，深刻表现茶韵主题。

2. 演员的选定

选择表演能力强的演员，且符合剧本的风格和要求。

3. 拍摄角度选择

“推、拉、摇、移、俯、仰、跟、追”，运用不同的机位，拍摄不同的角度，生动地展现故事情节发展。

4. 后期剪辑

通过对剧情、台本的掌握，选择不同角度剪辑视频，添加特效，让视频更生动、流畅，更具可观赏性。音效处理，减少噪音。

5. 配音

高度还原拍摄场景的语境、语音。

31.【21877】南吃货

参赛学校：南京大学

参赛分类：计算机音乐丨原创（普通组）

获得奖项：一等奖

作　　者：罗佳希、吴家禾、周思佳

指导教师：黄达明、陶烨

作品简介

原创歌曲《南吃货》是由罗佳希作曲、编曲、演唱，周思佳作词，吴家禾后期混音制作的一首原创音乐作品，收录在南京大学萌马音乐工作室第一张校园原创专辑《以梦为马》中。本作品为2015年毕业季而写，“愿爱在南大，你在身边”，通过南京大学校内具有标志性的食物寄托了毕业抒怀之情。本作品运用了大量计算机软件进行一系列音乐编曲、后期混音、母带制作等工程，如Apple Logic pro X、Steinberg Cubase 7专业音频工作站、Pro tools HD高精度专业录音软件、Waves 9软效果器及大量出色的音源采样VST挂件等，采用320kbps 24bit mp3编码形式进行提交。原创歌曲《南吃货》的诞生，离不开计算机软件编曲制作后期混音技术的迅猛发展，计算机在音乐制作中有着不可忽视的作用。

安装说明

在媒体播放器中播放即可。

演示效果

音乐作品，无演示图。

设计思路

计算机在原创歌曲《南吃货》中有着不可忽视的作用。在完成歌曲创作后，在计算机上进行的包括编曲录音混音的二次创作赋予歌曲灵魂与内在。在深入了解掌握Apple Logic pro X等大型专业音频工作站及内部、外挂高质量采样音源、高精度录音软件后，结合三位创作者所具备的音乐素养，对整首歌曲完成了编曲伴奏制作、录音及混音等工作。

设计重点与难点

在三位具备一定音乐素养的创作者对歌曲进行创作之后，如何将歌曲转化为可以在数码设备上播放的数字版 MP3 文件成为新的难题与挑战。在学习计算机音乐制作软件知识、接触大型专业音频工作站及专业录音软件的过程中，由于自身专业知识的局限，我们遇到了许多困难，如不理解不知晓效果器原理与作用等。在不断努力学习下，我们突破重围，最终将原创歌曲《南吃货》以数字文件的形式较为成熟地呈现了出来。

32.【24651】移动输液系统开发

参赛学校：华东师范大学

参赛分类：软件服务外包 | 移动终端应用（企业命题）

获得奖项：一等奖

作　　者：王顾封、钱臻易、叶鹏飞、赵佾、岐迪

指导教师：朱敏、朱晴婷

作品简介

传统的门诊输液流程存在较多隐患。比如，护士通过口头确认的方式核对患者身份，容易产生差错；护士以手工书写方式生成输液单和标签，造成效率低下；患者常需要呼喊护士进行操作，造成输液环境嘈杂混乱等问题。

本小组为解决以上列举的问题，将医院现有的信息管理系统与微信、安卓等移动端炙手可热的技术相结合，开发了移动输液系统。我们的系统通过自动打印的二维码绑定患者和药品信息，通过手机扫描匹配，降低差错隐患。配合网页后台管理端，实时检测输液站负荷情况的同时进行管理和调整，大大提高医疗人员的工作效率。使用低廉的安卓手机终端取代成本高昂的条码识别设备，同时还能完成输液监控、患者备注等衍生功能。患者通过简单方便的微信就能查询输液预估完成时间，从而大大降低了心理焦虑。

本项目引入现代移动通信技术的同时，从医院和患者两个角度出发考虑，较好地解决了目前输液流程中所存在的很多隐患，增进了患者和医院的互动，规范医疗程序的同时减缓了医患之间的矛盾。

安装说明

网页管理端：使用 Webkit 内核的浏览器（比如 Chrome、360 浏览器）等访问 http: //syxt.sinaapp.com/，使用用户名：admin，密码：admin 登录方可使用。

网页护士台端：使用 Webkit 内核的浏览器（比如 Chrome、360 浏览器）等访问 http: //syxt.sinaapp.com/，使用用户名：nurse，密码：nurse 登录方可使用。

安卓护士端：使用装有 Android 4.2 以上版本的手持移动设备安装 APK 文件后方可使用。

微信患者端：在微信中关注“微点云输液管理系统”，点击模拟挂号进行注册后方可使用。

演示效果

护士台护士登陆后台。(Web 端)

护士台为患者录入身份信息，同时打印输液袋的二维码。(Web 端)

患者拿到二维码后就座，等待护士换药，同时护士端收到患者信息。(安卓端)

护士扫描患者第一袋药品的二维码，药品匹配后开始换药，完成后输入预估时间并点击完成。(安卓端)

患者等待输液完毕，等待快输完时呼叫护士，护士接到呼叫后再次进行处理。（微信端）

患者在等待过程中可扫描自己的身份二维码查看输液预估完成时间。（微信端）

护士也可监测所有患者的预估完成时间。（安卓端）

设计思路

（一）作品定位

为解决和缓解以上列举的问题，移动输液系统的定位是：

（1）通过腕带绑定以及移动 APP 来自动识别患者身份，降低差错隐患，以及提高医疗人员的工作效率。

（2）通过功能丰富、扩展性强的手机终端来代替功能单一、硬件依赖性高的条码识别设备，降低医院设备更新以及维护的成本。

（3）让患者的手机通过特定的 APP 来实现信息查询以及状态共享，增加患者和医院之间的交互，降低心理焦虑。

（4）开发后台管理系统，方便医院管理人员对历史数据进行统计分析。

（二）三端融合

由于这套系统有四种不同的使用者，所以我们：

（1）针对患者，由于多数患者并非输液室的“常客”，所以安装 APP 必然会打消一部分的使用热情，鉴于当今微信的普及，我们的患者端基于微信公众平台进行开发。

（2）针对输液护士，由于护士可以用医院准备的工作用机，在降低成本同时要保证使用的稳定、流畅，所以我们决定基于安卓平台开发护士端，并且做了大量的优化，保证在廉价安卓手机上也能流畅使用。

（3）针对输液站护士台和医院管理人员，由于工作时拥有电脑，所以使用软件或网页开发成为了第一选择，考虑到如果使用网页的话将会大大提升功能更新的便利性，而且对服务器负荷也并不高，我们的护士台端和院方管理端都放在服务器上。

（三）功能模块

最终，整套系统的模块图如下所示：

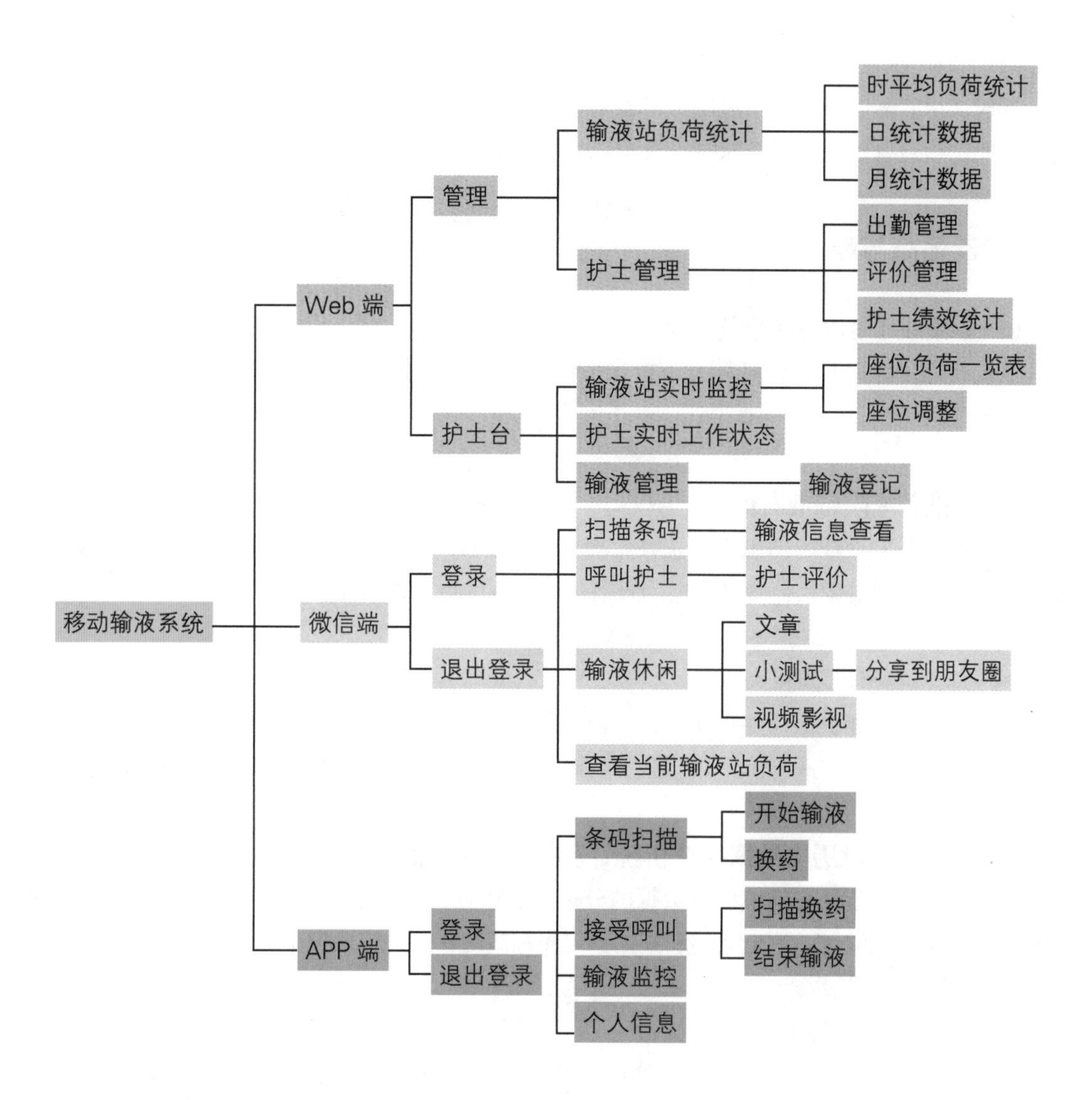

（四）使用流程

使用移动输液系统时，患者输液将由此流程进行：

（1）患者遵循医嘱取药，并将药品带至输液室护士台。

（2）患者在护士台刷医保卡或者医院磁卡，由管理端后台分配腕带条形码和座位号。

（3）同时护士准备第一袋药的输液。

（4）患者找到座位坐下，护士准备好后进行第一袋药的输液。

（5）患者在第一袋药接近完成时，打开微信患者端呼叫护士。

（6）所有护士通过护士端 APP 接收到患者发出的呼叫，由空闲的护士接受呼叫。

（7）护士前往目标患者进行处理，通过手机借助 APP 进行扫条形码确认患者信息。

（8）护士继续扫码确认输液袋信息，同时根据患者情况更新该次输液预估完成时间。

（9）患者需要换瓶时再次用微信服务呼叫护士。

（10）护士接收到呼叫前往处理，通过扫码对药品进行确认。

（11）以此重复，直到患者所有输液完成。

同时，患者随时可以通过微信服务查看自己输液的状态信息，包括剩余输液袋数以及预计完成时间；后台管理端也可以随时查看最新的输液站负荷状态。

设计重点与难点

（一）集成了 JPUSH 推送平台

我们使用了稳定的 JPUSH 第三方推送平台，能更好应对快速精准的推送要求，使护士工作更加有效流畅。

（二）推荐来院输液时间

对于有多日输液任务的患者，院方管理端获取输液站的历史数据，并统计分析出近期输液高峰时间段，再通过微信公众平台向当日有输液任务的患者推送建议来院输液时间。

（三）实时座位管理

对患者随时可能提出需要更换座位、座位预定或者座位修理需要禁用的情况，Web 管理端与护士台端协调管理输液座位，并能够实时显示在管理端。

（四）管理端对历史数据的分析统计和护士出勤调配

院方管理端对于历史输液统计数据的分析，能够有利于更好预调配护士出勤。另外有对护士的出勤调配，能够显示护士空闲和繁忙，工作和离院状态，管理护士出勤，休假和加班。

（五）安卓护士端呼叫应对

护士在应对患者换药等呼叫时，我们应用了空闲护士抢单的形式，并优化其逻辑，使其不出现重复应答等冲突，保证护士工作效率和患者呼叫的应答速度，并在管理端记录护士应答数据，显示护士端工作量。

（六）微信端功能使用简明

微信端每一步功能使用都有文字加图形指示，让患者更容易上手操作。另外，微信患者端包含休闲功能，让患者在输液时能够消磨时间。另外其中还包含医院介绍，可作为医院面向患者的门户。

（七）护士工作评价以及患者备注

在每次护士应答完患者呼叫后，收集患者对护士工作的评价以及护士对患者的备注。评价用以监督护士工作质量，并将对患者的备注存入数据库，可以在患者下一次呼叫时显示在护士端的呼叫单上，方便护士工作时能够针对耳背，脾气不好的患者提前做好准备，提高护士工作质量，帮助改善医患关系。